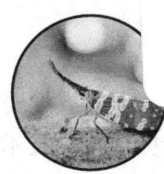  

华中昆虫研究

(第十九卷)

李有志　伍　南　黄国华　主编

中国农业科学技术出版社

图书在版编目(CIP)数据

华中昆虫研究. 第十九卷 / 李有志, 伍南, 黄国华主编. --北京：中国农业科学技术出版社, 2025.6.
ISBN 978-7-5116-7493-7

Ⅰ. Q968.22-53

中国国家版本馆 CIP 数据核字第 2025E18W78 号

责任编辑　姚　欢
责任校对　王　彦
责任印制　姜义伟　王思文

出 版 者	中国农业科学技术出版社
	北京市中关村南大街 12 号　　邮编：100081
电　　话	（010）82106638（编辑室）　　（010）82106624（发行部）
	（010）82109709（读者服务部）
网　　址	https://castp.caas.cn
经 销 者	各地新华书店
印 刷 者	北京建宏印刷有限公司
开　　本	185 mm×260 mm　1/16
印　　张	17.125
字　　数	400 千字
版　　次	2025 年 6 月第 1 版　2025 年 6 月第 1 次印刷
定　　价	80.00 元

◆◆◆ 版权所有·翻印必究 ◆◆◆

《华中昆虫研究（第十九卷）》
编 委 会

主 编：李有志　伍　南　黄国华

编 委：(按姓氏笔画排序)

　　　　王高平　王满囷　尹新明　伍　南

　　　　刘兴平　李有志　赵　琴　黄求应

　　　　黄国华　彭英传

前 言

时光荏苒,《华中昆虫研究》已步入第十九个春秋。作为记录华中地区昆虫研究进展的重要学术平台,本卷延续了系列专辑的学术传统,聚焦华中地区昆虫多样性、农林业害虫防控和濒危物种保护等相关的前沿动态,系统呈现了近年来国内外学者在该领域的创新成果与实践经验,同时也呈现了在昆虫学及其相关领域的教学教研新进展。在此,我们谨向长期支持本书的专家学者、科研工作者以及广大读者致以诚挚的谢意!

《华中昆虫研究》始终以"服务区域生态保护、推动学科交叉融合"为宗旨,累计发表学术论文数百篇,涵盖昆虫分类学、生态学、行为学、生物防治及资源利用等多个方向,并展现了相关领域的教学成果。本卷在过去十八卷的基础上进一步拓展,力求反映学科交叉融合的最新趋势。

华中地区作为全球生物多样性热点区域,拥有亚热带森林、湿地、农田等多样化生态系统,孕育了丰富的昆虫资源。然而,随着城镇化进程加速、农业集约化发展以及气候变化加剧,区域内昆虫多样性面临严峻挑战:本土物种濒危加剧、外来入侵种扩散风险攀升、传粉昆虫功能衰退等问题日益凸显。本卷特别收录了针对金斑喙凤蝶、稻飞虱等关键物种的种群动态研究,以及基于分子标记的入侵物种快速检测技术,为区域生态保护与可持续农业提供了科学支撑。

本书凝结了近百位作者及审稿专家的智慧结晶,有研究综述、研究论文、研究摘要和教改论文四大部分,部分研究成果依托国家自然科学基金、国家重点研发计划项目等课题完成。特别感谢植物病虫害生物学与防控湖南省重点实验室等机构提供的平台支持。

站在新的起点,我们深知昆虫学研究正面临学科交叉重构与社会责任强化的双重挑战。期待《华中昆虫研究》继续发挥桥梁作用，推动基础研究与产业需求对接，为全球生物多样性保护贡献中国智慧。

  本书可作为农林科研单位、农林院校、农林技术推广部门同行的参考书。本书的编辑出版得到了湖南林科达农林技术服务有限公司、湖南本业绿色防控科技股份有限公司、湖南农业大学的支持，在此表示感谢！

《华中昆虫研究（第十九卷）》编委会
2025 年 4 月 30 日·长沙

目 录

研究综述

珍稀濒危物种金斑喙凤蝶研究概况 ……………… 黄星瑞，周子豪，秦嘉炜，周 琼（3）
基于无人机平台的深度学习与多模态成像技术在害虫防治中的应用研究进展 ……………
…………………………………………………… 王威力，乔佳奕，何瑾瑾，林榕梅（11）
鳞翅目昆虫趋光/趋化行为驱动的智能传感器网络优化策略研究进展 ………………………
…………………………………………………………… 肖振东，樊 齐，林榕梅（23）
柑橘木虱抗药性研究进展 ……………………… 王苏吉，方依琳，孙慧琳，周 琼（33）
蜜蜂属昆虫抵御胡蜂属昆虫的方法及其作用机理研究进展 …………………………………
………………………………………………………………… 杨逸凡，刘芸彦，林榕梅（42）
昆虫肠道微生物降解复杂有机质机制研究进展 ……… 周思圆，尹 佳，周 琼（54）
白星花金龟对有机废弃物生物转化的研究进展与展望 ………… 王和旺，王 星（59）

研究论文

前翅几何形态特征在金龟子分类中的应用 ………………………………………………………
………………………………………… 张改玲，乔 利，周 洲，郭世保，潘鹏亮（69）
湖北省蚊科2个新记录种的形态学与分子生物学鉴定……… 谭梁飞，李 贝，倪建伟，
柳 静，田俊华，祁硯平，张天宝，蒋洪林，官旭华（83）
金斑喙凤蝶木兰科寄主植物多样性分布特征：以江西九连山为例 ……………………………
………………………………………… 宋育英，胡华林，李子林，杨文静，曾菊平（90）
5种杀螨剂对柑橘全爪螨的飞防效果评价 ……………… 谢 梵，彭广宁，颜健红，
刘纯艺，贺 梅，邓 伟，金晨钟，刘 秀，朱倩霞，郭开发（100）
白星花金龟幼虫对9种植物物料的转化力比较 ……………………………………………………
………………… 王志豪，李永丽，周 洲，潘鹏亮，贾少康，郭旭阳，林 晨（106）
赣州中心城区园林优势天牛调查及生物防治试验 …………………………………………………
………………………………………………………… 陈元生，曾林华，欧阳志兴（112）
湖北省太子山林场森林病虫害调查和防治建议 ……………………………………………………
………………… 林 虎，张子一，胡 云，夏剑萍，刘印茹，徐小文，查玉平，徐春永（122）
海南省黎母山自然保护区天蛾科昆虫多样性调查 …… 王和旺，黎春慧，王 星（129）

5 种杀虫剂对设施西甜瓜烟粉虱的田间药效评价 ……………………………………………………
……………… 田永恒，段爱菊，王淑枝，王利霞，韩瑞华，刘长营，张自启（138）

6 种杀虫剂对烟粉虱的室内毒力测定 ………………………………………………………………
……………… 曾　林，黄辉阳，凌心仪，曹利霞，张万娜，彭英传（144）

五倍子害虫栗黄枯叶蛾的生物学特性及防控 ……………………………………………………
……………… 查玉平，张子一，洪承昊，陈　亮，张品德，彭　宇（151）

45% 联肼·乙螨唑防治柑橘红蜘蛛田间药效试验 ………………………………………………
……………… 张龙杰，舒会生，孟　鑫，李　琴，梁　艳（154）

叶潜蛾潜食对钩藤叶片细菌群落结构及多样性的影响 …………………………………………
……………… 安　京，李　维，郭青云，徐家生，戴小华，廖承清（157）

20% 毒死蜱防治稻飞虱和稻纵卷叶螟田间药效试验 …………………………………………
……………… 张龙杰，舒会生，李柯嫱，田　建，周小莓，梁　艳（167）

石门县外来入侵物种及空间分布解析 …………………………………………… 张　慧（171）

26% 联苯·螺虫酯防治柑橘木虱田间药效试验 …………………………………………………
……………… 舒会生，孟　洁，梁　艳，刘艾佳，张龙杰（179）

20% 毒死蜱乳油防治棉铃虫田间药效试验 ………………………………………………………
……………… 张龙杰，瞿开良，舒会生，余　明，梁　艳，刘　斌（183）

球孢白僵菌新菌株对黄脊竹蝗的毒力及人工培养条件研究 ……………………………………
……………… 赵　琴，王彦杰，胡胜红，黄美玉，朱道弘，曾　杨（186）

研究摘要

在温度逆境胁迫下对茶尺蠖肠道细菌多样性及差异性研究 ……………………………………
……………… 郑玉玲，王卓娅，许　冬，万　鹏，杨妮娜（199）

靶向橘小实蝇嗅觉基因 OBP2 的高效行为调控剂筛选与应用研究 …………………………
……………… 张珂盈，刘　欢（201）

草地贪夜蛾成虫对玉米类型的选择性 ………………………… 常向前，吕　亮（202）

柠檬香桃木精油及其活性成分对瓜实蝇的毒杀活性 ………… 张一帆，刘　欢（203）

教改论文

新农科建设背景下农业昆虫学课程思政教学设计探索与实践 …………………………………
……………… 彭英传，魏洪义，徐昭焕，王广利，陈丽慧，马　龙，张万娜（207）

3D 打印与虚拟仿真技术赋能初中生物学教学：以昆虫为例 ……………………………………
……………… 雷雄雄，曹　怡，周　琼（216）

分子生物学新技术赋能病虫害防治的教学革新与实践 …………………………………………
……………… 关若冰，瞿　卿，赵文丽，李　祥（225）

昆虫学知识深度赋能科学教育本科教学 ……………………………………………………
……………………………… 王　星，高一滴，郝慧华，宋志帆，乔金霞（232）
AI 技术在害虫防治教学中的应用与探索…… 李　祥，翟　卿，赵文丽，关若冰（238）
农业昆虫学线上模块化建设与混合式教学模式探索 ………………………………………
……………………… 潘鹏亮，闻鑫茹，周顺玉，洪　枫，尹　健，张　凯（244）
人工智能和动态影像技术在昆虫学教学实践中的应用 ………… 林榕梅，何瑾瑾（251）
普通昆虫学实验教学的困境突围与创新变革 …………………… 王　星，黄国华（257）

研究综述

研究报告

珍稀濒危物种金斑喙凤蝶研究概况*

黄星瑞**，周子豪，秦嘉炜，周　琼***

（湖南师范大学生命科学学院，长沙　410081）

摘　要：金斑喙凤蝶 Teinopalpus aureus Mell 属鳞翅目 Lepidoptera 凤蝶科 Papilionidae 喙凤蝶属 Teinopalpus，该蝶主要栖息于亚洲东南部，为我国一级重点保护野生动物。本文根据文献记载，系统综述了该物种的亚种记录、在国内的分布、不同分布区成虫的发生期和幼虫寄主植物种类，以及金斑喙凤蝶成虫和幼虫不同阶段的生活习性。

关键词：金斑喙凤蝶；分布；生物学特征；寄主植物

A Review of Research on the Rare and Endangered Species *Teinopalpus aureus*（Lepidoptera：Papilionidae）*

Huang Xingrui**，Zhou Zihao，Qin Jiawei，Zhou Qiong***

(College of Life Sciences, Hunan Normal University, Changsha 410081, China)

Abstract：*Teinopalpus aureus* Mell, belongs to the genus *Teinopalpus* in the family Papilionidae of the order Lepidoptera. It is classified as a first-class key protected wild animal in China and primarily inhabits Southeast Asia. This study detailedly recorded the subspecies records of this species, the distribution of this species in China, the occurrence period of adult insects in various regions, and the host plant species of larvae; The life habits of adults and larvae of the *T. aureus* at different stages were systematically reviewed; At the same time, the current research progress and existing deficiencies of *T. aureus* were analyzed; As well as the factors influencing its survival and distribution, aiming to provide basic data for further conservation and research.

Key words：*Teinopalpus aureus* Mell；distribution；biological characteristics；host plant

金斑喙凤蝶 Teinopalpus aureus Mell 属鳞翅目 Lepidoptera 凤蝶科 Papilionidae 喙凤蝶属 Teinopalpus。该蝶首次记录于 1923 年，标本为 1922 年当地人在九连山区采集，经收购公司运到欧洲后，Mell（1923）以新种报道。1985 年，被世界自然保护联盟（International Union for Conservation of Nature，IUCN）列为红色名录种。1989 年 1 月 14 日，国家林业部、农业部第 1 号令发布的《国家重点保护野生动物名录》，以及 2021 年 2 月 1 日国家林业和草原局、农业农村部联合公布的《国家重点保护野生动物名录》，均将金斑喙凤蝶列为国家一级重点保护野生动物。

---

* 基金项目：2025 年中央林业草原生态保护恢复资金项目（湘财资环指〔2024〕71 号）
** 第一作者：黄星瑞，博士研究生，主要从事昆虫行为调控研究；E-mail：huangxingrui@hunnu.edu.cn
*** 通信作者：周琼，教授，主要从事昆虫多样性及其行为调控研究；E-mail：zhoujoan@hunnu.edu.cn

1　金斑喙凤蝶的分布范围

自 Mell 命名发表后的五十多年间，国内少有金斑喙凤蝶的相关报道。1961年，中国计划发行蝴蝶邮票时，因国内没有相关资料，设计者只能参考保存在伦敦皇家自然博物馆的标本。直到1981年，在武夷山国家自然保护区先后得到金斑喙凤蝶的雄性和雌性标本，结束了其"家珍外藏"的历史（心诚，2008）。自此以后，金斑喙凤蝶因华丽的外表和珍稀程度引起众多蝴蝶专家的关注。通过实地考察、标本采集以及与当地居民交流等方式，研究者们逐步明确了金斑喙凤蝶在我国部分山区的栖息地范围，并陆续记录了其在国内各地的分布（表1），为后续的保护工作提供了关键的信息。此外，在越南、老挝的长山山脉（Truong Son Ra，亦译安南山脉 Annamese Cordillera）也有金斑喙凤蝶的报道（Morita，1998；Turlin，1991；Lien et al.，2019）。

表1　金斑喙凤蝶在中国的分布记录

分布区	文献来源
广东省清远市阳山县南岭国家级自然保护区	黄寿山等，2002
广东省车八岭国家级自然保护区	宋相金等，2017
广东省河源市连平县	周尧，1994
福建省福州市永泰县藤山省级自然保护区	张华峰，2023
福建省泉州市德化县戴云山国家级自然保护区	张华峰，2023
福建省南平市顺昌县七台山省级自然保护区	聂森，2015
福建省龙岩市连城县梅花山国家级自然保护区	张华峰，2023
福建省三明市永安市天宝岩国家级自然保护区	张华峰，2023
福建省泉州市永春县牛姆林省级自然保护区	徐奇涵等，2003
福建省南平市建瓯市吉阳镇	张华峰，2023
福建省南平市延平区茫荡山国家级自然保护区	黄清山等，2016
广西壮族自治区柳州市融水苗族自治县	蒙丽等，2016
江西省赣州市龙南县九连山国家级自然保护区（现为龙南市）	林宝珠等，2017
江西省吉安市井冈山国家级自然保护区	陈春泉等，2007
江西省赣州市于都县靖石乡屏山旅游风景区	黄莹，2014
江西武夷山国家级自然保护区	丁冬荪，1996
湖南莽山国家级自然保护区	曾菊平，2016
四川省攀枝花地区	何文进等，1998

(续表)

分布区	文献来源
广西壮族自治区金秀瑶族自治县大瑶山	周尧，1994；周春玲等，1996
广西壮族自治区南宁市上林县大明山	林莉，2019
广西九万山	广东省林业局，2023
浙江省温州市泰顺县乌岩岭国家级自然保护区	王义平等，2009
浙江省台州市黄岩区富山乡	张华峰，2023；郑红，2022
浙江省丽水市景宁畲族自治县赤木山	叶玉珠等，2006
海南省五指山市水满乡五指山	周尧，1994；符云薇，2000；Zou et al.，2021
海南省乐东黎族自治县尖峰岭	邢益森等，2001

2 金斑喙凤蝶的亚种记录及其起源

根据文献记载，金斑喙凤蝶有6个亚种，各亚种的区分主要依赖于不同地理种群的分布状况以及形态学特征的差异。我国国内记载有4个亚种，包括金斑喙凤蝶指名亚种 *Teinopalpus aureus aureus* Mell（广东）、广西亚种 *T. aureus guangxiensis* Chou et Zhou、武夷亚种 *T. aureus wuyiensis* Lee 和海南亚种 *T. aureus hainani* Lee（周尧，1994）。国外金斑喙凤蝶记录了2个亚种，相关研究大多仅提及斯金卡亚种 *T. aureus skinkaii* Morita，该亚种主要分布于越南及老挝的长山山脉区域（Morita，1998）。另外，Turlin（1991）记载了越南本地还存在另一个亚种，学名为 *T. aureus eminens* Turlin。但上述研究多基于各亚种地理信息和极少量标本的观察结果，分类依据的全面性尚显不足，可能存在分类偏差、"过度亚种化"问题（邹武等，2021）。鉴于此，黄超斌（2016）基于rDNA、A+T丰富区及蛋白质编码基因的系统发育分析结果发现，大瑶山种群、武夷山种群与南岭种群之间的遗传距离较近，建议将金斑喙凤蝶重新划分亚种为3个亚种，包括指名亚种（涵盖原指名亚种、广西亚种以及武夷亚种）、海南亚种和斯金卡亚种。凤蝶科喙凤蝶属目前仅记录两个物种，包括金斑喙凤蝶和金带喙凤蝶（*Teinopalpus imperialis* Hope，1843）（周尧，1994），后者于2021年被我国列入二级重点保护野生动物名录。关于金斑喙凤蝶的起源，有研究表明金斑喙凤蝶可能比金带喙凤蝶更原始，并且喙凤蝶属的原始祖先可能于大排冰期在广西、贵州交界地带分化为两个不同种群，并向四周扩散、演化（邹武，2022）。

3 金斑喙凤蝶的生物学特征

金斑喙凤蝶作为我国的珍稀蝶类，被誉为"蝶中皇后"，其独特的外形和稀有的数量一直是昆虫学界与生物多样性保护领域的研究热点。

3.1 金斑喙凤蝶的形态学特征

在形态学研究方面，通过细致观察与测量，详尽记录了金斑喙凤蝶成虫的体型、翅展、斑纹等外观特征（周尧，1994；曾菊平，2005；曾菊平等，2008）以及触角感器类型（蒋国芳等，2000），为物种鉴定与亚种分类奠定了基础。

3.2 生活史特征

金斑喙凤蝶属完全变态昆虫，一生历经卵、幼虫、蛹、成虫4个阶段。一年发生两代。但不同地区金斑喙凤蝶的发生期存在差异（表2），国内记录的广西和江西的第一代春型成虫发生在4上旬至6月上旬，雌雄交配后于3月上旬至6月上旬在寄主植物叶片上产卵，5月中旬至7月下旬为幼虫期，7月上旬至9月上旬为蛹期；第二代的成虫发生在8月上旬至9月中旬，9月上旬至11月上旬为幼虫期，10月下旬开始化蛹（曾菊平等，2007）。越南的第一代成虫发生在3—5月，第二代成虫发生在7—9月（Lien，2012）。曾菊平等（2012）发现金斑喙凤蝶对大瑶山的干湿季交替气候表现出季节适应性，该物种生命周期的关键阶段——卵的孵化、幼虫的蜕变及成虫的羽化，均集中发生于降水充沛、温度适宜的湿润时段；当旱季来临时，金斑喙凤蝶绝大多数个体通过化蛹进入代谢减缓的休眠状态。

表2 金斑喙凤蝶成虫的发生期

地点	第一代	第二代	文献来源
广西大瑶山	4月上旬至6月上旬	8月上旬至9月中旬	曾菊平等，2007
江西九连山	4月上旬至5月中旬	8月下旬至9月中旬	林宝珠等，2017
江西井冈山	4月中旬至6月中旬	8月上旬至9月下旬	何桂强等，2014
越南北部	3—5月	7—9月	Lien，2012
越南中部	3月上旬至4月下旬	—	Lien，2012

3.3 金斑喙凤蝶的寄主植物

金斑喙凤蝶的寄主植物为木兰科植物，包括含笑属 *Michelia*、木莲属 *Manglietia* 和拟单性木兰属 *Parakmeria*（表3）。值得一提的是，雌蝶在产卵时，更倾向于将卵产在高度为10~25 m的高大乔木之上（林宝珠等，2017）。然而，与雌蝶产卵高度选择性形成鲜明对比的是，幼虫在化蛹时对位置的选择并无明显偏好，其蛹可能出现在该栖息地内的任意植物之上。

有研究发现，金斑喙凤蝶的蛹曾出现在苦竹 *Tleioolastus amarus*、厚斗柯 *Lithocarpus elizabethae*、三花冬青 *Ilex triflora* 以及桂南木莲 *Manglietia chingii* 等多种植物之上（曾菊平等，2008）。当前，针对金斑喙凤蝶成虫蜜源植物的研究报道较为匮乏。虽有报道提及该蝶会取食杜鹃花科植物，然而，仅确切观察到成虫停留在小果南烛 *Lyomia ovalifolia* var. *elliptica* 取食花蜜（曾菊平等，2008）。另外，在实验室内发现饲养的金斑喙凤蝶吸食蜜露（何达崇等，2000）。

表3 金斑喙凤蝶的木兰科寄主植物

属名	中文名	拉丁名	参考文献
含笑属 Michelia	金叶含笑	*Michelia foveolata*	曾菊平等，2023b；林宝珠等，2017
	深山含笑	*Michelia maudiae*	曾菊平等，2023b；林宝珠等，2017
	乐昌含笑	*Michelia chapensis*	曾菊平等，2008
	平伐含笑	*Michelia cavaleriei*	曾菊平等，2023a
木莲属 Manglietia	木莲	*Manglietia fordiana*	曾菊平等，2023b
	乳源木莲	*Manglietia yuyuanensis*	曾菊平等，2023b
	桂南木莲	*Manglietia chingii*	曾菊平等，2005
拟单性木兰属 Parakmeria	光叶拟单性木兰	*Parakmeria nitida*	曾菊平等，2008
	乐东拟单性木兰	*Parakmeria lotungensis*	陈仁利等，2009

3.4 生活习性

金斑喙凤蝶的生命活动主要受温度与时间等环境因子的影响（曾菊平等，2008）。其成虫阶段的活动区域具有显著的地域偏好性，多集中分布于海拔1 000 m以上的高海拔地带，尤以平均湿度较大的山脊沿线及山顶区域为活动核心区域（曾菊平等，2012）。研究表明，雄性常活跃于该类高海拔环境，并且通常比雌蝶更早进入活动状态；基于野外观察数据，雄蝶的活动高峰期集中出现6:00—11:00，其中在8:00前后，以及9:00—10:00形成两个明显的活动峰值，活动最适温度为19~26℃；雄蝶在各山顶间虽存在往返飞行的行为模式，但观测数据显示，其大部分活动时段内仍以停留状态为主（曾菊平等，2008，2012；何桂强等，2014）。林宝珠等（2017）在九连山观测发现，雄蝶在8:00左右成群聚集飞向山顶，并在各山顶停留长达30 min；另外雄蝶具有强烈的领域性，会主动驱除领域内的其他飞行个体，这些现象的产生，主要归因于雄蝶求偶行为采用典型的等候型策略。当雄蝶发现雌蝶后，会迅速飞向雌蝶，并与雌蝶一同飞入山腰的树林之中（黄莹，2014）。该蝶雌雄个体的习性不同，雌蝶常活动在寄主植物周围（何达崇等，2000）。雌蝶的活动时段为9:00—14:00，其中活动高峰集中在11:00—13:00，活动最适温度为27~30℃，产卵行为通常在该时段完成，雌蝶在产卵过程中会分散产卵，通常为"一枝一叶一卵"式，这是为了控制卵的分布密度，避免同种后代出现食物竞争现象（曾菊平等，2008，2012）。相对于雄蝶，雌蝶展现出较强的飞行耐力，在飞行过程中较少停歇。值得注意的是，雌蝶的活动会受到雄蝶活动的干扰，在特定时段也会飞至山腰林层上方（黄莹，2014）。

金斑喙凤蝶的幼虫共5龄，各个龄期幼虫之间的个体大小、体色、斑纹和生活习性存在差异（曾菊平等，2008，2012）：初孵幼虫会从破口处取食卵壳，之后整个1龄阶段暴露于阳光中并栖息在孵化叶片上，此阶段的幼虫很少对外界刺激做出回应。幼虫进入2龄之后，开始转移到避光叶片上栖息，栖息场所较隐蔽，并且随着虫龄增长幼虫对外界的刺激的反应会逐渐强烈。老熟幼虫由原来的深绿变成酷似地面枯叶的黄和红斑纹相间的体色。此时，幼虫会主动掉落在落叶层，搜寻化蛹场所。幼虫大多时间保持静息，每日表现出三个取食高峰期：6：00—7：00、11：00—13：00 和18：00—20：00，活动最适温度为 17~24℃。幼虫具有吐丝行为，当处于栖息叶上时，幼虫会吐丝构筑小型栖息场所；在其往返于栖息位点和附近用于取食的叶片之间时，也会持续吐丝。

4　金斑喙凤蝶研究的其他方面

随着科学技术的发展与生态保护的迫切需求，仅仅依靠形态学与分布调查已难以满足对金斑喙凤蝶全面深入研究的需要。金斑喙凤蝶与其他珍稀保护种一样，其遗传分析研究面临难以取样等问题。为此，Zou 等（2021）开发了喙凤蝶的无损伤 DNA 取样技术。该技术通过改进 DNA 提取方法，分别从幼虫粪便、幼虫头壳与蜕皮、幼虫在食物上留下的丝腺分泌物、羽化后的蛹壳等均成功获得 DNA。然而，野外环境中，金斑喙凤蝶幼虫的排泄物样本分布极为分散，这无疑给搜寻工作带来了巨大的挑战。在此背景下，如何精准定位并科学预判金斑喙凤蝶的活动踪迹，成为该领域研究的一大棘手难题。在生态学与生物地理学的生物多样性研究范畴内，准确预测物种的生态位和潜在分布区域是研究的基础与核心内容，对于受保护物种而言尤为重要。张华峰（2023）借助 MaxEnt 优化模型，针对当前气候情况展开了深入分析，预测出金斑喙凤蝶的主要适生区域，认为温度与降水两大气候要素，是影响金斑喙凤蝶潜在地理分布的关键因子。Du 等（2024）利用寄主植物物种丰富度作为生物相互作用的替代指标，发现气候变化正让金斑喙凤蝶的分布区域大幅变小。

5　研究展望

目前，诸多研究记载了金斑喙凤蝶形态学特征以及其分布范围，但是受限于该物种数量稀少和罕见，以及一些独特的生物学特性，而且作为国家一级重点保护野生动物，有关其生物学和栖息地研究仍不够全面，以至于在保护金斑喙凤蝶的工作中尚缺少一些关键指导信息。金斑喙凤蝶保护研究将聚焦于生物学特征调查和预测物种分布两大关键领域，以期为其保护管理工作提供科学依据。

参考文献

陈春泉，王井泉，杨建萍，等，2007. 江西井冈山金斑喙凤蝶的初步调查 [J]. 安徽农学通报 （13）：148-149.

陈仁利，蔡玉生，龚粤宁，等，2009. 南岭发现金斑喙凤蝶 2 个新寄主 [J]. 广东林业科技，25（6）：119-120，127.

丁冬荪，1996. 江西武夷山自然保护区蝶类区系结构及垂直分布 [J]. 昆虫学报 (4)：393-407.

符云薇，2000. 海南岛五指山凤蝶区系 [J]. 热带林业 (3)：115-119，107.

广东省林业局，2023. 广西九万山保护区首次发现"蝶中皇后"金斑喙凤蝶 [EB/OL]. (2023-09-21) [2025-04-08]. https：//lyj. gd. gov. cn/news/dynamic/content/post_4256828. html.

何达崇，蒋国芳，颜增光，等，2000. 金斑喙凤蝶成虫的交配和取食行为观察 [J]. 广西科学 (1)：78-79.

何桂强，贾凤海，赵健，等，2014. 江西井冈山金斑喙凤蝶形态特征观察及生物学特性研究［J］．江西林业科技，42（2）：34-38．

何文进，曹发君，刘文萍，等，1998．四川攀枝花地区蝶类记录［J］．西南农业大学学报（6）：31-43．

黄超斌，2016．基于线粒体基因组的金斑喙凤蝶（鳞翅目：凤蝶科）5个亚种间的系统发育研究［D］．桂林：广西师范大学．

黄清山，毛赛春，2016．茫荡山自然保护区首次发现金斑喙凤蝶［J］．福建林业（3）：12．

黄寿山，田明义，王敏，等，2002．中国金斑喙凤蝶研究进展［J］．武夷科学（18）：269-271．

黄莹，2014．金斑喙凤蝶（鳞翅目：凤蝶科）四个地理种群的线粒体基因组及其系统发育地位研究［D］．桂林：广西师范大学．

蒋国芳，何达崇，颜增光，2000．金斑喙凤蝶雄虫触角感觉器的扫描电镜观察［J］．广西科学（2）：144-146，149．

林宝珠，朱祥福，曾菊平，等，2017．九连山金斑喙凤蝶野外生物学特性观测［J］．林业科学研究，30（3）：399-408．

林莉，2019．世界八大名蝶之首金斑喙凤蝶现身广西大明山保护区_南宁市大明山风景旅游区管理委员会［EB］．

蒙丽，莫佛艳，涂卓，等，2016．广西发现金斑喙凤蝶一个新分布点［J］．广西师范大学学报（自然科学版），34（4）：134-136．

聂森，2015．福建顺昌七台山自然保护区物种丰富度分析［J］．福建林业（6）：35-38．

宋相金，何文，彭友贵，2017．广东车八岭国家级自然保护区生态旅游资源评价［J］．安徽农业科学，45（26）：1-5．

王义平，林莉斯，郑方东，等，2009．金斑喙凤蝶首次在浙江发现［J］．浙江林学院学报，26（1）：147-148．

心诚，2008．金斑喙凤蝶：梦幻中的蝴蝶［J］．中国林业（8）：22-23．

邢益森，邢增富，2001．海南岛蝴蝶大观［J］．中国林业（4）：28．

徐奇涵，江凡，林延生，等，2003．福建省国家保护蝶种概述［J］．福建林业科技（4）：93-96．

叶玉珠，袁媛，王海霞，等，2006．景宁县8种珍稀蝴蝶记述［J］．中国科技信息（20）：83-84，86．

曾菊平，2005．金斑喙凤蝶广西亚种生物学研究［D］．桂林：广西师范大学．

曾菊平，唐乙仟，邹武，等，2023a．金斑喙凤蝶新寄主平伐含笑的发现及其生境现状［C］//尹新明，王高平，席玉强．华中昆虫研究（第十七卷）．北京：中国农业科学技术出版社：239．

曾菊平，王渌，陈伏生，等，2023b．金斑喙凤蝶寄主植物木莲的发现：受资源分布驱使［C］//尹新明，王高平，席玉强．华中昆虫研究（第十七卷）．北京：中国农业科学技术出版社：240-241．

曾菊平，周善义，丁健，等，2012．濒危物种金斑喙凤蝶的行为特征及其对生境的适应性［J］．生态学报，32（20）：6527-6534．

曾菊平，周善义，李常春，等，2005．金斑喙凤蝶广西亚种的蛹及寄主植物的发现［J］．昆虫知识（1）：71-73．

曾菊平，周善义，罗保庭，等，2007．金斑喙凤蝶广西亚种生活史研究［J］．广西科学（3）：323-327．

曾菊平，周善义，罗保庭，等，2008．广西大瑶山濒危物种金斑喙凤蝶（广西亚种）的形态学、生物学特征［J］．昆虫知识（3）：457-464，508．

张华峰，2023．珍稀濒危物种金斑喙凤蝶在我国潜在适生区预测［J］．井冈山大学学报（自然科学版),44(3):56-62.

郑红,2022."蝶中皇后"金斑喙凤蝶首次现身台州[N].台州日报,2022-05-16(5).

周春玲,蒋国芳,1996.广西金斑喙凤蝶生物学特性初步观察及其保护[J].广西科学院学报(1):24-26.

周尧,1994.中国蝶类志[M].郑州:河南科学技术出版社.

邹武,2022.基于无损伤取样的珍稀喙凤蝶属遗传多样性及分歧时间估计研究[D].南昌:江西农业大学.

邹武,曾菊平,姜梦娜,等,2021.珍稀蝴蝶的亚种分类问题及保护意义:以喙凤蝶属为例[J].昆虫学报,64(11):1338-1349.

DU C, FENG X, CHEN Z, et al., 2024. Predicting potential distribution of *Teinopalpus aureus* integrated multiple factors and its threatened status assessment[J]. Insects, 15(11): 879.

LIEN V V, 2012. Two butterfly species of rare and specious genus *Teinopalpus* hope, 1843 in Vietnam[J]. Academia Journal of Biology, 34(3): 328-333.

LIEN V V, TRANG L Q, HÄUSER C L, et al., 2019. Diversity of swallowtal butterfly species (Rhopalocra, Papilionidae) in three protected areas of thua thien hue province[J]. Journal of Forestry Science and Technology(7): 82-87.

MELL R, 1923. Noch unbeschriebene Lepidopteren aus südchin. II [N]. Deutsche Entomologische Zeitschrift, Berlin: 153-160.

MORITA S, 1998. A new subspecies of *Teinopalpus aureus* mell, 1923 from Vietnam (Lepidoptera: Papilionidae)[J]. Wallace, 4(2): 13-15.

TURLIN B, 1991. Notes sur less especes du genere teinopalpus hope et description de deux nouvelles sous-especies et d'uneforne appartenant a ce genere (Lepidoptera: Papilionidae)[J]. Bulletin de la Société Sciences Nat, 70: 3-8.

ZOU W, HUANG CHAO-BIN, WANG LU, et al., 2021. The validity of the subspecies, *Teinopalpus aureus wuyiensis* Lee, from complete mitochondrial genome[J]. Mitochondrial DNA Part B, 6(9): 2589-2591.

基于无人机平台的深度学习与多模态成像技术在害虫防治中的应用研究进展

王威力[1]*，乔佳奕[1]，何瑾瑾[2]，林榕梅[2]**

（1. 河南农业大学机电工程学院，郑州 450002；2. 河南省害虫绿色防控国际联合实验室/河南省害虫生物防控工程实验室/河南农业大学植物保护学院，郑州 450002）

摘 要：农作物虫害防治对农业生产意义重大，传统人工监测方法存在范围小、耗时久、准确率低等问题，这样的状况难以契合现代农业发展的需求。以无人机为载体，融合多模态成像技术与深度学习的智能化监测技术随之产生。本文围绕深度学习算法创新、机器视觉、高光谱、热红外技术及其融合展开综述，对当前存在的问题展开详细剖析，并探讨基于无人机平台的深度学习和多模态成像技术融合之后的研究前景。

关键词：无人机；机器视觉；深度学习；红外技术；害虫防治

Research Progress on the Application of Deep Learning and Multimodal Imaging Technology Based on UAV Platform in Pest Control

Wang Weili[1]*, Qiao Jiayi[1], He Jinjin[2], Lin Rongmei[2]**

(1. College of Mechanical & Electrical Engineering of Henan Agricultural University, Zhengzhou 450002, China; 2. Henan International Laboratory for Green Pest Control; Henan Engineering Laboratory of Pest Biological Control; College of Plant Protection, Henan Agricultural University, Zhengzhou 450002, China)

Abstract: The prevention and control of pests in crops is of great significance to agricultural production. The traditional manual detection methods have problems such as narrow scope, long time consumption and low accuracy, which are difficult to meet the requirements of contemporary agriculture. With unmanned aerial vehicles (UAVs) as the carrier, the intelligent detection technology integrating multimodal imaging technology and deep learning has emerged. This article conducts a comprehensive review centered on the innovation of deep learning algorithms, machine vision, hyperspectral imaging, thermal infrared technology and their integration, and meanwhile analyzes the existing problems. Based on this, the research prospect of deep learning and multimodal imaging technology integration based on unmanned aerial vehicle platform is further discussed.

Key words: drones; machine vision; deep learning; infrared technology; pest control

---

* 第一作者：王威力，本科生，研究方向为智慧农业害虫防治；E-mail:2608374370@qq.com
** 通信作者：林榕梅，讲师，主要从事昆虫学领域的教学和科研工作；E-mail:rmlin@henau.edu.cn

农作物虫害防治是农业生产稳定和发展的关键，对虫害进行监测则是重中之重。传统人工监测受限于监测范围小、耗时久、准确率低等问题（凌松等，2025）。例如，在面对暴发性虫害时，因预警滞后导致防治成本增加（王佳宇，2022），难以完成现代农业对虫害监测"早发现、早干预"的要求。以无人机为载体、多模态成像与深度学习为核心的智能化监测技术的出现，为解决该类问题提供了契机（图1）。

随着无人机平台搭载的多模态成像技术（机器视觉、高光谱、热红外）与深度学习算法的交叉应用不断深入，害虫的高效识别与精准防治得到了有效的解决。无人机的特点是机动性强、覆盖范围广，具备大型农田、果园、粮仓等复杂场景全天监察的能力，而机器视觉、高光谱、热红外等成像技术分别从形态、光谱、温度三方面有效识别害虫和虫害情况。机器视觉技术可以通过图像识别害虫的种类与数量，高光谱成像可检测因虫害而导致的作物生理变化，热红外成像则能获取害虫产生的温度变化，多模态成像技术与深度学习算法的结合，能够突破传统检测方法单一特征的限制，在复杂环境下，提升检测速度与精度。

本文聚焦无人机平台搭载的机器视觉、高光谱、热红外成像技术与深度学习的融合，从算法创新（目标检测模型优化、轻量化模型部署、小样本学习）、技术突破（机器视觉形态识别、高光谱早期诊断、热红外隐蔽监测的原理与应用）、系统集成（无人机多模态载荷设计、边缘计算优化、数据融合架构）这三方面展开综述，并探讨技术难题、展望"空-地-云"（空基遥感-地基感知-云端智能）一体化监测害虫系统的未来方向，期望为智慧农业虫害防治提供理论支撑与实践参考。

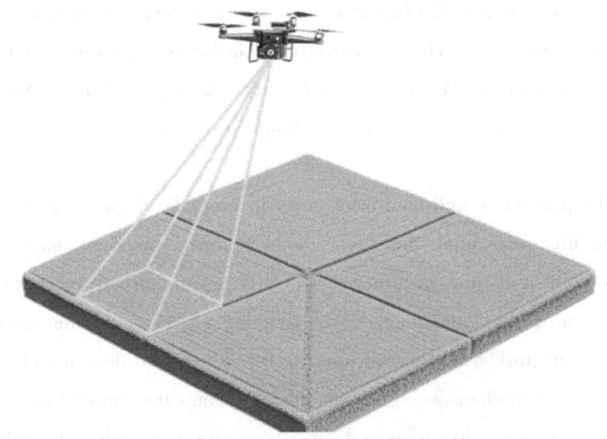

图1　无人机多模态识别示意图

1　深度学习驱动的害虫检测算法创新

1.1　目标检测与分类模型优化

在害虫监测领域，因农田环境复杂，对体积小、特征难以提取的害虫进行识别难度较大。所以，出现了诸多解决方案。

YOLOv5s-CG模型在主干网络中引入Context Transformer Network（CoTNet），在复

杂背景状况下可有效记录蝗虫的特征信息，在宁夏荒漠草原蝗虫检测实验里，结合广义相加模型（GAM）对跨尺度特征融合加以优化，该模型的平均精度均值（mAP）提升到93.2%，相较于基线模型提高了5.3%（马宏兴等，2024），这一成果提升了草原蝗虫检测的准确性，为草原蝗虫的防治给予了有力的技术支撑。

光诱捕害虫呈现出多尺度特征，DAMI-YOLOv8l框架由此诞生，它借助DMC深度多尺度卷积模块以及注意力引导的特征金字塔结构（ASF-P2）颈部结构，提升mAP50达到78.2%（Chen et al., 2025）。该框架切实解决了光诱捕害虫检测过程中由于虫群中害虫尺度发生变化而带来的难题，使对不同尺度害虫的监测能力得到了提升。

基于自注意力机制的神经网络架构（Transformer）结构的应用实现了多类别害虫的精准分类。Pest-ConFormer混合模型利用卷积神经网络（CNN）局部特征提取和Transformer全局依赖建模，针对公开的农业害虫识别数据集（IP102）农作物害虫类间相似、类内变异的细粒度分类问题，提出了多尺度弱监督多路径特征选择模式和双路径特征融合模块（包括自上而下的FPN-like特征通路以及注意力机制下自下而上的PANet-like特征通路），取得77.81%分类准确度（Fang et al., 2024）。该算法以自监督的掩码自动编码器进行预训练学习多尺度判别特征，在复杂自然环境下具有出色的类间区分能力。跨域迁移学习，则为少样本、小目标等问题打开了新的窗口。基于自然语言字符和害虫小目标之间的共性，通过将字符图像预训练直接迁移应用到茶小绿叶蝉（*Empoasca pirisuga*）检测当中，使得对小目标的特征提取有了极大的提升（Li et al., 2025）。对于这类像茶小绿叶蝉难以获取海量检测图片的小目标害虫监控的研究，可借鉴这个方法。

多类别小目标害虫识别需求复杂，基于金字塔视觉Transformer的目标检测模型（Pest-PVT）以Pyramid Vision Transformer v2架构为基础，运用无锚点检测框架FCOS并结合自适应训练样本选择即ATSS，在Pest24数据集上，模型的多目标检测平均精度均值mAP达到77.2%，有效缓解了类间相似性高带来的难题（Chen et al., 2025）。YOLOCSP-PEST模型属于YOLOv7框架的改进版，借助引入跨阶段局部网络CSPNet来强化特征提取能力，在低光照以及角度复杂的状况下，该模型表现十分突出，比其他对比模型更具优势，经过测试可知，该模型在IP102数据集上的平均精度均值mAP为88.40%，在本地数据集上的平均精度均值mAP为97.18%，还维持了较高的召回率以及精度。在真实农业场景当中，依靠测试验证YOLOCSP-PEST模型可有效对害虫开展定位与分类，可帮助农户快速且精准地识别作物病虫害，对农产品增产增收有益（Ali et al., 2025）。

1.2 轻量化模型与边缘计算部署

随着无人机在农业虫害监测领域应用越来越广泛，以及移动端设备参与虫害检测的需求不断增加，为了适配无人机边缘计算与移动端设备，轻量化模型的研发成为当前研究的热点方向。

轻量级网络模型（Shuffle-PG）创新性地把ShuffleNet v2和逐点组卷积技术融合到了一起。该模型在将模型参数大幅压缩到1.26 M时，依然可保持出色的判别性特征提取能力，显著降低计算成本，适合在移动设备等资源受限环境中部署，实验结果表明，该模型在植物病虫害数据集上分别实现了97.7%（病害）和98.8%（虫害）的mAP，验证了其高效的特征检索性能（Jin et al.，2025），工作人员资源环境受限时也可以迅速对害虫展开检测，提升了监测的便捷性与效率。

改进的YOLOv4-tiny模型借助增添卷积块注意力模块（CBAM）混合注意力机制，并且嵌入云平台来对模型进行优化。优化后的模型大小是23.6 MB，把它移植到Jetson Xavier NX设备后，借助TensorRT加速神经网络推理，在自然环境下，检测蝗虫的速度达到了117 FPS，契合了嵌入式设备实时检测需求（李军，2023），在复杂背景、小目标及遮挡场景下，这一模型仍能快速且准确地检测蝗虫，为及时防治蝗虫灾害提供了有力支撑。

1.3 小样本学习与强化优化

针对农业虫害监测展开的研究，虫害数据集标注所需成本较高，已然成为限制深度学习模型向前发展的一个关键要素，为了解决好这一难题，少样本学习技术开始逐渐被投入使用。

Prototypical Network以及梯度加权类激活映射（Grad-CAM）的可解释小样本学习方法，即小样本学习（FSL）方法，在少样本虫害分类中表现突出，这种方法在10-shot配置时，对9类害虫分类，准确率能达到99.81%，大幅降低了对大规模标注数据的依赖，还把害虫躯体纹理、翅脉等关键特征可视化来解释模型决策过程。在马来西亚害虫图像数据集上，其识别准确率稳定在97.78%~99.81%（Ragu et al.，2025）。这给新入侵害虫的检测工作提供了一个高效方案，借助小样本高效学习以及可解释性分析，切实化解了传统模型因害虫样本少产生的难题，提高了农业害虫监测的效率和可靠性。

强化学习与双模式灰狼优化器的融合对提升卷积神经网络（CNN）性能具有重要意义。针对农业病虫害识别时手动调参造成的模型性能受限问题，文献提出了一种采用动态精英学习策略的基于强化学习的双模式灰狼优化器，以双模式自适应策略寻找最合适的训练阶段CNN超参数，并取得了更好的结果：螨科害虫识别准确度为95.83%，玉米病害识别准确度为96.51%，优于6种对比优化算子的结果。相比常规固定的训练参数策略，此动态超参数调节策略使模型同时兼顾了对模型开发和探索的能力。这种改变超参数的方式相对于使用固定超参数的方法进行的训练可以使模型更灵活地适应不同的环境，增加了其实用性和可靠性（Lu et al.，2025）。上述模型在不同害虫监测中的关键参数详见表1。

表1 深度学习驱动的害虫检测算法创新总结

模型/方法	监测对象/场景	关键指标	参考文献
YOLOv5s-CG	宁夏荒漠草原蝗虫	mAP 93.2%	马宏兴等，2024
DAMI-YOLOv8l	光诱捕害虫	mAP50 78.2%	Chen et al.，2025
Pest-ConFormer	IP102农作物害虫	分类准确率77.81%	Fang et al.，2024
跨域迁移学习	茶小绿叶蝉小目标	提升小目标特征提取	Li et al.，2025

（续表）

模型/方法	监测对象/场景	关键指标	参考文献
Pest-PVT	Pest24 多类别害虫	mAP 77.2%	Chen et al., 2025
YOLOCSP-PEST	IP102/本地害虫	mAP 88.4%/97.18%	Ali et al., 2025
Shuffle-PG	植物病虫害	参数 1.26M，mAP 98.8%	Jin et al., 2025
改进 YOLOv4-tiny	自然环境蝗虫	模型 23.6MB，速度 117 FPS	李军，2023
FSL 方法	少样本虫害	10-shot 准确率 99.81%	Ragu et al., 2025
双模式灰狼优化器	蟥科害虫/玉米病害	准确率 95.83%/96.51%	Lu et al., 2025

2 机器视觉技术：从形态特征到动态分析

2.1 复杂背景下的目标分割与增强

在农业害虫监测领域中，复杂背景下害虫的精准识别对防治工作有着相当关键的意义，机器视觉技术可依据昆虫的外形来开展图像分割工作，获取昆虫图像（图2），并且凭借其特征提取功能，可准确地识别出害虫。依据所构建的茶园害虫数据集，TTP-UNet 网络整合 CA 注意力机制，同时结合 VGG16 主干网络，把茶树害虫分割的平均交并比提高到了 94.18%，有效化解了植被背景下小目标易出现漏检问题（俞淑燕，2024）茶园环境复杂，茶树叶片等植被会对害虫识别形成干扰，而 TTP-UNet 网络出现后，即实现了对茶树害虫的精准分割。

图 2 机器视觉识别害虫

在果园害虫监测过程中，性诱捕技术是常用的手段，然而准确计数一直都存在阻碍。将红外传感器与机器视觉进行融合，并设定梨小食心虫（Grapholita molesta）2.25、苹小卷叶蛾（Adoxophyes orana）9.06 等不同害虫的聚类中心，让梨小食心虫的融合计数精度达到98%，为性诱害虫实时计数提供了一种新的方法（田冉等，2016）。这种融合技术利用害虫大小导致的红外光遮挡程度差异，达成了更为精准的计数，可及时了解害虫数量的变化情况，制定出有针对性的防治策略。

机器视觉优化算法利用模糊识别理论，基于原有的特征点优化、分类方式上加入了模糊理论来对复杂背景下的特征进行判别处理，较好地解决了原先依靠人工作业设置特征的做法，并且实验结果得到最高识别度为98.06%，最低识别错误率为5.83%，使得农业害虫的识别更广泛地应用于人们的生活中（Han et al.，2024）。使用这种算法，为工作人员能够在第一时间对田间病虫害实现及时检测和预防提供了便捷的方法，推动了如何在处于复杂背景情况时能够迅速实现相关害虫的监测识别这一应用性问题的解决。

2.2 动态行为捕捉与计数技术

在农业害虫监测里的动态监测这个环节，要依据害虫的种类以及数量去判断害虫入侵状况，其中精准识别并且计数害虫是重点所在。基于密度图的温室多物种害虫识别办法借助双标注图来把不同害虫的分布给分开，同时设计独立计数分支去处理重叠小昆虫，实验中，该方法在白粉虱（Trialeurodes vaporariorum）和果蝇（Drosophilidae）计数上分别取得 R^2 分数 0.973 和 0.972，模型预测与真实值高度吻合（Zhang et al.，2024）。温室环境当中害虫种类多样且分布繁杂，该方法可准确区分和统计多种害虫，为温室虫害防治给予了有力支撑。

研究人员基于实验室环境下的9类害虫图像，提取颜色、形态、纹理等全局特征及加速稳健特征（SURF）局部特征，分别采用支持向量机（SVM）分类器建模。其中，全局特征模型的总体识别率为85.9%，局部特征模型识别率为77.4%（吴翔，2016）。以往机器视觉在可控背景环境下表现不错，不过在光照不均匀环境或目标较小时效果不佳，该研究成果提升了此类环境下的识别精度，让机器视觉技术在实际农业场景中的应用更具可行性。

在实际应用当中，借助引入集成物联网的虫情监测设备，可将害虫图像实时传输到计算机端来进行识别，该系统处理每一张害虫图片的平均耗时较短，提升了农场对虫害的响应速度，让农场可以及时采取防治举措，降低虫害损失（罗小娟等，2024）。上述研究涉及的技术模型、监测对象及关键指标总结见表2。

3 高光谱成像：虫害早期诊断的"化学指纹"

3.1 光谱数据处理与特征提取

在虫害早期诊断这个领域当中，高光谱技术有着它自身独特的光谱维度方面的优势，因为遭受虫害的植物，其光谱会出现相应的变化，而高光谱技术可检测到这种变化，借助高光谱技术就可以依据虫害的具体情况来做出判断。

无人机获取的高光谱成像可用以监测松材线虫病，通过分析光谱反射率、导数及植被指数（含季节性变化值），可有效区分 5—10 月健康与松材线虫受害松树，在 10 月达到最高分类准确率97%（Yu et al., 2024）。松材线虫 *Bursaphelenchus xylophilus* 给松树带来的危害十分严重，早期的准确诊断非常关键，该方法凭借无人机具备的便捷性以及高光谱影像所包含的丰富光谱信息，达成了对松树健康状况的高效监测。

可见近红外高光谱成像技术结合胶囊网络，已运用到谷斑皮蠹幼虫碎片识别工作中，达成了超过90%的分类精度，有效化解了传统形态学鉴定存在的局限性（Agarwal et al., 2020）。谷斑皮蠹（*Trogoderma granarium*）是一种危害性相当大的害虫，传统形态学鉴定在面对幼虫碎片时准确性不太理想，可见近红外高光谱成像技术与胶囊网络相结合，为谷斑皮蠹幼虫碎片的精准识别开辟了一条新的路径。

表2 机器视觉技术在害虫监测中的应用总结

模型/方法	监测对象/场景	关键指标	参考文献
TTP-UNet 网络	茶园茶树害虫 （复杂植被背景）	分割交并比94.18%	俞淑燕，2024
红外传感器+ 机器视觉融合	果园性诱害虫 （梨小食心虫、 苹小卷叶蛾）	梨小食心虫计数精度98%	田冉等，2016
模糊识别理论 优化算法	复杂背景下多类别害虫	最高识别率98.06%、 最低错误率5.83%	Han et al., 2024
基于密度图的 多物种识别方法	温室重叠小昆虫 （白粉虱、果蝇）	计数 R^2 分数0.973 （白粉虱）、 0.972（果蝇）	Zhang et al., 2024
SURF+SVM 分类器	实验室9类害虫 （自然背景干扰）	全局特征识别率85.9%、 局部特征识别率77.4%	吴翔，2016
集成物联网的 虫情监测设备	农场实时虫害监测	单图处理耗时短 （含预处理、推理）	罗小娟等，2024

3.2 深度学习与光谱-空间融合

在虫害检测领域中，深度学习和高光谱技术相互融合，给提升检测的精度赋予了全新的进展。研究人员运用YOLOv3架构针对大豆害虫展开实时检测工作，结果发现当批次大小设定为32的时候，分类精确率、召回率以及 F 值分别可达到95.15%、75.79%以及84.35%，而检测误差相较于较小批次明显更小（Tetila et al., 2024）。此项实验是基于2 758个田间RGB图像样本开展的，其验证了深度学习模型在复杂环境状况下对于多物种害虫的检测能力，为精准农业领域里的害虫监测提供了行之有效的方案。

在室内多层级LED照明蔬菜种植系统当中，芥菜蚜虫（*Lipaphis erysimi*）、蔬菜蓟马以及二斑叶螨（*Tetranychus urticae*）等害虫体积较小难以被观察到，然而高光谱成像与深度神经网络（DNN）模型却可提前对多种害虫进行区分，在两周的观测期内，该模型的总体分类准确率为92.8%±0.4%，并且在害虫侵染后的2 d内就实现了多物种检测的高精度。这为室内多层级LED照明蔬菜种植系统的虫害防治提供了精确的数据支持（Nguyen et al., 2024）。这项技术依靠高光谱成像获取丰富的光谱信息，再联合深度神经网络强大的特征学习能力,可迅速且准确地辨认出多种害虫,帮助设施农业快速采取相应的虫害处理措施。具体指标与实验对象总结见表3。

表3 高光谱成像技术在虫害早期诊断中的应用总结

模型/方法	监测对象/场景	关键指标	参考文献
无人机高光谱影像分析	松材线虫（健康/受害松树）	分类准确率最高97%（10月）	Yu et al., 2024
高光谱胶囊网络	谷斑皮蠹幼虫碎片	分类精度>90%	Agarwal et al., 2020
YOLOv3架构	大豆害虫（多类别）	分类精确率95.15%、召回率75.79%、F-measure 84.35%	Tetila et al., 2024
深度神经网络融合	室内蔬菜害虫（多物种）	总体分类准确率92.8%±0.4%	Nguyen et al., 2024

4 热红外成像:温度异常驱动的隐蔽害虫监测

4.1 热红外图像分析技术

针对隐蔽害虫展开监测时,热红外成像凭借害虫和其周围环境存在的温度差异,得以对害虫实施定位操作。大面积棉田的虫害监测任务十分繁重,研究人员在对四种语义分割模型加以对比之后发现,金字塔场景解析网络（PSPNet）在无人机热红外图像里的表现最为优异,可迅速且准确地识别出棉叶螨（*Tetranychus cinnabarinus*）危害的区域,平均交并比达到了61.2%（张万臻,2023）,为大面积棉田叶螨监测提供了一种可靠的办法。

4.2 多模态融合应用技术

在害虫检测领域,多模态融合技术呈现出了独特的优势,热红外与其他模态相互融合,大大提高了检测的可靠性。在仓储场景里面,借助热红外成像技术可检测小麦籽粒内是否存在锈赤扁谷盗（*Cryptolestes ferrugineus*）侵染,采用二次函数模型时对受侵染籽粒的分类准确率为83.5%（Manickavasagan et al., 2007）。传统的粮虫检测方法耗时且效率低,热红外成像检测技术,可无损伤判断粮食是否受虫害,又可以避免对粮食造成损害,有利于保障粮食储存的安全。不同模型的对比分析见表4。

表4 热红外成像技术在隐蔽害虫监测中的应用总结

模型/方法	监测对象/场景	关键指标	参考文献
PSPNet语义分割模型	棉田叶螨（无人机监测）	平均交并比61.2%	张万臻,2023
热红外检测	仓储谷盗幼虫/蛹（小麦籽粒）	分类准确率83.5%	Manickavasagan et al., 2007

5 多模态融合与无人机系统集成

5.1 融合策略与技术架构

在无人机平台用于害虫防治的研究中，多模态数据融合的策略与技术架构是提升监测效果的关键。数据级融合借助地理配准的方式，把无人机多光谱和 RGB 影像进行整合，同时结合地面真值来构建分析框架，凭借对比光谱以及纹理特征可发现，光谱特征在分割精度方面表现更为出色，基于全卷积网络（FCN）模型实现的虫害区域分割，精确率达到 94%，召回率为 90%，交并比（IoU）为 85%，这证实了多光谱信息与深度学习相结合可有效地识别甘蔗虫害斑块（Amarasingam et al., 2025）。

5.2 无人机平台设计与关键技术

在无人机于农业害虫监测的应用中，高效化与边缘计算优化是两项关键技术，对提升监测效率和效果至关重要。该研究使 DJI Matrice 300 无人机配备 RGB 摄像头来构建数据集，借助对无人机定位的优化措施以及对图像质量的把控，运用经过筛选后高质量图像训练而成的模型，在对茶翅蝽（*Halyomorpha halys*）进行检测时达成了 92% 的检测精度（Betti et al., 2023）。无人机具有高机动性可以灵活地采集果园图像，为田间虫害监测给予了有效的方案。

在草原蝗虫监测中，通过对移动端、固定端及无人机图像进行裁剪缩放（如无人机图像裁剪为 800×800 像素）和数据增强，结合 ResNet 50、YOLO v4 等模型提升识别性能。分类模型平均识别率 98.6%，目标检测模型在蝗虫类别测报（YOLO v4，mAP 89.11%）与无人机端密度估计（Faster RCNN，mAP 87.22%）中表现优异，通过地空联动实现种类与密度实时监测，为虫害防治提供技术支撑（王佳宇，2022）。

5.3 典型系统应用

在全球范围内，不同主体利用先进技术构建的虫害监测系统，为虫害防治工作带来了显著成效。森林病虫害检测面临着一定的险阻，目前有一种基于无人机遥感与改进 YOLO-v3 算法的解决途径被提出来，这种途径引入了广义交并比（CIoU）损失函数以优化目标定位，可提高在复杂环境下的检测性能，在研究过程中，依靠无人机采集松树林害虫图像，并依靠机载系统进行实时处理，单张图像的平均处理时间少于 0.5 秒，检测准确率超过 95%（Wu et al., 2024）。与传统 IoU 相比，CIoU 考虑了预测框与真实框的中心距离以及纵横比的一致性，可有效地解决遮挡场景下的定位偏差问题，可为森林病虫害的早期预警提供高效的技术支持。

国内研究重点放在区域特色虫害防治方面，针对东北寒地玉米害虫，研究提出基于机器视觉与卷积神经网络的识别方法。该方案在采集前端集成图像预处理，如灰度化、二值化、高斯滤波等，此网络可有效应对寒地复杂环境中的图像数据，通过训练测试，玉米黏虫（*Mythimna separata*）识别准确率达 85.67%，草地贪夜蛾（*Spodoptera frugiperda*）识别准确率达 86.58%，东北寒地气候与种植环境独特，该方案全面考虑了当地实际状况，提升了虫害监测的针对性与准确性，保障了玉米的安全生产，为东北寒地玉米虫害防治给出了定制化解决办法（陈峰等，2020）。相关案例的模型、监测对象和关键指标见表 5。

表 5 多模态融合与无人机系统集成应用总结

模型/方法	监测对象/场景	关键指标	参考文献
FCN 模型	甘蔗虫害	精确率 94%、召回率 90%、IoU 85%	Amarasingam et al.，2025
YOLO-v5 模型	茶翅蝽	检测精确率 92%	Betti et al.，2023
ResNet 50、YOLO v4 等模型	草原蝗虫	识别率 98.6%，mAP 89.11%、87.22%	王佳宇，2022
改进 YOLO-v3 算法	森林病虫害	单图处理时间<0.5 s、检测准确率>95%	Wu et al.，2024
机器视觉与卷积神经网络	东北寒地玉米害虫	玉米黏虫识别准确率 85.67%、草地贪夜蛾识别准确率 86.58%	陈峰等，2020

6 面临挑战与未来发展方向

　　当下深度学习以及多模态成像技术依靠无人机平台在害虫防治领域取得了一些进展，不过依旧存在不少急需解决的难题。一方面，数据标注成本一直处于较高水平，主要依靠人工标注的方式耗费大量人力与时间，而且标注结果的一致性也不容易保证，严重限制大规模高质量数据集的构建。小目标害虫样本稀少，使得模型泛化能力受到限制，在遇到新出现的害虫种类或者复杂场景时，检测精度会大幅降低。另一方面，技术存在瓶颈，高光谱数据的高维度以及热红外图像的低对比度增加了特征提取的复杂程度，无人机平台多源数据融合效率不高，时空配准误差较大，影响检测准确性，并且受边缘设备算力限制，模型轻量化和精度之间难以达到平衡，无法契合实时监测的要求。此外，现有技术对环境的适应性较差，在强光、雾霾、低温等极端环境下，成像质量会受到干扰，降低检测精度。而且当前监测系统协同性欠佳，"空-地-云"一体化程度较低，数据共享和互补难以达成，无法充分发挥各监测手段的综合优势。

　　未来若想推动该技术不断持续发展，可朝着 3 个方向努力。在数据处理领域，可借助自监督学习手段，使模型可从数量众多的未标注数据中自动学习特征，以此减少对人工标注的依赖程度，借助联邦学习来整合分散的数据，在保障数据隐私的同时提升模型性能。在技术研发领域，要开发先进的特征提取算法，降低高光谱数据的维度并且提高热红外图像的质量，运用深度学习达成精准的数据融合与配准，设计轻量级网络架构，优化模型在边缘设备上的运行效率；为了提升环境适应性，需研发动态自适应算法，让模型可依据环境变化自动进行调整，结合环境传感器的信息实时处理图像，借助低成本 AI 芯片提升在复杂场景下的处理能力。在监测系统构建领域，构建"空-天-地"协同监测网络，融合无人机、地面传感器以及卫星遥感数据，按照统一标准上传至云端，运用云计算和大数据技术展开深度分析，实现虫害的智能预测以及决策支持，推动虫害管理朝着智能化方向发展。

参考文献

陈峰，谷俊涛，李玉磊，等，2020. 基于机器视觉和卷积神经网络的东北寒地玉米害虫识别方法［J］. 江苏农业科学，48（18）：237-244.

李军，2023. 基于深度学习的蝗虫识别研究［D］. 银川：北方民族大学.

凌松，刘进福，袁飞，等，2025. 基于机器视觉技术的农作物病虫害监测系统设计与应用［J］. 农机使用与维修（3）：36-39.

罗小娟，胡鹏昊，2024. 基于深度学习的农场虫情检测算法研究及实现［J］. 华东理工大学学报（自然科学版），50（5）：732-739.

马宏兴，董凯兵，丁雨恒，等，2024. 改进YOLOv5s的蝗虫识别系统［J］. 中国农机化学报，45（11）：189-195.

田冉，陈梅香，董大明，等，2016. 红外传感器与机器视觉融合的果树害虫识别及计数方法［J］. 农业工程学报，32（20）：195-201.

王佳宇，2022. 基于深度学习的内蒙古草原主要蝗虫的智能识别技术研究［D］. 北京：中国农业科学院.

吴翔，2016. 基于机器视觉的害虫识别方法研究［D］. 杭州：浙江大学.

俞淑燕，2024. 基于深度学习的茶树病虫害识别方法研究［D］. 杭州：浙江农林大学.

张万臻，2023. 基于热红外图像的棉叶螨危害分割方法研究［D］. 郑州：河南农业大学.

AGARWAL M, AL-SHUWAILI T, NUGALIYADDE A, et al., 2020. Identification and diagnosis of whole body and fragments of Trogoderma granarium and Trogoderma variabile using visible near infrared hyperspectral imaging technique coupled with deep learning［J］. Computers and Electronics in Agriculture, 173.

ALI F, QAYYUM H, SALEEM K, et al., 2025. YOLOCSP-PEST for Crops Pest Localization and Classification［J］. Computers, Materials & Continua, 82（2）：2373-2388.

AMARASINGAM N, POWELL K, SANDINO J, et al., 2025. Mapping of insect pest infestation for precision agriculture: A UAV-based multispectral imaging and deep learning techniques［J］. International Journal of Applied Earth Observation and Geoinformation, 137：104413.

CHEN H, WEN C, ZHANG L, et al., 2025. Pest-PVT: A model for multi-class and dense pest detection and counting in field-scale environments［J］. Computers and Electronics in Agriculture, 230 109864-109864.

CHEN X, YANG X, HU H, et al., 2025. DAMI-YOLOv8l: A multi-scale detection framework for light-trapping insect pest monitoring［J］. Ecological Informatics, 86：103067.

FANG M, TAN Z, TANG Y, et al., 2024. Pest-ConFormer: A hybrid CNN-Transformer architecture for large-scale multi-class crop pest recognition［J］. Expert Systems with Applications, 255（PD）：124833.

FRANCESCO S B, LORENZO P, M.C P, 2023. YOLO-based detection of *Halyomorpha halys* in orchards using RGB cameras and drones［J］. Computers and Electronics in Agriculture：108228.

HAN F, GUAN X, XU M, 2024. Method of intelligent agricultural pest image recognition based on machine vision algorithm［J］. Discover Applied Sciences, 6（10）：536.

JIN D, YIN H, GU H Y, 2025. Shuffle-PG: Lightweight feature extraction model for retrieving images of plant diseases and pests with deep metric learning［J］. Alexandria Engineering Journal, 113：

138-149.

LI K, LI Y, WEN X, et al., 2025. Sticky Trap-Embedded Machine Vision for Tea Pest Monitoring: A Cross-Domain Transfer Learning Framework Addressing Few-Shot Small Target Detection [J]. Agronomy, 15(3): 693.

LU Y, YU X, HU Z, et al., 2025. Convolutional neural network combined with reinforcement learning-based dual-mode grey wolf optimizer to identify crop diseases and pests [J]. Swarm and Evolutionary Computation, 94: 101874.

MANICKAVASAGAN A, JAYAS D, WHITE N, 2007. Thermal imaging to detect infestation by Cryptolestes ferrugineus inside wheat kernels [J]. Journal of Stored Products Research, 44(2): 186-192.

NGUYEN D, TAN A, LEE R, et al., 2024. Early detection of infestation by mustard aphid, vegetable thrips and two-spotted spider mite in bok choy with deep neural network (DNN) classification model using hyperspectral imaging data [J]. Computers and Electronics in Agriculture, 220: 108892.

RAGU N, TEO J, 2025. Pest classification: Explainable few-shot learning vs. convolutional neural networks vs. transfer learning [J]. Scientific African, 27: e02512.

TETILA C E, SILVEIRA D G A F, COSTA D B A, et al., 2024. YOLO performance analysis for real-time detection of soybean pests [J]. Smart Agricultural Technology, 7: 100405.

WU Y, YANG H, MAO Y, 2024. Detection of the Pine Wilt Disease Using a Joint Deep Object Detection Model Based on Drone Remote Sensing Data [J]. Forests, 15(5): 869.

YU R, LUO Y, REN L, 2024. Detection of pine wood nematode infestation using hyperspectral drone images [J]. Ecological Indicators, 162: 112034.

ZHANG Z Q, RONG J C, QI Z X, et al., 2024. A multi-species pest recognition and counting method based on a density map in the greenhouse [J]. Computers and Electronics in Agriculture, 217: 108554.

鳞翅目昆虫趋光/趋化行为驱动的智能
传感器网络优化策略研究进展

肖振东[1]*，樊 齐[1]，林榕梅[2]**

（1. 河南农业大学机电工程学院，郑州 450002；2. 河南省害虫绿色防控国际联合实验室/河南省害虫生物防控工程实验室/河南农业大学植物保护学院，郑州 450002）

摘 要：鳞翅目昆虫的趋光性机制涉及复眼结构以及分子传导方面，复眼是由多个小眼组合而成的，每个小眼借助角膜透镜、晶锥等共同作用把光信号转变为神经信号，在分子层面上，依靠视紫红质的光敏作用以及视蛋白的多样性，决定了其对于特定波长的敏感性。趋化性是由嗅觉、味觉以及离子型受体来介导的。借助识别植物特定光波长信号、植物挥发物与性信息素可对行为进行调控。当下智能传感器网络联合靶向光源、高灵敏度气体传感以及光-化-声多模态诱杀技术，对害虫防治技术加以优化，本文基于近年的研究成果，从学科交叉的角度讲述智能传感网络的优化策略及其应用进展，危害虫管理的智能化与可持续化提供理论支持。

关键词：鳞翅目；趋光性；趋化性；智能传感器网络

Research Progress on Optimization Strategies of Intelligent Sensor Networks Driven by Phototaxis/Chemotaxis Behavior of Lepidopteran Insects

Xiao Zhendong[1]*, Fan Qi[1], Lin Rongmei[2]**

(1. College of Mechanical & Electrical Engineering of Henan Agricultural University, Zhengzhou 450002, China; 2. Henan International Laboratory for Green Pest Control; Henan Engineering Laboratory of Pest Biological Control; College of Plant Protection, Henan Agricultural University, Zhengzhou 450002, China)

Abstract: The phototactic mechanism of Lepidoptera insects encompasses compound eye structure and molecular conduction. The compound eye is composed of multiple small eyes. Each small eye collaborates through corneal lenses and crystal cones to convert light signals into neural signals. At the molecular level, the photosensitivity of rhodopsin and the diversity of opsins (such as ultraviolet and blue light receptors) determine its sensitivity to specific wavelengths (300~500 nm). Chemotaxis is mediated by olfaction (ORs), gustatory (GRs), and ionic receptors (IRs), and regulates behavior by recognizing specific wavelengths from host plant volatiles and sex pheromones. The current intelligent sensor network, combined with targeted light sources (such as ultraviolet leds), highly sensitive gas sensing and photochemical—

---

* 第一作者：肖振东，本科生，研究方向为智慧农业害虫防治，E-mail：3365623289@qq.com
** 通信作者：林榕梅，讲师，主要从事昆虫学领域的教学和科研工作，E-mail：rmlin@henau.edu.cn

acoustic multimodal trapping and killing technologies, optimizes pest control. This paper focuses on recent research and expounds the optimization strategies and application progress of intelligent sensor networks from the perspective of interdisciplinary integration, providing theoretical support for the intelligence and sustainability of pest management.

Key words: Lepidoptera; phototaxis; chemotaxis; intelligent sensor network

鳞翅目昆虫在农业领域属于关键害虫，它们所特有的趋光性行为和趋化性行为，危害虫的监测与防治工作的开展提供了关键线索，但是诸如灯诱、性诱等传统监测手段，存在效率不高、能耗较大、数据整合不够等问题，没办法契合现代农业对于精准监测与防控的需求，而智能传感器网络的出现，为解决这一难题提供了契机。利用深度融合鳞翅目昆虫的行为机制和先进传感技术，智能传感器网络可实现对害虫的精准监测以及绿色防控，这样的结合可提高监测效率，还可减少化学农药的使用，推动农业的可持续发展。举例来说，智能虫情测报灯与计算机视觉技术相结合，可以实现 24 h 不间断监测、自动识别害虫种类、实时统计虫口密度以及进行虫害暴发预警等功能，提高了虫情监测的效率与准确性。

棉铃虫以及甜菜夜蛾等属于常见的夜蛾科昆虫，它们的发生严重威胁农作物生产安全。本文会对鳞翅目昆虫趋光行为与趋化行为的特点和规律展开详细分析，根据这些行为特性去探寻优化智能传感器网络的策略与方法，可为提升害虫管理的智能化程度提供全新的理论依据以及技术思路，对未来智能化防治虫害有着关键的理论意义与实际应用价值。

1 鳞翅目昆虫趋光/趋化行为的生物学基础

1.1 趋光性机制

1.1.1 复眼的结构与工作机制

趋光性（Phototaxis）是指生物体对光刺激产生的定向运动反应，表现为趋向或远离光源的行为。昆虫感知光线主要依赖于特有的光感受器官和相关分子机制，这些结构总体可以分为复眼（Compound Eyes）、单眼（Ocelli）、分子光受体和其他感光结构。本文主要研究鳞翅目昆虫，鳞翅目成虫感知光线主要依赖于复眼（Compound Eyes），复眼结构的发现起源于 19 世纪至 20 世纪初，每个复眼由数以万计的小眼（Ommatidium）组成，每个小眼的结构包括角膜透镜（Cornea）、晶锥（Crystalline Cone）、感杆束（Rhabdom）和色素细胞（Pigment Cells）。小眼通过角膜透镜聚焦入射光线，经过晶锥折射光线于感杆束，感杆束是核心的感光区域，由视杆细胞（Retinular Cells）的微绒毛膜折叠形成，内含光敏色素分子。昆虫复眼正是通过这种小眼阵列的并行处理来接受外来的光信号，其与人类视觉对比见表1。

表 1 与人类视觉对比

特性	昆虫复眼	人眼
成像方式	马赛克式（多小眼合成）	单透镜聚焦（视网膜成像）
光谱范围	扩展至紫外线外（300~650 nm）	可见光（400~700 nm）
时间分辨率	极高>200 Hz)	较低（60 Hz 左右）
颜色通道	多基于视蛋白类型（如 UV/蓝/绿）	三色视锥（红/绿/蓝）
暗适应能力	部分夜行种类极强	相对较弱

1.1.2 分子机制与光信号传导

昆虫通过感杆束中的视紫红质（Rhodopsin）对光信号进行化学转换，视紫红质（Rhodopsin）是核心光敏分子，由视蛋白（Opsin）和发色团（顺-11-二十碳烯醛（Z11-20：Ald））组成。光线（特定波长）使顺-11-二十碳烯醛（Z11-20：Ald）转变为全反—视黄醛（All-E-20：Ald）→视蛋白构象改变→激活 G 蛋白偶联信号通路→触发细胞内级联反应，最终光反应致使感杆束膜电位变化（去极化或超极化），产生动作电位，输出为神经信号。而不同昆虫对光的感知不同主要取决于视蛋白（Opsin）种类（唐艳红等，2023），视蛋白决定光谱感知范围（表2）。

表 2 视蛋白分类

视蛋白类型	波长	类别
紫外视蛋白	325~400 nm	短波长敏感
蓝色视蛋白	400~500 nm	中波长敏感
LW 视蛋白	>500 nm	长波长敏感

近年来对不同昆虫物种敏感波长的研究也在稳步推进，其中包括对鳞翅目昆虫敏感波长测定的研究，研究表明鳞翅目昆虫的敏感波长多集中在短波段（紫外光）和中波段（紫、蓝光）。趋光性同样也与分子和遗传机制相关。视蛋白基因的多样性（如 UV-opsin、Green-opsin）决定了昆虫的光谱敏感性差异，而鳞翅目昆虫主要通过表达紫外受体与绿光受体以适应复杂环境，光信号通路中的关键分子（如 TRP 离子通道、Arrestin 蛋白）通过调控感光细胞适应性，避免强光损伤并维持信号传递效率。

1.1.3 神经调控行为机制

当光能被转化为电信号后，会致使 G 蛋白信号通路，从而引起感光细胞膜电位变化，最终通过视神经把信号传递到脑部视叶区域。这一过程不仅依赖复眼的物理结构，还需要视色素分子对光谱的选择作用。当光信号传导到神经中枢之后，要经历多个层次的处理和整合过程，像初级视神经节当中的视髓，主要负责对光的强度以及光源方向进行解析，而高级神经节里的薄板和视叶中心，则会对颜色、运动模式加以区分，并且有时会和嗅觉或者触觉信号一起协同整合，有一些昆虫会借助颜色拮抗机制来提高自身对于环境的适应性，例如蝴蝶复眼中的 R1-R8 感光细胞，就借助对比紫外光信号和绿光信号，来精确地识别花朵颜色，完成导航。对神经信号的整合，不仅只依靠局部环路，同时还需要跨脑区进行协作，就像中央复合体对转向行为进行调控，以此来决定昆虫是朝着光源靠近还是躲避强光。行为调控的最终结果表现为趋光或避光反应。正趋光性通常由紫外光（300~400 nm）激活，例如棉铃虫对365 nm光源的强烈趋向行为被广泛应用于害虫灯光诱杀；负趋光性则可能由蓝光（如470 nm）或高强度光引发，烟草甲对此类光的忌避率可达59%。主要鳞翅目昆虫敏感波长对比见表3。

表3　鳞翅目敏感波长对比

昆虫名称	短波/nm	中波/nm	长波/nm	测定方法	参考文献
舞毒蛾（*Lymantria dispar*）	340~380	480~520		ERG	Crook et al., 2014
棉铃虫（*Helicoverpa armigera*）	320~390	400~483	538~562	ERG/MSP	魏国树等，2000
烟青虫（*Heliothis assulta*）	333, 383		435	ERG/MSP	丁岩钦等，1974，1978
黏虫（*Mythimna separata*）	358~377			ERG/MSP	陈德茂等，1987
三化螟（*Tryporyza incertulas*）	370			ERG	胡少波等，1982

注：ERG为视网膜电图 Electroretinogram；MSP为显微分光光度法 Microspectrophotometry；波长单元格中数字代表最大吸收波长，无数值表示未测得。

1.2　趋化性机制

昆虫趋化性即化学信号介导的趋性行为，指的是生物体针对化学刺激所呈现出的一种定向运动行为，它是化感行为中极为关键的一种表现形式。作为自然界中极为古老的信息传递方式之一，趋化性在昆虫的生存策略里占据着核心地位。依据化学刺激源性质的不同，趋化性同样也可被划分成正向趋化和负向趋化这两种形式，正向趋化对应着昆虫对如食物、配偶等有益刺激的趋近行为，而负向趋化则对应着昆虫对如天敌分泌物、驱避剂这类有害刺激的规避反应（Hansson和Stensmyr，2011）。近些年来，随着化学生态学、神经生物学以及基因组学相互交叉融合，对昆虫趋化机制的研究，已经从行为观察的层面发展到了分子调控网络解析的层面。

1.2.1　嗅觉受体系统

昆虫的嗅觉识别主要依赖于触角上高度特化的嗅觉感受器系统（表4）。研究表明，气味分子结合蛋白（odorant—binding proteins，OBPs）作为化学信号的初级载体，通过特异性与挥发性分子结合将其转运至树突淋巴液（Kaissling，2009）后，跨膜嗅觉受体（odorant receptors，ORs）与气味分子结合后，会与其共受体Orco形成配体门控离子通道，通过直接引发离子内流传递信号。最新研究还发现，部分ORs具有异源二聚体的功能，如Orco（olfactory receptor coreceptor）作为共受体参与所有经典ORs的信号传导（Sato et al., 2008）。

1.2.2　味觉感受通路

昆虫远距离感知主要依赖嗅觉，昆虫的近距离化学识别则可通过味觉受体

（gustatory receptors，GRs）。这类受体主要分布在口器、跗节和产卵器等部位，可特异性识别糖类、苦味物质与信息素等非挥发性化合物（Scott et al.，2001）。在分子机制方面，GRs 可通过调控瞬时受体电位通道（TRP channels）从而影响阳离子内流，达到改变神经元的兴奋性的目的（Voets et al.，2005）。

1.2.3 离子型受体家族

离子型受体（Ionotropic Receptors，IRs）作为昆虫特有的化学感受元件，在酸碱感知和胺类物质识别中发挥了关键作用（表4）。结构生物学研究表明，IRs 形成配体门控离子通道，其跨膜结构域包含三个亚基组合：核心受体 IR8a/IR25a 与特异性受体共同构成功能单位（Benton et al.，2009）。

表 4　感觉受体系统及关键分子/机制

调控系统	关键分子/机制
嗅觉受体系统	气味分子结合蛋白（OBPs）、嗅觉受体（ORs）、共受体（Orco）
味觉感受通路	味觉受体（GRs）、瞬时受体电位通道（TRP channels）
离子型受体家族	离子型受体（IRs）、核心受体 IR8a/IR25a

1.2.4 资源定位策略

植食性昆虫可通过识别植物挥发物（herbivore-induced plant volatiles，HIPVs）实现定位功能。例如玉米螟（*Ostrinia nubilalis*）成虫感知玉米释放的（E）-β-法尼烯触角电位反应阈值低至 10^{-12} mol/L（Tasin et al.，2005），这种超敏感知能力源于长期协同进化形成的化感受体特异性。例如鳞翅目昆虫特有的普通嗅觉受体（如 OR5/OR6）对绿叶挥发物（Krieger et al.，2002）。

1.2.5 生殖隔离机制

借助性信息素达成种间识别是昆虫生殖隔离的关键保障，比如说小菜蛾雌虫所释放的顺-11-十六碳烯醛可引发同种雄虫的定向飞行，其识别特异性是由 OR1 受体的单核苷酸多态性决定的，这种精准的化学通信系统可有效防止种间杂交，维持种群遗传稳定性（Zhang et al.，2016）。这种精准的化学通信系统可有效防止种间杂交，维持种群遗传稳定性。

1.2.6 防御预警系统

昆虫对警告天敌来临的警戒信息素有快速的响应能力，就像豌豆蚜在感知到-β-法尼烯之后，仅仅在 150 ms 的时间内便可启动跳跃反射，而这种即时的行为反应是借助触角叶的特定神经微球体达成的（Wang et al.，2024），另外有部分鳞翅目幼虫还可依靠自身分泌的化学物质来粘住捕食者用此来进行防御（Pentzold et al.，2016）。

1.2.7 行为调控技术

研究显示基于趋化性原理的"推-拉"策略在综合防治里有成效不错，像在玉米田中释放 4,8-二甲基-1,3,7-壬三烯的驱避化合物当作"推"，搭配性信息素诱芯当作"拉"，能让玉米螟危害率下降大概 62%（Cook et al.，2007），依据此原理，最新的纳米缓释技术可把信息素包埋在聚乳酸-羟基乙酸共聚物微球中，让其持效期延长

(Latorre et al., 2022)。行为调控技术原理设计见表5。

表5 行为调控技术原理设计

技术类型	原理与设计
推-拉策略	驱避植物（推）结合性信息素诱捕（拉）
性信息素诱捕	人工合成信息素模拟雌虫求偶信号
基因编辑干预	靶向调控趋化相关基因（如ORs、PPO）

1.2.8 基因靶向干扰

CRISPR/Cas9介导的基因编辑给受体功能的研究给予了新的工具。在将棉铃虫的HarmOR14基因敲除以后，棉铃虫的交配率出现了下降，美国白蛾经dsOR3处理后寄主定位能力完全丧失，基于RNA干扰的纳米颗粒递送系统能特异性使害虫化学感受基因沉默（Zhang et al., 2023）。

2 基于趋光行为的智能传感器网络优化策略

2.1 靶向光源设计与智能调光干扰

利用昆虫趋光性防治害虫是虫害防治的一个重要研究领域，相关研究取得了长足进展。近年研究探索了使用不同光波长来控制害虫的生理活动，结果表明，蓝光（400～500 nm）对各种昆虫具有致命作用，作为一种物理防治方法，可直接消杀而不仅仅停留在控制害虫层面。以黑腹果蝇为例，最毒的波长在黑腹果蝇的各个发育阶段有所变化（Shibuya et al., 2018）。444 nm激光有效地减少了普通豆类上的烟粉虱种群，而不会损害植物发育（Zaidem et al., 2023）。对此可以研究鳞翅目昆虫对不同波长光的响应，设计特定靶向光源对特定害虫进行防治而不破坏原有生态环境。同时建立不同波长对应特定害虫数据库，实现智能调光对害虫的消杀。

2.2 智能灯光诱杀

紫外光灯也就是UV灯，针对夜间活动的昆虫，像蛾类这种属于鳞翅目的昆虫，是当下最为常用的诱虫光源。其原理是UV灯可发出波长在365 nm左右的光线，此波长范围对不少昆虫有着很强的吸引力。近些年的研究引入了LED这一光源选择，LED灯在可调控性以及使用寿命方面有优势，在害虫防治以及昆虫诱捕应用中呈现出较为广阔的前景。研究显示，按照特定顺序发出蓝色、绿色、黄色以及红色光的LED灯，可以接近100%的效率捕获蝗虫（Lysakov et al., 2019），针对鳞翅目昆虫对短波段也就是紫外光以及中波段即紫、蓝光敏感的特性，还设计了可调控的LED智能灯光来自动诱杀鳞翅目害虫，危害虫管理以及潜在的风险干预提供了节能且有针对性的办法。

3 基于趋化行为的传感器网络优化策略

3.1 化学传感器技术

3.1.1 高灵敏度气体传感器：虫源性信息素的实时检测

高灵敏度气体传感器是监测害虫趋化行为的关键工具。例如，基于功能化氧化石墨烯的纤维型传感器可借助像七氟丁胺、哌嗪衍生物等的表面活性官能团，特异性吸附棉铃虫性诱剂等挥发性化合物，其检测限低到 ppb 级，响应时间仅为数秒，适合用于田间虫源定位（Kang M A et al., 2018）。这类传感器的优势突出在机械稳定性和穿戴兼容性，可集成到无人机或者物联网节点上，实现虫情动态感知。

同样地，像金属氧化物半导体这类物质，也可借助形貌调控的方式来优化气敏性能，相关研究显示，纳米带状的 MoO_3 在 320℃ 的环境下，针对丙酮的响应值是 2.84，且恢复时间短，为检测害虫代谢挥发物提供了全新的方案（田欣华，2023）。

3.1.2 仿生嗅觉芯片：多信号融合识别

仿生嗅觉芯片模拟昆虫触角的多通道感器结构，可实现同步解析植物挥发物与害虫信息素的复合信号，比如大规模单片集成纳米管传感器阵列，凭借碳纳米管超高的表面积比和电学特性，达成了对多种气味分子的并行检测，其灵敏度比传统传感器提高了 2 个数量级。该芯片运用深度学习算法对信号模式进行分类，准确率超过 95%，为早期虫害智能化预警奠定了硬件基础（Wang et al., 2024）。

3.2 多模态诱集系统

3.2.1 光-化协同诱捕：靶向干扰害虫行为

光化学协同策略将紫外光源和性信息素释放器相结合，以此提升夜蛾科害虫的诱杀效率。中国农业科学院研发的迁飞害虫高空灯搭配性诱剂，可吸引方圆 500 m 内的草地贪夜蛾，再借助 Bt 工程菌来进行生物灭杀，能让玉米田的虫口密度降低 70%。研究显示，在紫外波段和绿光共同作用下，可使诱捕效率提高，还可以减少对非靶标生物的误伤（Endo et al., 2022）。

3.2.2 声-光联合干扰：空间行为调控

声波干扰技术是利用发射和害虫翅振频率产生共振的声波来实现其作用的，像草地贪夜蛾的翅振频率在 40~60 Hz，发射与之共振的声波就能扰乱害虫的导航以及交配行为，杭州声能科技的靶标虫害声光系统在此基础上，结合了特定波长的光源，比如 520 nm 绿光，借助害虫本身有的光趋性来提高诱集效果。从田间试验可看出，运用该技术后茶小绿叶蝉的种群密度出现了明显下降，下降幅度达到了 85%，而且整个过程并不需要使用化学农药（Lu et al., 2022）。另外有一种基于高斯势场模型的路径规划算法，这种算法可对光声源布局起到优化作用，让干扰范围的覆盖率达到 90% 以上（Jia et al., 2023）。

昆虫趋化性行为框架见图 1。

4 应用案例与成效分析

江苏水稻田的智能化防控：江苏水稻田利用智能风吸式杀虫灯系统，对害虫进行灭杀。该系统通过特定光谱吸引稻飞虱、稻纵卷叶螟等害虫，再利用风机将害虫吸入密封装置进行集合灭杀。数据显示，示范区农药使用量减少了近 30%，水稻产量提升 15% 左右。

山东苹果园的精准防治：山东苹果园运用太阳能虫情测报灯，并搭配 AI 图像识别系统，对害虫密度展开实时监测，该系统在完成图像识别后会自动进行分类统计，将借

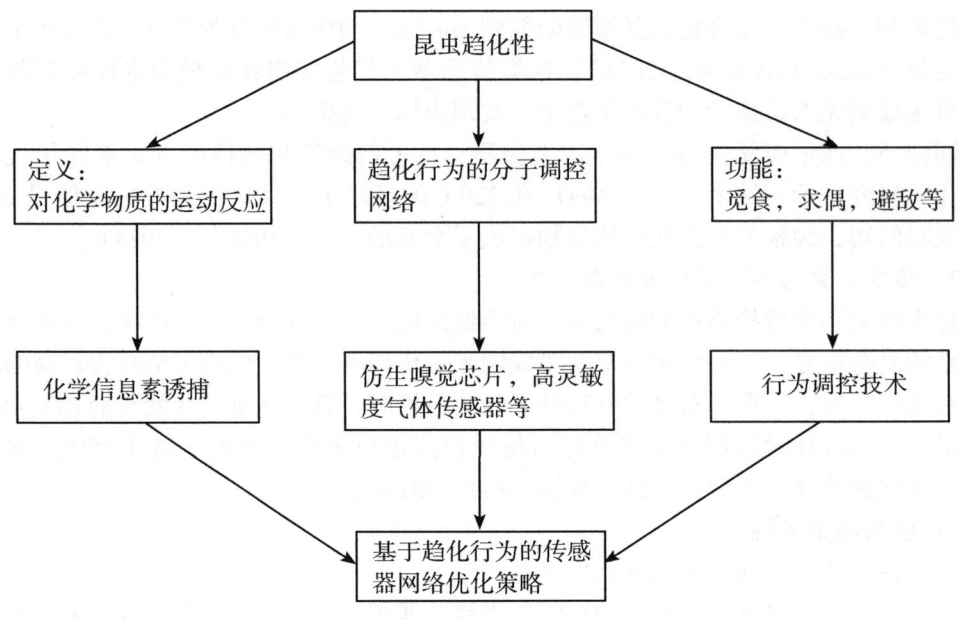

图 1　昆虫趋化性行为框架

助灯光诱捕到的害虫信息上传至云端平台，管理人员可借助手机 App 实时查看金龟子和桃小食心虫等害虫的密度情况，同时接收预警信息。例如在 2023 年，系统提前对桃小食心虫的暴发发出了预警，基地随后采取了物理防治措施，避免了 90%的虫害损失，并且该设备还可依据天气条件自动进行开关操作，降低能耗。

广西林业项目：提取植物中挥发物质吸引靶向害虫进行集中消杀。例如，2023 年广西林业提取桉树精油，吸引桉树叶甲集中消杀，从而达到减少桉树林虫害造成的损失的目的。

5　结论与讨论

研究发现，鳞翅目昆虫与人类感光器官与成像特点不同，鳞翅目趋光性依赖于复眼的马赛克成像机制、视蛋白多样性及神经系统机制调节，对紫外光（300~400 nm）和蓝紫光（400~500 nm）更为敏感；而鳞翅目的趋化性与各个感官感受器密切相关，主要通过嗅觉受体（ORs）、味觉受体（GRs）、离子型受体（IRs）协同调控，对性信息素、植物挥发提取物等特定化学物质产生响应。近年来对昆虫趋光/化性相关的生理学基础研究为防治靶向性害虫提供了理论基础。

针对昆虫生物特性展开的研究，借助靶向光源设计、高灵敏度气体传感器以及多模态的诱集系统等智能传感器网络，提高了害虫监测与防控的精准程度。虽然智能传感器网络在防治害虫领域有着广阔的应用前景，然而还是面临着一些挑战和局限性，例如，现有传感器对田间环境适应性欠佳、极端环境对传感器精度产生影响、现有数据库覆盖鳞翅目种类数量有限等。把鳞翅目昆虫的生理学机制与智能传感技术紧密结合，依据防治策略对特定害虫实施智能化调整,危害虫的绿色防控开辟了新的途径,又为智慧农业的跨学科发展奠定了理论和技术方面的基础。

参考文献

陈德茂,王必前,吴载宁,1987. 昆虫复眼紫外光敏感峰随光强度位移[J]. 科学通报,32(6): 463-466.

丁岩钦,1978. 夜蛾趋光特性的研究:烟青虫成虫对双色光与光强度的反应[J]. 昆虫学报,21(1):1-6.

丁岩钦,高慰曾,李典谟,1974. 夜蛾趋光特性的研究:棉铃虫和烟青虫成虫对单色光的反应[J]. 昆虫学报,17(3):307-317.

胡少波,林耀平,1982. 三化螟蛾光频选择性的电生理研究[J]. 广西科学院学报(1):102-109.

唐艳红,毕思言,王晓迪,等,2023. 昆虫视觉系统和视觉蛋白现状及展望[J]. 中国生物防治学报,39(3):718.

田欣华,2023. 宽带隙金属氧化物半导体的制备及气敏性能提升[D]. 长春:吉林大学.

魏国树,张青文,周明牂,等,2000. 不同光波及光强度下棉铃虫(*Helicoverpa armigera*)成虫的行为反应[J]. 生物物理学报,16(1):89-95.

COOK S M, KHAN Z R, PICKETT J A, 2007. The use of push-pull strategies in integrated pest management[J]. Annual Review of Entomology, 52(1):375-400.

CROOK D J, HULL-SANDERS H M, HIBBARD E L, et al., 2014. A comparison of electrophysiologically determined spectral responses in six subspecies of *Lymantria*[J]. Journal of Economic Entomology, 107(2):667-674.

ENDO N, HIRONAKA M, HONDA Y, et al., 2022. Combination of UV and green light synergistically enhances the attractiveness of light to green stink bugs *Nezara* spp.[J]. Scientific reports, 12(1):12279.

HANSSON B, STENSMYR M C, 2011. Evolution of insect olfaction[J]. Neuron, 72(5):698-711.

JIA J, LIN H, LIAO Y, et al., 2023. Pendulum-type light beams[J]. Optica, 10(1):7.

KAISSLING K E, 2009. Olfactory perireceptor and receptor events in moths: a kinetic model revised[J]. Journal of Comparative Physiology A, 195(10):895-922.

KANG M A, JI S, KIM S, et al., 2018. Highly sensitive and wearable gas sensors consisting of chemically functionalized graphene oxide assembled on cotton yarn[J]. RSC Advances, 8(22):11991-11996.

KRIEGER J, RAMING K, DEWER Y M E, et al., 2002. A divergent gene family encoding candidate olfactory receptors of the moth *Heliothis virescens*[J]. European Journal of Neuroscience, 16(4):619-628.

LATORRE R, RAMÍREZ-GARCIA P D, HEGRON A, et al., 2022. Sustained endosomal release of a neurokinin-1 receptor antagonist from nanostars provides long-lasting relief of chronic pain[J]. Biomaterials, 285:121536.

PENTZOLD S, ZAGROBELNY M, KHAKIMOV B, et al., 2016. Lepidopteran defence droplets-a composite physical and chemical weapon against potential predators[J]. Scientific Reports, 6:22407.

SATO K, PELLEGRINO M, NAKAGAWA T, et al., 2008. Insect olfactory receptors are heteromeric ligand-gated ion channels [J]. Nature, 452 (7190): 1002-1006.

SCOTT K, BRADY R, CRAVCHIK A, et al., 2001. A chemosensory gene family encoding candidate gustatory and olfactory receptors in *Drosophila* [J]. Cell, 104 (5): 661-673.

SHIBUYA K, ONODERA S, HORI M, 2018. Toxic wavelength of blue light changes as insects grow [J]. PLoS ONE, 13 (6): e0199266.

TASIN M, ANFORA G, et al., 2005. Antennal and behavioral responses of grapevine moth Lobesia botrana females to volatiles from grapevine [J]. Journal of Chemical Ecology, 31 (1): 77-87.

VOETS T, TALAVERA K, OWSIANIK G, et al. [2025-04-23]. Sensing with TRP channels [J]. Nature Chemical Biology.

WANG C, CHEN Z, CHAK LAM JONATHAN CHAN, et al., 2024. Biomimetic olfactory chips based on large-scale monolithically integrated nanotube sensor arrays [J]. Nature Electronics, 7 (2): 157-167.

WANG Y, QIU L, WANG B, et al., 2024. Structural basis for odorant recognition of the insect odorant receptor OR-Orco heterocomplex [J]. Science, 384 (6703): 1453-1460.

ZAIDEM A, SILVA L, FERREIRA A, et al., 2023. New biocompatible technique based on the use of a laser to control the whitefly *Bemisia tabaci* [J]. Photonics, 10 (6): 636.

ZHANG D D, WANG H L, SCHULTZE A, et al., 2016. Receptor for detection of a Type II sex pheromone in the winter moth *Operophtera brumata* [J]. Scientific reports, 6 (1): 18576.

ZHANG X, FAN Z, ZHANG R, et al., 2023. Bacteria-mediated RNAi for managing fall webworm, *Hyphantria cunea*: screening target genes and analyzing lethal effect [J]. Pesticide science, 79 (4): 12.

柑橘木虱抗药性研究进展*

王苏吉**，方依琳，孙慧琳，周　琼***

（湖南师范大学生命科学学院，长沙　410081）

摘　要：柑橘木虱（*Diaphorina citri* Kuwayama）是芸香科果树的主要害虫，也是传播毁灭性病害柑橘黄龙病（Citrus Huanglongbing，HLB）的重要昆虫媒介。该虫具有体积小、繁殖力强、世代重叠等特点。国内外对柑橘木虱的防治主要采用化学杀虫剂，由于杀虫剂大量和不规范使用，致使柑橘木虱对多种类型的化学杀虫剂产生了抗药性。本文总结了柑橘木虱的发生和危害规律，同时结合国内外柑橘木虱抗药性现状和防治机理相关研究，提出有针对性的抗药性治理策略，为柑橘木虱的防治提供参考依据。

关键词：柑橘木虱；柑橘黄龙病；抗药性；抗性机理

Research progress in insecticide resistance of *Diaphorina citri* Kuwayama*

Wang Suji**，Fang Yilin，Sun Huilin，Zhou Qiong***

(Hunan Normal University, College of Life Sciences, Changsha 410081, China)

Abstract: The citrus psylla, *Diaphorina citri* Kuwayama is one of the main important pests of Rutaceae fruit trees and the primary vector of Citrus Huanglongbing (HLB). It has the biological characteristics of small size, rapid reproduction generation overlapping. Chemical insecticide spraying is the main control method against *D. citri*. Due to the extensive and non-standard use of chemical pesticide, the mite has developed resistance to various types of chemical insecticides. In this paper, the occurrence, damage, insecticide resistance status and resistance mechanism of *D. citri* were summarized. The insecticides resistance management and integrated control of *D. citri* was proposed.

Key words: *Diaphorina citri* Kuwayama; Citrus Huanglongbing; insecticide resistance; resistance mechanism

柑橘木虱（*Diaphorina citri* Kuwayama），属半翅目（Hemiptera）木虱科（Psyllidae），以刺吸式口器危害芸香科（Rutaceae）等植物，其中以柑橘属（*Citrus*）植物受害最为严重（陈丽芬，2016；Fan et al., 2023）。该虫于1907年在中国台湾首次被报道（Kuwuyama，1908），目前在我国广东、广西、福建、江西、云南、湖南、海南、云南、贵州和四川等地均有发生（Yang et al., 2016）；国外分布范围包括亚

---

*　基金项目：国家重点研发计划课题（2023YFD1401405）
**　第一作者：王苏吉，讲师，主要从事昆虫抗药性相关研究；E-mail：suej@hunu.edu.cn
***　通信作者：周琼，教授，主要从事昆虫多样性及其行为调控研究；E-mail：zhoujoan@hunnu.edu.cn

洲、非洲、大洋洲以及美洲数十个国家（Texeira et al., 2005）。柑橘木虱吸取寄主植物嫩梢、嫩叶汁液，导致寄主植物嫩梢发育延缓、嫩叶扭曲畸形，甚至凋落，严重影响植株的生长；并且其排出的白色蜜露会引起煤污病，影响寄主植物光合作用（Mann et al., 2012；Hijaz et al., 2016）；更重要的是，该虫是毁灭性病害——柑橘黄龙病（Citrus Huanglongbing，HLB）的主要传播媒介，严重威胁着全球柑橘产业（黄绍华等，2023；李鸿雁等，2024）。

目前，化学防治是防治柑橘木虱的最主要措施，随着其危害逐年加重，杀虫剂的使用量也逐渐上升。柑橘木虱产卵期长，繁殖力强，世代重叠严重，加之大量且不合理地使用化学杀虫剂，导致了其对多种不同类型化学杀虫剂产生了抗药性，直接影响防控效果。本文从国内外有关柑橘木虱的发生危害特点、发生规律、抗药性研究现状及抗性机理等研究现状进行总结，旨在为制定有效的柑橘木虱抗药性监测与治理策略提供依据。

1 柑橘木虱危害特点

柑橘木虱通过直接刺吸寄主植物韧皮部汲取营养，成虫和若虫均喜食寄主嫩叶和嫩梢，排出的蜜露大量堆积粘连在寄主植物叶片上影响寄主光合作用，导致寄主患煤污病，严重危害时会导致寄主植物死亡（陈胜文，2019；梁载林，2023）。除直接危害外，柑橘木虱更严重的危害是传播黄龙病菌从而引发柑橘黄龙病，该病害对柑橘树造成的影响是毁灭性的，感病植株叶片会黄化，感病植株顶部嫩梢也会黄化，这种黄化的病状早期可能出现在一个或多个枝条，后期逐渐扩散至全树并且树根系腐烂，甚至树势衰退整株植物枯死（Mann et al., 2012；吴英林，2022）。黄龙病菌主要定殖在植物韧皮部汁液中，成虫取食过程中感染黄龙病菌后终身携带，并且在取食后 30 min 即可检测到病原菌，若虫获菌能力比成虫高 20% 左右（Pelz-Stelinski et al., 2010；余继华等，2017），在雌雄交配过程中能相互传染，也能传播给后代（Ammar et al., 2011；Grafton et al., 2013）。

2 柑橘木虱发生规律

柑橘木虱在各地发生代数依据当地气候不同而异，主要由温度和嫩梢抽发的次数决定，在不间断抽梢的情况下，全年可繁殖 11~14 代，世代重叠严重，完成一世代的发育需要 15~47 d（姚廷山等，2018）。对柑橘木虱的消长规律进行调查，发现柑橘木虱在湖南地区一年可发生 10 代左右，其种群数量有 3 次发生高峰期，分别在 5 月底夏梢萌芽期、8 月初秋梢萌芽期和 9 月底的晚秋梢期（刘慧等，2019；胡双双，2023）。柑橘木虱在广东一年发生 11 代左右，一年发生的 3 次高峰期与柑橘的抽梢期一致，秋梢受害最严重（黄静等，2020）。江西柑橘木虱一年有 2 次高峰，5 月底和 6 月初为第一次发生高峰期，8—9 月第二次发生高峰期（马家钰，2023）。陈辉（2018）监测发现，广西岑溪地区柑橘木虱消长表现为多峰型，其中 4 月中下旬和 7 月上中旬是若虫的最高峰；3 月中旬、4 月上旬、5 月上旬、7 月上中旬和 8 月中旬是成虫高峰期。

3 柑橘木虱的抗药性研究现状

柑橘木虱对化学杀虫剂的抗药性问题是其综合防治工作中的主要问题之一。由于柑橘木虱世代重叠严重、世代周期短，对杀虫剂产生抗药性较快（Seo et al., 2018；Li et al., 2019）。目前，柑橘木虱已对有机磷类、拟除虫菊酯类、新烟碱类、双酰胺类等杀虫剂产生了抗药性。抗性水平分为敏感（RR≤3）、敏感性下降（3<RR≤5）、低水平抗性（5<RR≤10）、中等水平抗性（10<RR≤40）、高水平抗性（40<RR≤160）和极高水平抗性（RR>1600）（沈晋良和吴益东，1995）。

邓明学等（2012a）对广西桂林柑橘木虱进行抗药性监测，发现其对6种杀虫剂产生了不同水平抗性，其中毒死蜱的抗性达到8.80倍，对高效氯氰菊酯的抗性倍数为4.79倍。检测广东增城的柑橘木虱田间种群对9种杀虫剂的抗药性，结果表明其对吡虫啉的抗性达到15.12倍，对高效氯氟氰菊酯和联苯菊酯的抗性倍数为4.78倍和4.16倍（Tian et al., 2018）。崔丽等（2020）对柑橘木虱4个田间种群进行杀虫剂敏感性测定发现，其中广西灵川种群对吡虫啉抗性达到18.90倍，对氯氟氰菊酯抗性达到9.72倍。宋晓兵等（2021）通过检测广东肇庆柑橘木虱种群对6种常用杀虫剂的敏感性发现，该种群对6种药剂均产生了不同程度的抗药性。湖南郴州和永州地区的柑橘木虱对吡虫啉和噻虫嗪均产生了不同水平的抗性（雷玲，2022）。国外相关研究表明，美国佛罗里达地区柑橘木虱种群对13种杀虫剂表现出抗药性，对吡虫啉的抗性倍数达到了35倍，对毒死蜱抗性倍数最高达到了17.90倍（Tiwari et al., 2011）。墨西哥地区的8个柑橘木虱田间种群对吡虫啉、毒死蜱、噻虫嗪的抗性分别高达4 265.60倍、26.50倍、13.80倍（Vázquez-García et al., 2013）；还有报道显示墨西哥Veracruz地区柑橘木虱对有机磷类药剂的敏感性较低（Zamora et al., 2021）。Kanga等（2016）对美国佛罗里达地区田间柑橘木虱种群对氯氰菊酯敏感性进行研究，结果表明其对氯氰菊酯产生了中等抗药水平。检测印度和巴基斯坦12个地区的柑橘木虱种群对7种常见杀虫剂的敏感性发现，一些地区对联苯菊酯的抗性倍数达到了107.10（Naeem et al., 2016）。不同地区柑橘木虱田间种群对不同杀虫剂的抗性水平不同，因此，田间应用防治过程中应当根据当地实际情况有计划和针对性地合理施药。此外，柑橘木虱抗性监测主要集中在部分柑橘产区，尚未覆盖更广泛的主产区，未来加强对柑橘主产区与柑橘黄龙病扩散前沿区的柑橘木虱田间种群抗药性水平监测，将对制定田间抗性治理策略提供有力支撑。

4 柑橘木虱的抗药性机理

昆虫产生抗药性是杀虫剂持续作用的结果，抗药性形成的原因可以分为行为抗性、表皮穿透效果降低、靶标抗性和代谢抗性（王康，2019）。柑橘木虱的抗性机理主要针对靶标抗性和代谢抗性展开（Horowitz和Denholm，2001）。

4.1 柑橘木虱代谢抗性机理

代谢抗性主要是昆虫通过调节体内解毒酶活力，分解体内异源毒性物质，起到降解和阻止杀虫剂达到靶标位点的作用。常见的解毒酶系主要包括细胞色素P450单加氧酶（cytochrome P450monooxygenases，P450s）、谷胱甘肽S-转移酶（glutathione-Stransferases，GSTs）和酯酶（esterases，ESTs）（Bass 和 Field，2011；Wang et al.，2022），近期有研究表明尿苷二磷酸葡萄糖基转移酶（uridine diphosphate glycosyltransferases，UGTs）和腺苷三磷酸结合盒转运蛋白（ATP-binding cassette transporter，ABC）也参与昆虫的代谢抗性（Wang et al.，2023；Tang et al.，2025）。

研究表明，CYP4 基因（*CYP4C67*、*CYP4DA1*、*CYP4C68*、*CYP4G70* 和 *CYP4DB1*）的上调与柑橘木虱对吡虫啉的抗性有关，利用 RNAi 技术降低 *CYP4* 基因表达后，柑橘木虱对吡虫啉的敏感性增加（Tiwari et al.，2011；Killiny et al.，2014）。后续有研究对柑橘木虱抗吡虫啉品系 *CarE*、*GSTs* 和 *P450* 基因进行测定，发现 *CYP4g15*、*CYP303A1*、*CYP4C62*、*CYP6BD5*、*GSTS*1 和 *EST-6* 基因的表达量在抗性品系中过表达，分别为敏感种群的 6.12 倍、6.19 倍、11.20 倍、7.21 倍、9.23 倍和 8.82 倍（田发军，2019）。研究表明，使用甲氰菊酯和噻虫嗪处理柑橘木虱后 *DcGSTe2* 和 *DcGSTd1* 基因的表达水平分别上调了 4.90 倍和 4.60 倍，毒死蜱处理后的柑橘木虱中 *DcGSTe2* 基因的表达水平上调了 1.70 倍（Yu 和 Killiny，2018）。研究柑橘木虱对新烟碱类杀虫剂的交互抗性时表明，对吡虫啉和啶虫脒产生抗药性的柑橘木虱种群即使从未施用过噻虫嗪和呋虫胺等新烟碱类药剂，但其对呋虫胺和噻虫嗪已经产生了低抗到中等抗性水平，说明呋虫胺与吡虫啉和啶虫脒之间可能存在交互抗性（邓明学等，2012b）。对印度和巴基斯坦 12 个地区的柑橘木虱种群进行抗药性研究发现，吡虫啉和啶虫脒之间呈正相关，但是与噻虫嗪呈负相关（Naeem et al.，2016）。环氧虫啶连续筛选柑橘木虱 10 代后发现 CarE、GSTs 和 P450 酶活与筛选前相比活性显著上升，分别上升 2.15 倍、1.61 倍和 1.26 倍，抗性筛选监测发现，柑橘木虱对环氧虫啶的代谢抗性主要与 CarE、GSTs 以及 P450 活力上升有关，并且 P450 活性上升在代谢抗性形成中起主要作用（张秋宇，2023）。ABC 转运蛋白基因 *ABCH6* 参与了柑橘木虱对环氧虫啶的解毒代谢，通过 RNAi 技术沉默柑橘木虱 *ABCH6* 可以显著提高环氧虫啶对柑橘木虱的毒力（Liu et al.，2019）。近期研究表明 UGTs 也参与柑橘木虱对虱螨脲的代谢抗性，*UGT379A1* 在柑橘木虱抗虱螨脲品系中，利用 RNAi 敲低该基因表达后增加了柑橘木虱对虱螨脲的敏感性（Huang et al.，2025）。

4.2 柑橘木虱靶标抗性机理

靶标抗性主要是由于害虫体内与杀虫剂相互作用的靶标位点碱基突变，使靶标蛋白对药剂的敏感性降低，与药剂结合的亲和力降低，从而产生抗性（罗义灿，2023）。杀虫剂的靶标主要包括烟碱型乙酰胆碱受体（nicotinic acetylcholine receptor，nAChR）、乙酰胆碱酯酶（acetylcholinesterase，AChE）、电压门控钠离子通道（voltage-gated sodium channel，VGSC）、γ-氨基丁酸受体（gamma-aminobutyric acid receptors，GABAR）、鱼尼丁受体（ryanodine receptor，RyR）以及线粒体电子传递抑制剂等（宋晓等，2018；吴有刚等，2019）。

刘天远（2023）对崇左柑橘木虱种群进行突变检测，发现钠离子通道 *VGSC*-L925M 突变频率与柑橘木虱对甲氰菊酯的抗药性呈正相关，该突变导致的靶点不敏感可能是柑橘木虱对甲氰菊酯产生抗性的主要机制。高一凡（2024）通过一代和二代测序技术对柑橘木虱进行抗性相关机理分析，结果发现钠离子通道 *VGSC*-M918T、*VGSC*-

S429A、VGSC-V1534L突变，其中VGSC-S429A突变首次在柑橘木虱中发现，桂林雁山柑橘木虱地理种群雌、雄虫S429A位点突变频率为18.4%与20.37%，其对联苯菊酯的田间抗性倍数达到28.54，表明该种群对联苯菊酯的抗药性与钠离子通道突变频率的结果具有一定的关联性；还检测到乙酰胆碱酯酶AChE-I211A、AChE-G169C、AChE-A251G突变和γ-氨基丁酸受体基因GABAR-A270V突变。这些柑橘木虱中存在的突变位点和抗药性相关基因的注释也为深入研究柑橘木虱的抗药性分子机理提供了更多的信息。

5 柑橘木虱的抗性治理

5.1 加强柑橘木虱的抗性监测

昆虫抗药性治理是将害虫危害控制在经济阈值以下，同时保持害虫对杀虫剂的敏感性，达到低剂量药剂控制害虫危害的目的（张丽阳和刘承兰，2016）。抗性监测是开展抗性治理工作的基础，也是评估抗性治理成果最直接的手段（Leeuwen et al.，2010）。加强对柑橘木虱的抗性监测，在春梢、夏梢、秋梢等发生高峰时期监测田间柑橘木虱的抗性水平。在柑橘木虱抗性治理方面，建立标准化的生物测定方法和抗性分级标准至关重要。这不仅能够确保抗性监测结果的有效性和准确性，还能在抗性水平尚未显著上升时，及时采取防治措施，从而延缓抗性进一步发展。通过科学合理的田间用药指导，为防治工作提供了科学依据。

5.2 科学合理用药

柑橘木虱的防治主要依靠喷施化学杀虫剂。在化学防治过程中，要综合考虑柑橘木虱的田间抗性水平和当地用药背景，严格按照防治指标，做到有针对性地合理使用杀虫剂。首先，科学选择杀虫剂，并根据柑橘木虱的发生规律和当地果树的物候期选择最佳的防治时期，柑橘木虱的越冬期间，喷洒广谱性农药能有效地降低柑橘木虱的种群数量，在新梢抽发期前施用杀虫剂，能更好地抑制成虫产卵和若虫发育（何玲，2020；雷玲，2022）。其次，合理轮换使用杀虫剂，使用不同种类和作用方式的杀虫剂，侧重无交互抗性的杀虫剂轮换使用，从而降低药剂的选择压力，使其形成多作用位点机制。最后，利用增效剂抑制柑橘木虱的解毒机制，增效剂能够抑制昆虫体内与代谢抗性有关的解毒酶活性，同时还可以降低代谢抗性机制产生的抗性，Alizadeh等（2011）研究发现增效剂胡椒基丁醚（PBO）能够抑制柑橘木虱抗性品系体内细胞色素P450氧化酶的活性，并且增强了其对杀虫剂的敏感性。

5.3 加强生物防治

生物防治是指利用有益生物及其产物来抑制或消灭有害生物的一种防治方法。对于柑橘木虱防治而言，利用自然天敌和昆虫病原微生物是防治柑橘木虱的有效方法。柑橘木虱的田间常见捕食性天敌主要包括瓢虫、捕食螨、蜘蛛、草蛉、食蚜蝇等（Khan et al.，2016；周军辉等，2020a，2020b）；常见寄生性天敌主要包括阿里食虱跳小蜂（*Diaphborencyrtus aligarhensisradiate*）（Du et al.，2019）、红腹食虱跳小蜂（*Diaphborencyrtus diaphorinae*）（Liu et al.，2019）、柑橘木虱跳小蜂（*Psyllaephagus diaphorinae*）和亮腹釉小蜂（*Tamarixia radiata*）等（Flores et al.，2017；胡文锋，2023）。目前已报道的用于防治柑橘木虱的病原真菌种类较多，如球孢白僵菌（*Beauveria bassiana*）、蜡蚧轮枝菌（*Lecanicillium lecanii*）、玫烟色棒束孢（*Isaria fumosorosea*）、橘形被毛孢（*Hirsutella citriformis*）等（宋晓兵等，2018；鹿连明等，2015）。综上所述，在生产实践中应结合当地柑橘木虱的发生规律和抗性水平，合理利用病原真菌防治柑橘木虱，从而制定符合当地实情的综合防治策略。

6 展望

柑橘木虱引发的柑橘黄龙病给柑橘产业造成了严重的经济损失。目前，国家高度重视农业的绿色发展，在"质量兴农和绿色兴农"的大背景下，柑橘木虱的防治应协同害虫综合治理的多种防治措施。加强柑橘木虱田间种群的抗性监测，研发高效安全的新型杀虫剂，推进柑橘木虱天敌和病原真菌的利用。柑橘木虱的抗性治理要结合农业防治和生物防治等多种治理方法，降低杀虫剂对柑橘木虱的选择压力，为柑橘木虱的有效防控提供理论依据，制定出完善的防治策略，以实现对柑橘产业创造更高的经济效益。

参考文献

陈辉，2018．岑溪市柑橘木虱的发生规律及柑橘黄龙病综合防控技术［J］．广西植保，31（2）：25-27．

陈丽芬，徐昭焕，王建国，2016．柑橘木虱的研究进展［J］．贵州农业科学，44（6）：42-47．

陈胜文，何永梅，李迪，2019．柑橘煤烟病的症状识别与综合防治［J］．植物医生，32（1）：74-76．

崔丽，夏长秀，王立，等，2020．成虫玻璃管药膜法测定柑橘木虱田间种群对6种杀虫剂的敏感性［J］．农药学学报，22（6）：1094-1098．

邓明学，潘振兴，谭有龙，等，2012a．广西果园柑橘木虱对毒死蜱等6种农药的抗药性监测．中国植保导刊，32（4）：48-49．

邓明学，潘振兴，谭有龙，等，2012b．柑橘木虱对4种新烟碱类杀虫剂的交互抗性［J］．农药，51（2）：153-155．

高一凡，2024．柑橘木虱不同地理种群对常用药剂的敏感性监测及其靶标突变检测［D］．重庆：西南大学．

何玲，2020．柑橘木虱对两种杀虫剂敏感性检测及内共生菌分析［D］．长沙：湖南农业大学．

胡双双，2023．湘南柑橘木虱发生动态监测及防治药剂评价与筛选［D］．长沙：湖南农业大学．

胡文锋，2020．亮腹釉小蜂毒液蛋白与寄主柑橘木虱间互作的研究［D］．南昌：南昌大学．

黄静，钟进良，刘蕊，等，2020．柑橘木虱在梅州地区的发生规律及防治技术［J］．安徽农学通报，26（9）：97-98．

黄绍华，黄萍，周璇，等，2023．柑橘黄龙病综合防控技术研究进展［J］．科技资讯，21（23）：166-169．

雷玲，2020．柑橘木虱内生菌与柑橘木虱抗吡虫啉、噻虫嗪的相关性研究［D］．长沙：湖南农业大学．

李鸿雁，何卓远，白玫，等，2014．柑橘黄龙病菌效应子致病机制研究进展［J］．广东农业科学，31：1-12．

梁载林，梁旻雯，邓铁军，等，2023．柑橘木虱与柑橘黄龙病相关性、暴发原因与防治对策［J］．植物检疫，37（3）：26-30．

刘慧，何利庭，龚碧涯，等，2019. 柑橘木虱在湖南发生规律的初步研究［J］. 湖南农业科学，10：49-52.

刘天远，2022. 柑橘木虱田间种群药剂敏感性及靶标突变频率研究［D］. 重庆：西南大学．

鹿连明，程保平，杜丹超，等，2015. 蜡蚧菌的遗传多样性及其对柑橘木虱的致病性［J］. 浙江大学学报（农业与生命科学版），41（1）：34-43.

罗义灿，2023. 柑橘木虱田间种群药剂敏感性及选药试剂盒研制［D］. 广州：华南农业大学．

马家钰，2023. 中国柑橘木虱遗传多样性及潜在适生区分布预测研究［D］. 赣州：赣南师范大学．

沈晋良，吴益东，1995. 棉铃虫抗药性及其治理［M］. 北京：中国农业出版社．

宋晓，史琦琪，程鹏，等，2018. 病媒昆虫的抗药性分子机制研究进展［J］. 中国媒介生物学及控制杂志，29（6）：113-117.

宋晓兵，崔一平，彭埃天，等，2021. 广东肇庆柑橘木虱田间种群对常用药剂的抗药性. 环境昆虫学报，43（5）：1321-1324.

宋晓兵，彭埃天，凌金锋，等，2018. 宛氏拟青霉与球孢白僵菌对柑橘木虱的致病力分析［J］. 应用昆虫学报，55（4）：629-635.

田发军，2019. 柑橘木虱抗药性检测及对吡虫啉的抗性机理研究［D］. 广州：华南农业大学．

王康，2019. 细胞色素P450和羧酸酯酶在禾谷缢管蚜抗药性中的作用［D］. 杨凌：西北农林科技大学．

吴英林，2022. 柑橘黄龙病疫情监测与防控措施［J］. 现代农业科技，4：117-118.

吴有刚，金京，杨胜祥，等，2019. 昆虫抗药性产生机制［J］. 生物安全学报，28（3）：159-169.

姚廷山，周彦，周常勇，2018. 亚洲柑橘木虱的发生与防治研究进展［J］. 果树学报，35（11）：107-115.

余继华，黄振东，张敏荣，等，2017. 亚洲柑橘木虱带菌率的周年变化动态［J］. 浙江大学学报（农业与生命科学版），43（1）：89-94.

张丽阳，刘承兰，2016. 昆虫抗药性机制及抗性治理研究进展［J］. 环境昆虫学报，38（3）：640-647.

张秋宇，2023. 柑橘木虱对环氧虫啶的抗性风险评估［D］. 重庆：西南大学．

周军辉，李鹏雷，乃吾扎提·祖农，等，2020a. 龟纹瓢虫对柑橘木虱的捕食功能反应及猎物偏好性［J］. 植物保护学报，47（5）：1062-1070.

周军辉，李鹏雷，郑卉娜，等，2020b. 六斑月瓢虫对柑橘木虱若虫的捕食功能反应［J］. 福建农林大学学报（自然科学版），49（3）：295-299.

ALIZADEH A, TALEI K, HOSSEININAVEH V, et al., 2011. Metabolic resistance mechanisms to phosalone in the common pistachio syllid, *Agonoscena pistaciae* (Hem.: Psyllidae)［J］. Pesticide Biochemistry and Physiology, 101 (2): 59-64.

AMMAR E D, SHATTERS R G, HALL D G, et al., 2011. Localization of candidatus liberibacter asiaticus, associated with citrus huanglongbing disease, in its psyllid vector using fluorescence *in situ* hybridization［J］. Journal of Phytopathology, 159: 726-734.

BASS C, FIELD L M, 2011. Gene amplification and insecticide resistance. Pest Management Science, 67 (8): 886-890.

DU Y M, SONG X, LIU X J, et al., 2019. Mitochondrial genome of *Diaphorencyrtus aligarhensis* (Hymenoptera: Chalcidoidea: Encyrtidae) and phylogenetic analysis［J］. Mitochondrial DNA

PartB, 4: 3190-3191.

FAN J Y, SHANG F, PAN H M, et al., 2023. Body color plasticity of Diaphorina citri reflects a response to environmental stress [J]. Insect Science, 31 (3): 937-952.

FLORES D, CIOMPERLIK M, 2017. Biological control using the ectoparasitoid, Tamarixia radiata, against the Asian citrus psyllid, Diaphorina citri, in the lower rio grande valley of Texas [J]. Southwestern Entomologist, 42 (1): 49-59.

FRENCH J V, KAHLKE C J, DA GRAÇA J V, 2001. First record of the Asian Citrus Psylla, Diaphorina citri Kuwayama (Homoptera: Psyllidae), in Texas [J]. Subtrop Plant Sci, 53: 14-15.

GRAFTON C E E, STELINSKI L L, STANSLY P A, 2013. Biology and management of Asian citrus psyllid, vector of the huanglongbing pathogens [J]. Annual Review of Entomology, 58: 413-432.

HIJAZ F, LU Z J, KILLINY N, 2016. Effect of host plant and infection with 'Candidatus Liberibacter asiaticus' on honeydew chemical composition of the Asian citrus syllid, Diaphorina citri [J]. Entomologia Experimentalis et Applicata, 158 (1): 34-43.

HOROWITZ A R, DENHOLM I, 2001. Impact of insecticide resistance mechanisms on management strategies [M]. Biochemical sites of insecticide action and resistance. Springer, Berlin, Heidelberg, pp: 323-338.

HUANG Z H, PAN Q, WU Z, et al., 2025. A UDP-glucuronosyltransferase gene UGT379A1 involved in detoxification of lufenuron in Diaphorina citri [J]. Pesticide Biochemistry and Physiology, 208: 106260.

KANGA L H, EASON J, HASEEB M, et al., 2016. Monitoring for insecticide resistance in Asian citrus Psyllid (Hemiptera: Psyllidae) populations in Florida [J]. Journal of Economic Entomology, 109 (2): 832-836.

KHAN A A, QURESHI J A, AFZAL M, et al., 2016. Two-spotted ladybeetle Adalia bipunctata L. (Coleoptera: Coccinellidae): A commercially available predator to control Asian citrus psyllid Diaphorina citri (Hemiptera: Liviidae) [J]. Public Library of Science, 11: e0162843.

KILLINY N, HAJERI S, TIWARI S, et al., 2014. Double-stranded RNA uptake through topical application, mediates silencing of five CYP4 genes and suppresses insecticide resistance in Diaphorina citri [J]. PLoS One, 9 (10): e110536.

KUWUYAMA S, 1908. Transactions of the Sapporo Natural History Society [J]. Diepsylliden Japans, 2: 149-189.

LEEUWEN T V, VONTAS J, TSAGKARAKOU A, et al., 2010. Acaricide resistance mechanisms in the two-spotted spider mite Tetranychus urticae and other important Acari: a review [J]. Insect Biochemistry and Molecular Biology, 40 (8): 563-572.

LI H L, ZHENG X L, HUANG Z Y, et al., 2019. Review of reproductive behavior in Diaphorina citri (Kuwayama) (Homoptera: Liviidae) [J]. Journal of Plant Diseases and Protection, 127 (5): 601-606.

LIU X Q, JIANG H B, XIONG Y, et al., 2019. Genome-wide identification of ATP-binding cassette transporters and expression profiles in the Asian citrus psyllid, Diaphorina citri, exposed to imidacloprid [J]. Comparative Biochemistry and Physiology Part D: Genomics and Proteomics, 30: 305-311.

LIU Y M, GUO S H, WANG F F, et al., 2019. Tamarixia radiata behaviour is influenced by volatiles from both plants and Diaphorina citri Nymphs [J]. Insects, 10 (5): 141.

MANN R S, ALI J G, HERMANN S L, et al., 2012. Induced release of a lant-defense volatile 'deceptively' attracts insect vectors to lants infected with a bacterial pathogen [J]. PLoS Pathogens, 8 (3): 1002610.

NAEEM A, FREED S, JIN F L, et al., 2016. Monitoring of insecticide resistance in *Diaphorina citri* Kuwayama (Hemiptera: Psyllidae) from citrus groves of Punjab, Pakistan [J]. Crop Protection, 86 (6): 62-68.

PELZ-STELINSKI K S, BRLANSKY R H, EBERT T A, et al., 2010. Transmission parameters for candidatus liberibacter asiaticus by Asian citrus psyllid (Hemiptera: Psyllidae) [J]. Journal of Economic Entomology, 103 (5): 1531-1541.

SEO M, RIVERA M J, STELINSKI L L, 2018. Trail chemicals of the convergens ladybird beetle, *Hippodamia convergens*, reduce feeding and oviposition by *Diaphorina citri* (Hemiptera: Psyllidae) on citrus plants [J]. Journal of Insect Behavior, 31 (3): 298-308.

TANG H C, CHEN C, LI S S, et al., 2025. The miRNA-275 Targeting *RpABCG23L* is involved in pyrethroid resistance in the bird cherry-oat aphid, a serious agricultural pest [J]. Journal of Agricultural and Food Chemistry, 73 (11): 6610-6621.

TEXEIRA D C, AYRES J, DE BARROS A P, et al., 2005. First report of a huanglongbing-like disease of citrus in Sao Paulo State, Brazil and association of a new liberibacter species, "Candidatus Liberibacter americanus", with the disease [J]. Plant Disease, 89 (1): 107.

TIAN F J, MO X F, RIZVI S A H, et al., 2018. Detection and biochemical characterization of insecticide resistance in field populations of Asian Citrus Psyllid in Guangdong of China [J]. Scientific Reports, 8 (1): 12587-12598.

TIWARI S, MANN R S, ROGERS M E, et al., 2011. Insecticide resistance in field populations of Asian citrus psyllid in Florida [J]. Pest Management Science, 67: 1258-1268.

VÁZQUEZ-GARCÍA M, VELÁZQUEZ-MONREAL J, MEDINA-URRUTIA VM, et al., 2013. Insecticide resistance in adult *Diaphorina citri* Kuwayama1 from lime orchards in central west Mexico [J]. Southwestern Entomologist, 38 (4): 579-596.

WANG K, ZHAO J N, HAN Z J, et al., 2022. Comparative transcriptome and RNA interference reveal *CYP6DC*1 and *CYP380C47* related to lambda-cyhalothrin resistance in *Rhopalosiphum padi* [J]. Pesticide Biochemistry and Physiology, 183: 105088.

WANG S J, LIU X, TANG H C, et al., 2023. *UGT2B*13 and *UGT2C*1 are involved in lambda-cyhalothrin resistance in *Rhopalosiphum padi*. Pesticide Biochemistry and Physiology [J]. 194: 105528.

YANG Y P, HUANG M D, BEATTIE G A C, et al., 2006. Distribution, biology, ecology and control of the psyllid *Diaphorina citri* Kuwayama, a major pest of citrus: A status report for China [J]. International Journal of Pest Management, 52: 343-352.

ZAMORA S, RODRÍGUEZ-LAGUNES D, OSORIO-ACOSTA F, et al., 2021. Susceptibility of *Diaphorina citri* to dimethoate and chlorpyrifos in commercial citrus orchards of Veracruz, Mexico [J]. Revista De La Facultad De Agronomia De La Universidad Del Zulia, 38 (4): 887-901.

蜜蜂属昆虫抵御胡蜂属昆虫的方法及其作用机理研究进展

杨逸凡[1*],刘芸彦[2*],林榕梅[3**]

(1. 河南农业大学动物科技学院,郑州 450002;2. 河南农业大学烟草学院,郑州 450002;3. 河南省害虫绿色防控国际联合实验室/河南省害虫生物防控工程实验室/河南农业大学植物保护学院,郑州 450002)

摘 要:蜜蜂属(*Apis*)昆虫在与胡蜂属(*Vespa*)捕食者的长期协同进化过程中,形成了多维、高度特化的防御行为,包括行为适应、生理适应、社会协调机制等方面。但其防御策略因受到地理捕食的压力及协同进化时间的差异而有所不同。本文将着重从地理环境因素、协同进化时间到种群差异化等方面介绍蜜蜂属昆虫抵御胡蜂属捕食者的不同策略,并系统地阐述目前蜜蜂属昆虫抵御胡蜂属昆虫的方法及其作用机理的研究及最新成果,以期为未来相关研究提供一定的参考。

关键词:蜜蜂属;胡蜂属;协同进化;抵御策略

Research Progress on the Methods and Mechanism by Which Bees Defend Against Wasps

Yang Yifan[1*], Liu Yunyan[2*], Ling Rongmei[3**]

(1. College of Animal Science and Technology, HAU, Zhengzhou 450002, China; 2. Tobacco College of Henan Agricultural University, Zhengzhou 450002, China; 3. Henan International Laboratory for Green Pest Control; Henan Engineering Laboratory of Pest Biological Control; College of Plant Protection, Henan Agricultural University, Zhengzhou 450002, China)

Abstract: During the long-term coevolution with the predator *Vespa*, the *Apis* insects have developed multi-dimensional and highly specialized defense behaviors, including behavioral adaptation, physiological adaptation, and social coordination mechanisms. However, their defense strategies vary due to the pressure of geographical predation and the differences in coevolutionary time. This article will focus on introducing the different strategies of *Apis* insects to resist *Vespa* predators from aspects such as geographical environmental factors, coevolutionary time, and population differentiation, and systematically expound the current research and latest achievements on the methods and mechanisms of *Apis* insects resisting *Vespa* insects, with the aim of providing certain references for future related research.

Key words: *Apis*; *Vespa*; coevolution; defense strategy

---

* 第一作者:杨逸凡,本科生,研究方向为昆虫与动物的社会行为比较;E-mail:1403093402@qq.com
  刘芸彦,本科生,研究方向为传粉昆虫的作用与生态调控;E-mail:3887910013@qq.com
** 通信作者:林榕梅,讲师,主要从事昆虫学领域的教学和科研工作;E-mail:rmlin@henau.edu.cn

蜜蜂属 *Apis* 是世界范围内最重要的授粉者之一，但是蜂群生态在长达数个世纪中遭受着胡蜂属 *Vespa* 捕食者带来的压力。特别是在亚洲地区，巨型蜂种金环胡蜂 *V. mandarinia* 能够摧毁蜂巢。亚洲蜜蜂，例如东方蜜蜂 *A. cerana*，具有诸如蜂球行为 (One *et al.*, 1995) 等复杂的行为和生理防御机制。然而其西方近亲西方蜜蜂 *A. mellifera* 却没有这些复杂的行为和生理防御机制，蜂巢一旦遇到了胡蜂入侵就会遭受到灾难性的影响 (Ten *et al.*, 2007)。这种显著的反差为协同进化如何塑造行为和生理适应的研究提供了独特的视角。尽管之前的研究记录了不同蜂种在防御响应方面存在一系列差异（如东方蜜蜂对报警信息素的快速响应 (Breed *et al.*, 2004)，以及在蜂巢结构改造方面的调整策略 (Koeniger *et al.*, 2014)，然而这些性状所受到的选择压力以及能量分配权衡等进化驱动力还没有进行定量分析，这意味着，西方蜜蜂的脆弱性究竟是因为其与亚洲胡蜂协同进化历史的缺失，还是因为其生理可塑性比较低，目前并不明确。

基于这样的情况，本文将综合行为学、生理学、系统发育学等方面给出的证据，对蜜蜂防御行为及其作用机制进行全面解读，以期阐明两个科学问题：其一，协同进化时长怎样对蜜蜂防御方式的物种特异性产生影响？其二，是否可借助亚洲蜜蜂的关键性状（如高效蜂球行为）来保护西方蜜蜂种群？借助这种方式完善协同进化生态学的理论框架，并为养蜂业的可持续发展提供实践方案。

1 集体防御行为

蜂球行为是亚洲蜜蜂（如东方蜜蜂）特有的一种集体防御策略。通过工蜂协作形成紧密的包围结构，利用高温、高 CO_2 浓度及物理限制杀死入侵胡蜂（如金环胡蜂）。在此过程中，蜂球内部温度通过工蜂高频颤抖飞行肌升至 47℃，远超胡蜂耐热极限（图 1）。此过程依赖工蜂的快速能量动员 (Ken *et al.*, 2010)，单次蜂球行为消耗蜂群约 5% 的糖原储备。而且，Sugahara 和 Sakamoto (2009) 通过实验发现，蜂球形成

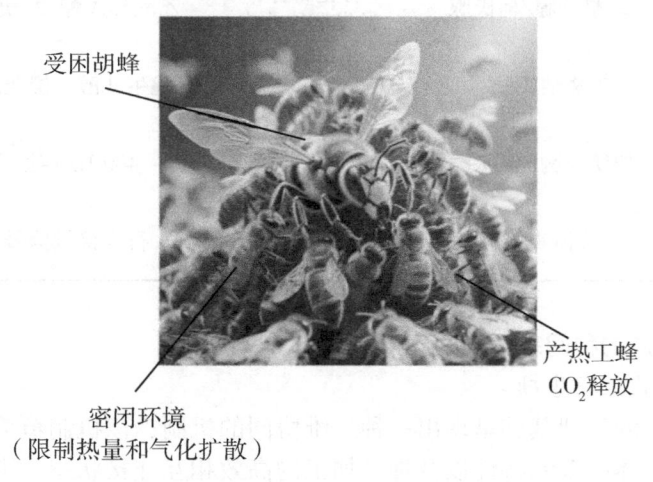

受困胡蜂

产热工蜂
CO_2 释放

密闭环境
（限制热量和气化扩散）

图 1 蜂球行为

10 min 内，温度从环境温度约30℃升至47℃，同时 CO_2 浓度从0.04%（大气水平）升至4.2%，证实了"高温不仅直接杀伤胡蜂，还与 CO_2 浓度升高协同加速其代谢衰竭"。两者的上升曲线高度同步，表明工蜂产热与呼吸作用（代谢产生 CO_2）同时发生。二者的联合作用使胡蜂存活时间从单独暴露于47℃或4.2% CO_2 时的18 min和25 min缩短至10~12 min。此外，蜂球的形成也表现出蜜蜂之间对于同类的高效的交流和配合，工蜂一旦发现入侵胡蜂，就会以特殊的舞蹈语言或其他形式警告同伴，并召集较多的工蜂联合剿灭胡蜂，这种方式也在一定程度上保证蜂球行为能够在最短的时间内完成。

需要注意的是，蜂球行为是有成本的。单次的蜂球行为的糖原储备消耗看起来不是很多，但若是频繁受到胡蜂的攻击，将会影响蜂群长期的存活和繁衍。所以，蜂群在决定进行蜂球行为之前，也会权衡一下得失，视胡蜂的威胁程度与自己的能量供应水平来作出相应的决策。

2 警戒与信号传递

2.1 警戒行为与信号传递机制

蜜蜂防御反应最主要的特征是集群行为，当胡蜂侵袭蜂巢时，守巢蜂会站在巢口以拦截、螯刺的形式释放报警信息素（主要成分为异戊基乙酸）来引发蜂群群攻（Breed et al., 2004）。释放出的信息素会吸引工蜂迅速集结，同时在胡蜂的体表涂抹信息素对其定位（Ono et al., 1995）。此外工蜂通过振动翅膀、胸腔发出约400 Hz的高频率振动声波干扰胡蜂的感知能力，同时向巢内传递威胁指数（Mattile et al., 2020）。在极度威胁情况下，东方蜜蜂（A. cerana）会通过热球防御的方式，形成包裹结构且提升自身的体温至47℃来达成物理杀灭入侵者（Tan et al., 2012）（表1）。

表1 蜜蜂防御胡蜂的关键信号素与防御信号

信号类型	来源/机制	功能	关键成分/参数	参考文献
报警信号素	工蜂螯针腺/柯氏腺	标记目标，触发群体攻击	乙酸异戊酯/2-庚酮	Breed et al., 2004
纳氏腺信息素	工蜂纳氏腺	强化巢穴定位，防止防御混乱	牻牛儿醇、橙花酸	Seeley, 2010
高频振动信号	翅膀与胸腔振动	干扰胡蜂感知，同步防御节奏	400 Hz 声波	Mattila et al., 2020
热防御触发信号	工蜂体表接触	启动热球防御，诱导肌肉产热	行为接触信号	Tan et al., 2012

2.2 蜜蜂视觉警戒的种间差异与机理

2.2.1 视觉系统的生理基础

蜜蜂视觉系统的生理基础呈现出一种三维协同的机制，该机制覆盖复眼结构的精细分化情形、光谱受体的多元特性以及神经加工的高效相互连接状态，视觉警戒借助其复眼结构与光感受器的功能差异来达成，复眼由数千个小眼（ommatidia）组成，不同蜂种的小眼数量、分布形态以及光谱敏感程度，共同决定了它们的威胁检测能力

(Avarguès-Weber et al., 2010)。

2.2.2 主要蜂种的视觉警戒特性

视觉警戒特性见表2。

表2 主要蜂种的视觉警戒特性

蜂种	复眼小眼数量	动态目标捕捉能力	适应环境与功能	参考文献
西方蜜蜂 A. mellifera	约5 500个	高（200帧/s）	温带开阔地，识别快速移动威胁	Srinivasan, 1993
东方蜜蜂 A. cerana	约4 800个	中等（150帧/s）	亚洲森林，适应低光复杂背景	Somanathan et al., 2008
大蜜蜂 A. dorsata	约6 200个	极高（250帧/s以上）	开放巢穴，广域天空威胁监测	Dyer et al., 2011
小蜜蜂 A. florea	约3 000个	低（100帧/s）	灌木丛，近距离静态警戒	Balamurali et al., 2021

2.2.3 视觉警戒的作用机理

蜜蜂视觉的警告反应由其复眼中光敏感波长、视觉的动态分辨能力和复眼的适应性分化共同完成。首先，对颜色的识别是威胁感知中最关键的部分：蜜蜂复眼上的光感受器包括紫外线（UV，对应 $\lambda \approx 340$ nm）、蓝光（对应 $\lambda \approx 430$ nm）和绿光（对应 $\lambda \approx 540$ nm），由于胡蜂类天敌的外骨骼缺少吸收紫外线的黑色素，体表会反射强烈的紫外线（300~400 nm），所以对紫外波段的感知是蜜蜂感知威胁中最重要的，能够加强蜜蜂对天敌轮廓特征的辨别（Somanathan et al., 2008）。并且，由于蜜蜂缺少红光受体（对应 $\lambda > 600$ nm），因此，东方蜜蜂借助增加对蓝波段和绿波段的比较效应，能够在树林遮蔽条件下高效辨别出伪装捕食者（如螳螂）（Briscoe和Chittka, 2001）。其次，动态视敏度的分辨时间对其捕捉运动物体的效率产生影响。不同蜂种复眼中的光感受器细胞反应速率存在差异，像大蜜蜂的复眼可分辨每秒250帧的动态影像，可以精确跟踪快速飞行的胡蜂，而小蜜蜂的复眼由于帧率较低，只能捕捉缓慢运动的物体（Balamurali et al., 2021）。再次，不同形状复眼的生态适应性变化强化了蜂群的视觉警戒功能。生活在开放巢穴的大蜜蜂的复眼呈广域低密度分布，其广阔的近360°视野可用于辨别威胁，东方蜜蜂复眼的前侧有密集分布的小眼，用于警觉中距离静态威胁（Dyer et al., 2011）。神经整合系统把光线信息整合转化为防御信号：光线从视叶薄板到髓质再到小叶进行逐层整合，引发巢口警戒蜂进行方向性拦截或群体振动警告（Avarguès-Weber et al., 2010），依靠这种"光谱-动态-结构-神经"的四维协同机制，蜜蜂可根据自身生态位，对视觉警戒策略进行精确调节，实现能量消耗与防御效能的平衡。

3 巢穴结构防御

3.1 巢门结构的物理-化学协同防御

东方蜜蜂利用可调节的巢门大小（8~12mm）形成三维的围捕式防护空间，致使入侵的亚洲大黄蜂 Vespa mandarinia 不得不显露附肢，从而刺激守卫蜂释放2-庚酮等警报信息素，使得守卫蜂的数量增加为平常数量的 2.3 倍（Tan et al., 2007）。此外这种空间结构优势与热力学防御相互作用，当胡蜂闯入时，蜂蜡的导热系数［0.25 W/（m·K）］使蜜蜂群通过肌肉震颤产生热量的热传导效率大幅提高，从而在密闭巢门内更快地形成局部高温区（46~48℃）使得胡蜂在 15 min 内便会丧失行动能力（Ken et al., 2005）。

另外，小蜜蜂则采取材料补强措施，其缅甸种群巢门的树脂层厚度可达到 3~5 mm，杨氏模量提高了 40%到 1.8 GPa（Koeniger 和 Koeniger，1991），粗糙的蜂巢表面（$Ra=12.3\ \mu m$）显著减小了胡蜂足垫的附着力（摩擦系数降低 32%），再加上松香酸（占树脂成分 37%）化学驱避成分的效应，就构筑了蜂巢的多道防御屏障。实验结果显示这种组合使得胡蜂的突破时间增加到了（17±3）min，为群体反击赢得了关键的时间。

3.2 巢脾空间布局的梯度防御机制

大蜜蜂单片竖直的巢脾构成了多梯度的防御空间：最外围高密度的工蜂区［（2 000±300）只$/dm^2$］借助机械阻抗消耗来袭的胡蜂的能量；次层的信息素梯度（报警信息素浓度 $0.1\ \mu mol/cm^2$）对群体响应进行协同；巢脾中心育幼区的 CO_2 浓度维持在 5.3%±0.7%，在确保幼虫发育的同时抑制了胡蜂等掠食者的呼吸功能（Kastberger et al., 2008）。凭借这种空间梯度，能量消耗比得以保持在 1∶1.2 的同时，防御效率也能达到 85%（Hepburn，2006）。

西方蜜蜂则通过改良巢房结构来提高防御能力，像意大利种群会把巢房壁增厚，从原本的厚度增加到 0.08 mm，增厚幅度达 18%，巢房抗穿刺强度也跟着提高到 0.32 N/mm^2，巢房共振频率偏移到（450±50）Hz，这样能有效降低胡蜂凭借振动信号检测到幼虫的准确性。另外巢房壁表面的蜂蜡具有多孔结构，其孔径为 2~5 μm，这种结构可以在表面吸附 23%的胡蜂信息素，有效降低胡蜂化学通信的有效性。

3.3 巢内微环境调控的生理干扰效应

蜜蜂一旦察觉到如 n-甲基吡咯这类胡蜂信息素，便会借助群体行为对巢内微环境加以调节，起初会把温度提升至 46℃，如此一来可加速胡蜂的代谢紊乱（Hepburn et al., 2005），随后将巢内相对湿度调整为 30%，使得捕食者出现脱水状况，接着把 CO_2 浓度调节到 7%，用以抑制其呼吸酶活性，在此过程中，挥发性防御化合物 2-庚酮的浓度也提高了 5 倍，它通过与胡蜂嗅觉受体 Orco 蛋白相结合，减弱其化学感知能力（Menzel et al., 2018）。

在这个过程中振动预警系统发挥了关键作用，守卫蜂腹部振动发出速度为 1 200 m/s、频率处于 280~320 Hz 的信号迅速传输至巢脾间（Li et al., 2020），引发 3 个层级的群体响应，外层工蜂进入攻击状态，中层个体释放信息素，内层蜜蜂强化育幼区，依靠这种分布式响应机制，防御启动时间缩短至（8±2）s（Seeley et al., 2012）。

3.4 蜂巢结构中的进化适应与能量权衡

不同蜂种防御行为存在着明显差异（表3），这是"结构预置-动态优化"策略作用的结果，该策略源于不同的进化选择压力以及能量分配效率，东方蜜蜂在动态调节过程中，击退率达到 92%的同时，能量消耗比仅为 1∶0.8；西方蜜蜂采用的则是静态结构式防御策略,虽然效率相对较低(65%),但却节省了动态调节所需的能耗(Tan et al.,2013)。这种"结构预置-动态优化"策略,使得蜂巢防御结构在总成本投入占比12%~15%的情况下,能减轻80%以上的捕食压力(Smith et al.,2016),体现了自然选择对生存投资的最佳解决方案。

表 3 种间防御策略差异

蜂种	结构特征	防御效率(胡蜂击退率)	能量消耗比
A. cerana	动态巢门调节	92%±3%	1∶0.8
A. dorsata	垂直悬挂结构	85%±5%	1∶1.2
A. florea	树脂强化巢基	78%±7%	1∶1.5
A. mellifera	加厚巢房壁	65%±9%	1∶2.1

注:数据来源:Tan et al.,2013;Hepburn,2006。

4 行为适应性

4.1 避敌采集

蜜蜂在和胡蜂进行长期生存竞争的过程当中,慢慢进化出了一系列十分巧妙的避敌策略,借助这样的方式来应对胡蜂这个强大的捕食者。避敌采集行为在蜜蜂属物种里面是广泛存在的,德国弗雷堡大学的 Fouks 及其团队,在自然环境里专门设置了观察区域,花费很长时间并且系统地对蜜蜂的觅食行为进行观察。他们使用胡蜂模拟装置,把人工制作出来的胡蜂模型放置在蜂巢附近不同的位置,还控制模型出现的时间和频率,借助这样的方式来模拟真实环境里蜜蜂在感知到捕食者存在的时候,到底是怎样去调整自身觅食行为的。

经由多次研究显示,蜜蜂能够感知到胡蜂的活动规律,并且会依据这个规律来调整自己外出采集的时间(Fouks et al.,2019)。胡蜂属于外温动物,需要依赖环境温度来调节自身的体温,有研究表明,当气温低于15℃的时候,胡蜂肌肉收缩的速率会明显下降,这会影响其体内的生化反应速率,从而使其没办法维持持续飞行(Arca et al.,2014)。午后一般是胡蜂活动的高峰期,在这个时候蜜蜂会减少外出采集的行为,目的是降低遭遇胡蜂捕食的风险,这种行为适应性是蜜蜂在长期自然选择压力下慢慢形成的,那些在胡蜂活跃时段还频繁外出的蜜蜂个体,更加容易被捕食,它们的繁殖适合度会降低,基因传递的机会也会跟着减少,基因传递路径被自然选择所限制。而那些能够主动避开这一危险时段的蜜蜂个体,存活下来并且繁衍后代的可能性会更大。凭借定向选择,这种行为固化成了稳定的适应性特征,相应的行为模式也在种群当中逐渐固定了下来(表4)。

表 4 蜜蜂避敌采集时间变化   单位:%

时间段	无胡蜂威胁时采集强度	有胡蜂威胁时采集强度	胡蜂活动强度
6∶00—8∶00	15	35	10

(续表)

时间段	无胡蜂威胁时采集强度	有胡蜂威胁时采集强度	胡蜂活动强度
8:00—10:00	30	45	20
10:00—12:00	50	25	60
12:00—14:00	40	10	80
14:00—16:00	35	20	50
16:00—18:00	20	30	30
18:00后	5	5	<10

4.2 尸体清理

在蜜蜂的生存体系里，尸体清理这件事可以算得上是社会免疫的关键一环。它不仅可减少病原体在蜂群里的传播概率，还能通过把死亡信号移除，防止吸引胡蜂成群结队地来发起攻击，是一种重要的防御机制。一旦有同伴死亡，其他蜜蜂能够迅速察觉，然后把死去同伴的尸体搬运出蜂巢（图2）。

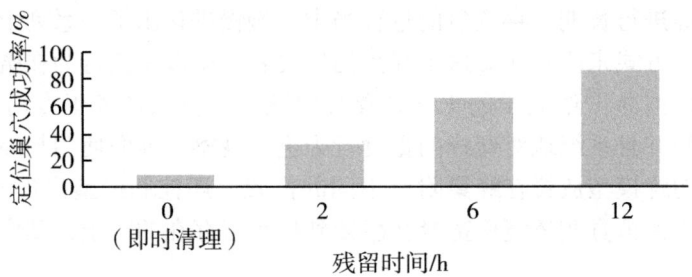

图2 尸体残留时间与胡蜂定位巢穴成功率的关系
注：数据来源：野外观察与人工巢穴实验（Li et al., 2021）。

亚洲蜜蜂与胡蜂的生境存在高度重叠。在这样的环境之下，快速把死亡个体移走，对于维持整个蜂群的健康和安全十分关键（Tan et al., 2011）。无独有偶，众多研究显示，蜜蜂可能是借助感知尸体散发出来的特定化学信号，如表皮烃（CHC）的变化（Chen et al., 2023），来识别同伴是否死亡。谭垦团队在云南昆明、武定蜂场设置339个蜂群，采用 GPS 追踪与视频记录的办法，利用红外摄像头记录胡蜂攻击前后蜜蜂防御行为的变化。

同时，采用气相色谱-质谱联用分析方法鉴定胡蜂毒液中的关键挥发物（如2-壬醇）验证关键挥发物对蜜蜂尸体清理行为的诱导作用。蜜蜂这种及时进行尸体清理的行为，避免了死亡个体吸引更多胡蜂过来寻找食物，降低了胡蜂对蜂群的关注程度以及攻击频率，从而有效地保护了整个蜂群的生存和繁衍。蜜蜂的这些防御行为，和避敌采集、尸体清理等行为相互配合在一起，共同构建起了蜜蜂应对胡蜂威胁的一整套完整策略体系，这充分体现出蜜蜂在和胡蜂长时间的生存斗争过程中，已经进化出了很强的适应性。

5 生理进化适应

5.1 特化蜂球行为

蜂球行为（Bee Balling）是东方蜜蜂和黑尾胡蜂在长期的协同进化之后形成的一种特化的防御策略。当胡蜂靠近蜂巢的时候，工蜂会快速围上去，把入侵者团团围住，形成一个紧密的蜂球。并且，工蜂还会让自己的飞行肌进行高频的颤抖，借助这样的方式来产生热量，让蜂球内部的温度在仅仅 5 min 的时间内，升高到 44~47℃，这个温度比胡蜂所能承受的致死温度 44℃ 高一些。与此同时，蜜蜂自身会通过表达热激蛋白（HSP70），借助这样的方式来保护细胞不被高温伤害（Chen et al., 2022）。研究表明，东方蜜蜂的蜂球行为呈现出显著的生理进化特征，其中覆盖产热机制、CO_2 窒息协同作用以及代谢调控。在产热机制方面，工蜂依靠快速振动飞行肌，使代谢率提高 5 倍（Yamaguchi, et al. 2018），同时表达线粒体解偶联蛋白 UCP（Hepburn 和 Radloff，2011），从而将化学能转化为热能。谭垦团队发现，蜂球核心温度与胡蜂致死温度（45℃）高度匹配，且工蜂对高温的耐受阈值（48℃）显著高于胡蜂。CO_2 窒息协同作用是在密闭蜂球内部，CO_2 浓度迅速升高至 3.6%~4.5%（正常空气为 0.04%），借助抑制胡蜂呼吸酶活性，从而加速胡蜂的死亡（Tan et al., 2012）。代谢调控则使蜂球内工蜂的糖酵解速率提升 3 倍，激活热激蛋白（HSP70）来保护细胞不会受到高温的损伤。

蜂球行为是一种非常高效的群体防御策略，不过在它的进化过程中存在着比较显著的代价与权衡。参与蜂球的工蜂个体需承受双重代价。一方面，在 46℃ 高温的蜂球核心暴露会导致工蜂寿命缩短 30%~50%；另一方面，单次蜂球防御消耗的能量相当于工蜂 3 d 的飞行代谢需求。但借助群体选择机制，个体层面所产生的这些损耗，却能够转化为群体适应性的优势。值得大家关注的是，参与过蜂球防御的工蜂表现出经验强化的特点，它们再次响应防御需求的速度提升了 40%，并且更倾向于占据蜂球核心的高温位置。蜂群凭借分工优化策略来降低整体的损失，大约 10% 的工蜂特化为专职防御个体，这种角色分化保证了防御的效能，又有效地控制了种群的总体能耗成本。

东方蜜蜂与西方蜜蜂种间差异见表 5。

表 5 东方蜜蜂与西方蜜蜂种间差异

指标	东方蜜蜂	西方蜜蜂
蜂球形成时间/s	≤10	≥30
胡蜂致死率/%	80	<20
HSP70 表达水平/倍	4.2	1.0（基线）

注：数据来源：Ono et al., 1995；Chen et al., 2022。

5.2 表皮增厚

部分亚洲蜜蜂种群（如东方蜜蜂的喜马拉雅亚种）在与胡蜂（*Vespa* spp.）的长时

间协同进化中表皮增厚。以分布于喜马拉雅山麓的东方蜜蜂喜马拉雅亚种为例，它的表皮结构在胡蜂捕食所带来额的压力之下，经历了显著的适应性改造：科研人员借助扫描电子显微镜观察后发现，这个亚种的工蜂胸部及腹部的表皮层厚度较和低海拔种群相比变多了37%~42%，而且，表皮的几丁质微纤维呈现正交层叠排列（cross-laminate arrangement），这种排列好像防弹衣的力学结构一样，使表皮抗张强度提升65%（谭垦等，2021），明显提高了对胡蜂撕咬以及针刺的抵抗能力。

表皮结构的增厚，主要体现在外骨骼的强化方面。通过对角质层化学修饰，表皮里长链碳氢化合物（CHCs）含量得以提高，通过这种修饰增强了蜜蜂外骨骼的柔韧性和抗撕裂性（Wang et al., 2021）。通过扫描电镜（SEM）分析显示，喜马拉雅地区蜜蜂的表皮厚度［平均（45±3）μm］较平原种群［（30±2）μm］增加了50%，且表皮层中几丁质纤维的排列更致密，形成类似"铠甲"的结构（Li et al., 2023）。这种防御方式的效果也得到了验证，胡蜂上颚撕咬试验显示，增厚的表皮的最大抗压强度为18.5 MPa，较普通表皮（12.3 MPa）提升50%（Li et al., 2023）。

6 共生关系利用

热带蜜蜂（如无刺蜂 *Trigona* spp. 和东方蜜蜂的热带种群）和胡蜂（*V. tropica*、*V. affinis*）长时间共同生存的过程中，逐渐演化出一种独特的共生防御策略，它们借助依靠蚂蚁（*Formicidae*）或者利用植物树脂（Propolis）来提高巢穴的防御能力，这样做能够明显地降低胡蜂所带来的捕食压力。热带蜜蜂通过分泌蜜露（honeydew）来吸引织叶蚁（如黄猄蚁 *Oecophylla smaragdina*）在蜂巢附近建立巢穴。而作为回报，蚂蚁主动攻击靠近的胡蜂，利用群体撕咬和蚁酸喷射驱赶入侵者（Byrne 和 Breen，2020）。

团队经过蚂蚁移除实验和蜜露依赖性试验得出，人工清除蚂蚁后，胡蜂攻击成功率从12%升至67%；阻断蜜蜂蜜露分泌，蚂蚁在48 h内撤离蜂巢区域（表6）。

表6 防御效率数据

处理	胡蜂攻击频率（次/d）	蜂群存活率/%
无蚂蚁共生	4.8	45
有蚂蚁共生	1.2	88

注：数据来源：Byrne 和 Breen，2020。

7 结论与讨论

胡蜂作为蜜蜂的天敌，二者之间存在着捕食与被捕食的关系。在蜜蜂属昆虫和胡蜂属昆虫漫长的共同进化进程中，蜜蜂逐渐形成了广泛且多维度的对敌防御策略。这些策略涉及集体防御、化学信号传递、结构防御、行为适应、生理适应以及对共生关系的利用等多个层面，充分彰显了社会性昆虫面对捕食压力时所具备的高度适应性。

虽然目前针对蜜蜂属昆虫抵御胡蜂属昆虫的机制，已经展开了大量研究，但还是存在着不少有待解决的问题。第一，种间差异机制尚不明确。西方蜜蜂为什么没有进化出像东方蜜蜂那样高效的蜂球行为,其基因调控网络与东方蜜蜂之间存在怎样的差异,有待深入解析。第二,气候变化,尤其是温度升高,对蜜蜂防御行为会产生何种影响,目前还没有系统的量化研究。而这一影响很可能会改变现有的种间竞争格局。第三,分子机制方面的研究较为碎片化。报警信息素的合成通路、耐热基因的调控元件,以及它们与神经信号的整合机制等,仍不明确。

对于蜜蜂抵御胡蜂的方法及其抵御作用的机理有待深入研究。深度解剖其抵御机制,对于蜜蜂养殖过程中防止胡蜂袭击蜜蜂群体,以及仿生技术开发等领域都有着重要意义。甚至于我们可以模仿蜜蜂表皮增厚的结构,设计出轻量化的抗冲击材料,而这一系列应用都离不开相关理论依据的支撑。

参考文献

谭垦,董诗浩,2021. 东方蜜蜂喜马拉雅亚种表皮结构的适应性进化 [J]. 昆虫学报,64(3):321-332.

ABRAMSON, CHARLES I, 2010. Temporal Avoidance of Predators by Honey Bees: Shifts in Foraging Activity Reduce Hornet Predation Risk [J]. Behavioral Ecology, 21 (6): 1303-1309.

ARCA, MARIANGELA, 2014. Daily Activity Patterns of Vespa velutina [J]. Journal of Applied Entomology, 138 (8): 592-602.

AVARGUÈS-WEBER A, DYER A G, GIURFA M, 2010. Neuroethology of the honeybee visual system [J]. Journal of Insect Physiology, 56 (12): 1746-1755.

BALAMURALI S, RAMESH S, SOMANATHAN H, 2021. Visual acuity and alertness in the dwarf honeybee *Apis florea* [J]. Journal of Comparative Physiology A, 207 (12): 1161-1172.

BREED M D, ROGERS L, FEWELL J H, 2004. Alarm pheromone discrimination in Africanized honey bees [J]. Journal of Chemical Ecology, 30 (7): 1481-1492.

BRISCOE A D, CHITTKA L, 2001. The evolution of color vision in insects [J]. Annual Review of Entomology, 46: 471-510.

BYRNE M M, BREEN T P, 2020. Mutualism between honey bees and ants: A tropical defense strategy against hornets [J]. Ecological Entomology, 45 (3): 456-467.

CHEN X, ZHANG J, LI J, et al., 2023. Changes in cuticular hydrocarbons of honeybees (*Apis cerana*) after death and their implications for corpse recognition [J]. Journal of Insect Physiology, 151: 104477.

CHEN Y, et al., 2022. Transcriptomic analysis reveals heat shock proteins enhance hornet resistance in Apis cerana [J]. Frontiers in Genetics, 13: 876543.

DYER A G, SRINIVASAN M V, CHITTKA L, 2011. The role of visual cues in the foraging decisions of the giant honeybee, *Apis dorsata* [J]. Journal of Experimental Biology, 214 (Pt 12): 2034-2044.

FOUKS F, GAUTHIER M, GIURFA M, 2019. When to forage? Honeybees adjust their foraging activity to avoid predation risk [J]. Animal Behaviour, 153: 205-213.

HEPBURN H R, 2006. Honeybee nest architecture: A review [J]. African Entomology, 14 (1): 1-12.

HEPBURN H R, RADLOFF S E, 2005. The biology of the honeybee [M]. Springer.

HEPBURN H R, RADLOFF S E, 2011. Thermoregulation in Africanized honeybees (*Apis* mellifera scutellata): The role of mitochondrial uncoupling proteins [J]. Apidologie, 42 (3): 333-341.

KASTBERGER G, BUECHEL D, CRAILSHEIM K, 2008. The morphometry of the honeybee nest and its significance for defence [J]. Apidologie, 39 (3): 320-330.

KEN T, TAN K, HEPBURN H R, 2010. The metabolic cost of heat production in honeybees during heat balling [J]. Journal of Insect Physiology, 56 (12): 1769-1773.

KOENIGER N, KOENIGER G, 1991. The natural history of the dwarf honeybee *Apis florea* [J]. Journal of Apicultural Research, 30 (3): 171-180.

KOENIGER N, KOENIGER G, NEUMANN P, 2014. Nest structures of the honeybee [J]. Journal of Apicultural Research, 53 (3): 323-333.

LI X, 2023. Cuticular thickening in Himalayan honey bees: A mechanical defense against hornet predation [J]. Journal of Insect Physiology, 147: 104512.

LI X, WANG Z, TAN K, NIEH J C, et al., 2021. Alarm pheromone enhances hygienic behavior in *Apis cerana* [J]. Journal of Insect Physiology, 135: 104324.

LI Y, ZHANG Y, TAN K, 2020. The vibration warning system of honeybees in response to hornet attack [J]. Journal of Insect Behavior, 33: 47-57.

MATTILA H R, SEELEY T D, 2020. Vibration signals in honeybee colonies: Functions and mechanisms [J]. Apidologie, 51 (2): 217-231.

MENZEL R, GIURFA M, HAMMER M, 2018. Chemical communication in honeybees: Mechanisms and functions [J]. Journal of Chemical Ecology, 44 (10): 1031-1045.

ONO M, IGARASHI T, SASAKI M, 1995. Unusual thermal defence by a honeybee against mass attack by hornets [J]. Nature, 377: 334-336.

ONO M, SAKAMOTO K, TANAKA K, 1995. Unusual thermal defense by a honeybee against mass attack by hornets [J]. Nature, 377 (6547): 334-336.

PAPACHRISTOFOROU E, DELIDAKIS C V, KAFATOS F C, 2012. Nest structure and defense mechanisms in honeybees. Apidologie, 43 (1): 80-90.

SEELEY T D, 2010. Honeybee Democracy [M]. Princeton University Press.

SMITH D R, SUAREZ A V, BREED M D, 2016. Evolutionary adaptations of honeybees to predation [J]. Journal of Evolutionary Biology, 29 (4): 665-676.

SOMANATHAN H, BORGES R M, RADHAKRISHNAN C, 2008. Colour vision in the honeybee: A comparison between *Apis mellifera* and *Apis cerana* [J]. Journal of Comparative Physiology A, 194 (11): 1037-1045.

SRINIVASAN M V, 1993. Visual perception in honeybees. Journal of Experimental Biology, 174, 23-42.

SUGAHARA K, SAKAMOTO K, 2009. Heat and carbon dioxide generated by honeybees jointly act to kill hornets [J]. Naturwissenschaften, 96 (7): 889-894.

TAN K H, LEE T S, OTIS G W, 2011. Honey bee (*Apis cerana*) workers detect dead conspecifics by olfactory cues [J]. Apidologie, 42 (3): 333-341.

TAN K, LI Y, HEPBURN H R, 2007. The nest entrance of the honeybee [J]. Apidologie, 38 (5): 440-448.

TAN K, LI Y, HEPBURN H R, 2012. The heat balling behavior of the honeybee [J]. Journal of Insect Science, 12: 1-10.

WANG Z, 2021. Chemical and structural adaptations in Apis cerana cuticle under hornet predation pressure [J]. Insect Biochemistry and Molecular Biology, 133: 103569.

YAMAGUCHI Y, UGAJIN A, UTAGAWA S, *et al.*, 2018. Double – edged heat: Honeybee participation in a hot defensive bee ball reduces life expectancy with an increased likelihood of engaging in future defense [J]. Behavioral Ecology and Sociobiology, 72 (1): 123.

昆虫肠道微生物降解复杂有机质机制研究进展*

周思圆**，尹　佳，周　琼***

（湖南师范大学生命科学学院，长沙　410081）

摘　要：昆虫肠道微生物凭借其独特的代谢多样性，已成为复杂有机质降解研究的热点。本文系统综述了昆虫肠道微生物在塑料、纤维素和木质素降解中的作用机制及研究进展。综合国内外研究，发现多种昆虫能通过肠道微生物分泌的胞外酶对塑料进行降解；纤维素降解依赖细菌与真菌协同产生的纤维素酶系统分解 β-1,4-糖苷键；木质素降解则与微生物的分泌物降解 β-芳基醚键相关。目前研究聚焦于高效降解菌株筛选、酶功能优化及降解机制解析，但实际应用中仍面临降解效率低、规模化瓶颈等挑战。这些研究有助于深入理解昆虫肠道微生物在复杂有机质降解中的作用，为相关应用提供参考。

关键词：昆虫肠道微生物；塑料降解；纤维素降解；木质素降解

昆虫肠道是一个高度复杂的微生态系统，栖息着细菌、古菌、真菌及原生动物等多样性微生物群落（Yang et al., 2022）。这些微生物通过代谢协同，帮助宿主消化木质纤维素、塑料等难降解物质，甚至为宿主提供必需营养如维生素和氨基酸（Chen et al., 2024）。传统观点认为，昆虫通过物理摄食与自身酶系参与降解，但近年研究表明，肠道共生微生物在代谢过程中发挥核心作用，例如通过分泌特异性酶系将大分子解聚为可利用单体。目前，研究已从鳞翅目、鞘翅目等昆虫肠道中分离出多种高效降解塑料的菌株（马小彪，2023；Yang et al., 2014；Luo et al., 2021），并揭示了塑料降解的生物膜定殖-酶解-矿化路径、纤维素的酶协同分解机制及木质素的芳香醚裂解通路。研究昆虫肠道微生物的降解机制，有助于揭示其在生态系统物质循环中的重要功能，并为塑料污染治理和木质纤维素资源利用等提供新思路。

1　昆虫肠道微生物对复杂有机质的降解

1.1　塑料的降解

塑料分子量大、疏水性较高（Ekanayaka et al., 2022），自然环境中难以降解。聚乙烯（PE）、聚丙烯（PP）、聚苯乙烯（PS）、聚氯乙烯（PVC）等聚烯烃类塑料，以及聚对苯二甲酸乙二醇酯（PET）、聚氨酯（PU）等聚酯类塑料在日常生活中使用范围广、使用量大和难以降解的特性使得塑料对生态系统的影响越来越大。研究发现，多种昆虫可以咀嚼塑料，依赖肠道微生物来降解塑料制品，其中以 PS 和 PE 方面的最多。

---

* 基金项目：湖南省研究生联合培养基地项目（湘教通〔2021〕346 号）
** 第一作者：周思圆，硕士研究生，主要从事昆虫肠道微生物相关研究；E-mail: sy_zhou178@163.com
*** 通信作者：周琼，教授，主要从事昆虫化学生态及其行为调控研究；E-mail: zhoujoan@hunnu.edu.cn

Pivato 等（2022）在研究中发现部分鳞翅目和鞘翅目昆虫幼虫可以有效咀嚼和摄取塑料，如大蜡蛾（*Galleria mellonella*）幼虫能以与塑料具有相同特点（都富含 C–C 和 C–H 键）的蜂蜡为食。Lu 等（2024）通过抗生素处理消除大麦虫（*Zophobas atratus*）的肠道细菌，发现石油基塑料降解活性明显下降，说明了肠道中微生物在塑料降解中的重要作用。用 PS 喂养黄粉虫幼虫 30 d 后，从肠道中筛选出了具有高效降解塑料特性的优势菌株 *Klebsiella* sp. LZ-M2，并且代谢产物中与塑料降解相关的硫胺素的产量显著上调（马小彪，2023）。此外，印度粉蛾（*Plodia interpunctella*）等均被证实具有降解塑料的作用，从昆虫肠道中分别筛选出了降解 PE 的菌株 *Enterobacter asburiae* YT1 和 *Bacillus* sp.YP1（Yang *et al.*，2014），降解 PE、PS 和 PU 的柠檬酸杆菌、*Dysgonomonas*、*Sphingobacterium* 和 *Mangrovibacter*（Luo *et al.*，2021）。这些细菌首先通过形成生物膜从而定殖在疏水性塑料上（Morohoshi *et al.*，2018），导致塑料表面被降解；然后细菌分泌胞外酶（氧化酶、酰胺酶、漆酶、水解酶和过氧化物酶等），从而催化塑料解聚为低分子塑料聚合物或者单体（Jiménez-Arroyo *et al.*，2023）；接着生物同化（Tarazona *et al.*，2022），塑料解聚过程中形成的低分子物质被细菌利用为能源，产生各类代谢产物例如乙二醇和对苯二甲酸；最后涉及细胞内酶的矿化作用，分解被同化的代谢物生成 CH_4、CO_2、H_2O 和 N_2 等（Amobonye *et al.*，2021）。

1.2 纤维素的降解

纤维素是植物细胞壁的主要成分，由多个葡萄糖单元通过 β-1，4-糖苷键连接而成。以植物为食的昆虫无法只靠自身消化系统完全降解纤维素，而昆虫肠道中的微生物能够分解这些糖苷键，释放出葡萄糖供昆虫吸收利用。现有研究涉及鞘翅目、鳞翅目、蜚蠊目、直翅目、毛翅目、双翅目的 49 种宿主昆虫，主要以农林害虫为主，其次为白蚁等害虫。截至 2024 年，已知具有纤维素降解功能的昆虫肠道菌 135 种，包含细菌 120 种、真菌 15 种，涉及芽孢杆菌属 *Bacillus*、假单胞菌属 *Pseudomonas*、克雷伯氏菌属 *Klebsiella*、肠杆菌属 *Enterobacteriaceae* 等 63 个细菌属，*Cladosporium*、*Gliocephalotrichum*、*Penicillium* 等 14 个真菌属（刘琦等，2024）。王智伟（2018）在黑胸散白蚁（*Reticulitermes chinensis*）肠道中筛选出了枯草芽孢杆菌（*Bacillussubtilis* strain）、阿氏肠杆菌（*Enterobacter asburiae* strain）、解淀粉芽孢杆菌（*Bacillusamyloliquefaciens* strain）和苏云金芽孢杆菌（*Bacillus thuringiensis* strain）4 株高效降解纤维素的菌株。部分易降解的纤维素降解过程涉及内切葡聚糖酶随机水解纤维素链，纤维生物水解酶从纤维素链的非还原端和还原端释放纤维二糖，β-葡萄糖苷酶水解纤维二糖释放葡萄糖（Lopes *et al.*，2018），以上 3 种酶构成了纤维素酶系统。为了筛选高效产纤维素酶生物，现有研究主要集中在纤维素酶的分离与纯化、提高降解酶的产量和 DNA 体外重组。

1.3 木质素的降解

木质素是植物中由苯丙醇单元通过醚键连接的芳香族化合物，能够赋予植物细胞壁更强的抗压能力和刚性，具有很强的抗降解性。食木性昆虫肠道是天然的木质素降解微生物资源库，如食木性白蚁、甲虫、天牛、蟑螂等（Luo *et al.*，2019；Tsegaye *et al.*，2019）。这些昆虫肠道中含有多种微生物，多样性高、资源丰富、能分泌高活性降解酶，包括芽孢杆菌、肠杆菌、拟杆菌和假单胞菌等，分泌的高效降解酶包括木聚糖酶、纤维素酶、糖基水解酶、漆酶、过氧化物酶和醛酮还原酶等（Scully et al., 2014; Zhou et al., 2019）。有研究表明，以马蔺草为食的蓝绿象（*Hypomeces squamosus*）肠道中具有显著木质素纤维素降解能力的 *Pantoea* 优势菌属占 29.82%，能够分泌木质素过氧化物酶混合一系列芳香族化合物裂解酶（张青，2022）。白蚁是研究筛选木质素降解微生物最多的模式生物，肠道细菌系统类型多样，同时具有丰富的木质素降解共生细菌，有研究采用 azure B 染剂从白蚁肠道中筛选出木质素过氧化物酶活性较高的霍氏肠杆菌 PY12 和地衣芽孢杆菌 MX5（Zhou et al., 2017）。张青（2022）整合各种研究，认为占木质素结构的 50% 的 β-芳基醚的降解是木质素降解的关键步骤。一些众所周知的细菌降解木质素途径包括芳香醚裂解通路、联苯代谢通路、阿魏酸代谢通路、原儿茶酸代谢通路、没食子酸甲酯代谢通路、二芳基丙烷代谢通路和香草酸代谢通路等。以上肠道微生物这一降解机制有利于帮助昆虫获取营养，也在自然界的物质循环中发挥了重要作用。

2 昆虫肠道微生物降解功能研究方法

随着生物信息学的发展，生物研究中常将宏基因组学、蛋白质组学、代谢组学等多种技术联合运用，发挥各组学最大优势，使得微生物检测鉴定以及功能推测更为高效、有力。当通过分离纯化得到具有某种降解作用的微生物时，采用 16S rRNA 基因测序技术来识别细菌的种类和群落结构（Chen et al., 2023）。通过扩增并测序 16S rRNA 基因的特定区域，可以获得关于细菌多样性和相对丰度的信息。与分离纯化培养细菌相比，采用宏基因组学研究方法可直接测定样品中的全部核酸序列（Kakirde et al., 2010），构建宏基因组文库，无须对每个微生物进行分离培养，来探究样品中微生物的群落结构、功能和挑选新的基因，该方法可弥补细菌培养法的不足，其中高通量测序技术与基因芯片技术互补。高通量测序技术可用于鉴定降解过程中涉及的关键基因，有助于确认功能性微生物（Li et al., 2020）；基因芯片技术可弥补高通量测序不够深入的问题（Yu et al., 2022）。例如在研究取食聚苯乙烯和聚乙烯的黄粉虫肠道微生物时，采用高通量测序技术发现其肠道中含有两种与聚乙烯和聚苯乙烯降解相关的 OTU（*Citrobacter* sp. 和 *Kosakonia* sp.）（Brandon et al., 2018）。而转录组学、蛋白质组学和代谢组学分析可以帮助了解昆虫肠道微生物降解塑料代谢物含量变化和代谢通路研究。利用蛋白质组学，从甲虫 *Cryptorhynchus lapathi* 幼虫鉴定出与肠道免疫相关的蛋白质（Bento et al., 2021）；利用代谢组学技术，发现肠道微生物能够帮助宿主降解有毒的次生代谢物（Zhang et al., 2022），多种组学技术的联合使用有助于深入研究昆虫肠道微生物。

3 小结和展望

本文综述了昆虫肠道微生物不同复杂有机物质的降解作用以及其中应用到的研究方法和肠道微生物与昆虫宿主的相互作用。这些研究不仅提升了对昆虫肠道微生物的理解，也为相关领域的应用奠定了基础。昆虫肠道微生物的有机质降解能力使其在废物处理方面具有广泛的应用前景，例如利用肠道微生物处理农业废弃物和城市垃圾可以将这些废物转化为有价值的肥料或者生物气体。这种方法不仅具有环保优势，还能提高资源利用效率；昆虫肠道微生物的有机质降解能力也为生物能源生产提供了新的思路，例如利用昆虫肠道微生物降解有机物产生的气体作为清洁能源。这一应用有助于减少对化石燃料的依赖，推动可持续发展；昆虫肠道微生物的研究还可以应用于农业领域，例如，通过增强昆虫肠道有机质降解能力来提高土壤肥力，促进植株生长。

虽然目前对于昆虫肠道微生物的多样性已有初步了解，但仍需进一步研究其功能分布和相互作用，揭示其在有机物降解中的具体功能和作用机制以及不同环境条件和宿主营养状态对昆虫肠道微生物功能的影响。研究这些因素如何影响微生物的代谢活动和酶活性，将有利于优化其应用条件和效率；利用合成生物学技术，定向改造昆虫肠道微生物的降解酶系统，以提升其对特定物质的降解能力。

参考文献

刘琦, 王新茹, 2024. 基于昆虫肠道纤维素降解菌领域的文献计量分析 [J]. 微生物学通报 (11): 1-14.

马小彪, 2023. 黄粉虫幼虫肠道微生物对塑料的降解研究 [D]. 兰州: 兰州大学.

王智伟, 2018. 白蚁体内产纤维素酶细菌的分离鉴定及其相关基因的载体构建与原核表达 [D]. 杨凌: 西北农林科技大学.

张青, 2022. 食木性蓝绿象肠道木质纤维素降解微生物资源的挖掘 [D]. 兰州: 兰州大学.

AMOBONYE A, BHAGWAT P, RAVEENDRAN S, et al., 2021. Environmental Impacts of Microplastics and Nanoplastics: A Current Overview [J]. Front Microbiol, 12: 768297.

BRANDON A M, GAO S H, TIAN R, et al., 2018. Biodegradation of Polyethylene and Plastic Mixtures in Mealworms (Larvae of Tenebrio molitor) and Effects on the Gut Microbiome [J]. Environ Sci Technol, 52 (11): 6526-6533.

BENTO F M M, DAROLT J C, MERLIN B L, et al., 2021. The molecular interplay of the establishment of an infection-gene expression of Diaphorina citri gut and Candidatus Liberibacter asiaticus [J]. BMC Genomics, 22 (1): 677.

CHEN Y H, MILLER W B, HAY A, 2023. Postharvest bacterial succession on cut flowers and vase water [J]. PLoS One, 18 (10): e0292537.

CHEN H Y, WANG C Y, ZHANG B, et al., 2024. Gut microbiota diversity in a dung beetle (Catharsius molossus) across geographical variations and brood ball-mediated microbial transmission. PLoS One, 19 (6), e0304908.

EKANAYAKA A H, TIBPROMMA S, DAI D, et al., 2022. A Review of the Fungi That Degrade Plastic [J]. J Fungi (Basel), 8 (8): 1-27.

JIMÉNEZ-ARROYO C, TAMARGO A, MOLINERO N, et al., 2023. The gut microbiota, a key to understanding the health implications of micro (nano) plastics and their biodegradation [J]. Microb Biotechnol, 16 (1): 34-53.

KAKIRDE K S, PARSLEY L C, LILES M R, 2010. Size Does Matter: Application-driven Approaches for Soil Metagenomics [J]. Soil Biol Biochem, 42 (11): 1911-1923.

LI R, HAN Y, ZHANG Q, et al., 2020. Transcriptome Profiling Analysis Reveals Co-regulation of Hormone Pathways in Foxtail Millet during Sclerospora graminicola Infection [J]. Int J Mol Sci, 21

(4): 1-15.

LOPES A M, FERREIRA FILHO E X, MOREIRA L R S, 2018. An update on enzymatic cocktails for lignocellulose breakdown [J]. J Appl Microbiol, 125 (3): 632-645.

LU B, LOU Y, WANG J, et al., 2024. Understanding the Ecological Robustness and Adaptability of the Gut Microbiome in Plastic-Degrading Superworms (*Zophobas atratus*) in Response to Microplastics and Antibiotics [J]. Environ Sci Technol, 58 (27): 12028-12041.

LUO C, LI Y, CHEN Y, et al., 2019. Degradation of bamboo lignocellulose by bamboo snout beetle *Cyrtotrachelus buqueti* in vivo and vitro: efficiency and mechanism [J]. Biotechnol Biofuels, 12: 75.

LUO L, WANG Y, GUO H, et al., 2021. Biodegradation of foam plastics by *Zophobas atratu*s larvae (Coleoptera: Tenebrionidae) associated with changes of gut digestive enzymes activities and microbiome [J]. Chemosphere, 2021, 282: 131006.

MOROHOSHI T, OI T, AISO H, et al., 2018. Biofilm Formation and Degradation of Commercially Available Biodegradable Plastic Films by Bacterial Consortiums in Freshwater Environments [J]. Microbes Environ, 33 (3): 332-335.

PIVATO A F, MIRANDA G M, PRICHULA J, et al., 2022. Hydrocarbon-based plastics: Progress and perspectives on consumption and biodegradation by insect larvae [J]. Chemosphere, 293: 133600.

SCULLY E D, GEIB S M, CARLSON J E, et al., 2014. Functional genomics and microbiome profiling of the Asian longhorned beetle (*Anoplophora glabripennis*) reveal insights into the digestive physiology and nutritional ecology of wood feeding beetles [J]. BMC Genomics, 15 (1): 1096.

TARAZONA N A, WEI R, BROTT S, et al., 2022. Rapid depolymerization of poly (ethylene terephthalate) thin films by a dual-enzyme system and its impact on material properties [J]. Chem Catal, 2 (12): 3573-3589.

TSEGAYE B, BALOMAJUMDER C, ROY P, 2014. Alkali pretreatment of wheat straw followed by microbial hydrolysis for bioethanol production [J]. Environ Technol, 40 (9): 1203-1211.

YANG J, PARK J, JUNG, Y, et al., 2022. AMDB: a database of animal gut microbial communities with manually curated metadata [J]. Nucleic Acids Res 50 (D1): 729-735.

YANG J, YANG Y, WU W M, et al., 2014. Evidence of polyethylene biodegradation by bacterial strains from the guts of plastic-eating waxworms [J]. Environ Sci Technol, 48 (23): 13776-84.

YU B, TIAN Y, ZHANG Y, et al., 2022. Experimental verification and validation of immune biomarkers based on chromatin regulators in ischemic stroke [J]. Front Genet, 13: 992847.

ZHOU H, GUO W, XU B, et al., 2017. Screening and identification of lignin-degrading bacteria in termite gut and the construction of LiP-expressing recombinant *Lactococcus lactis* [J]. Microb Pathog, 112: 63-69.

ZHANG X, ZHANG F, LU X, 2022. Diversity and Functional Roles of the Gut Microbiota in *Lepidopteran* Insects [J]. Microorganisms, 10 (6): 1234.

ZHOU J, DUAN J, GAO M, et al., 2019. Diversity, Roles, and Biotechnological Applications of Symbiotic Microorganisms in the Gut of Termite [J]. Curr Microbiol, 76 (6): 755-761.

白星花金龟对有机废弃物生物转化的研究进展与展望[*]

王和旺[1,2**]，王 星[1***]

（1. 琼台师范学院理学院，海口 571127；2. 湖南农业大学，长沙 410128）

摘 要：白星花金龟（*Protaetia brevitarsis*）因其幼虫独特的生物转化机制，在有机废弃物的高效绿色处理中展现出显著优势。其通过肠道微生物协同作用，可将农业秸秆、餐厨垃圾和畜禽粪便等转化为虫体蛋白和优质有机肥，实现资源循环利用，具有较大的社会价值和经济效益。本文系统梳理了白星花金龟的独特的生物学特性、转化机制及其对不同类型有机废弃物的处理效率，并探讨了其在农业生态循环和实现"双碳"目标中的产业化潜力。未来要结合技术创新与政策支持，推动白星花金龟生物转化技术的规模化应用，助力我国农业绿色转型。

关键词：白星花金龟；有机废弃物；生物转化；资源化利用；循环农业

Research Progress and Prospects on Bioconversion of Organic Waste by *Protaetia brevitarsis*

Wang Hewang[1,2**], Wang Xing[1***]

(1. *School of Science, Qiongtai Normal University, Haikou 571127, China*;
2. *Hunan Agricultural University, Changsha 410128, China*)

Abstract: The white-spotted flower chafer (*Protaetia brevitarsis*) demonstrates remarkable advantages in the efficient and eco-friendly treatment of organic waste due to the unique bioconversion mechanisms of its larvae. Through the synergistic action of gut microbiota, it can convert agricultural straw, food waste, livestock manure, and other organic wastes into insect protein and high-quality organic fertilizer, enabling resource recycling with significant social value and economic benefits. This paper systematically reviews the distinctive biological characteristics of P. brevitarsis, its bioconversion mechanisms, and its efficiency in processing diverse types of organic waste. Additionally, it explores the insect's industrialization potential within agricultural ecological cycles and the "Dual Carbon" Goals. Future efforts should integrate technological innovation and policy support to promote the large-scale application of P. brevitarsis-driven bioconversion technology, thereby advancing China's green agricultural transformation.

Key words: *Protaetia brevitarsis*; organic waste; bioconversion; resource utilization; circular agriculture

---

* 基金项目：琼台师范学院校级重点课题（qtky202402）；琼台师范学院度校级名师工作室项目（qtjg2024-15）

** 第一作者：王和旺，本科生，主要从事生物多样性研究；E-mail:2787998634@qq.com

*** 通信作者：王星，教授，主要从事生物多样性与保育研究；E-mail:xingwanghjt@163.com

我国作为农业大国和人口大国，每年种植业产生的秸秆约 9 亿 t，畜禽粪污量超过 30 亿 t（高旺盛等，2022），餐厨垃圾年产量已达到 1.08 亿 t（李江东，2021）。用传统方式处理上述有机废物容易引发环境污染、资源浪费以及生态风险问题，为破解上述困境，推动农业生态产品价值转化、保障粮食安全并实现经济与环境效益协同，发展绿色低碳循环农业及餐厨废弃物等的高效生物转化技术势在必行（黄钰瑕等，2023；蔡文倩等，2024；梁学强等，2024）。

白星花金龟 Protaetia brevitarsis（Lewis）又名白纹铜花金龟、白星花潜、白星金龟子等（马文珍，1995），隶属于鞘翅目 Coleoptera 金龟科 Scarabaeidae 花金龟亚科 Cetoniinae。国外主要分布于俄罗斯、日本、朝鲜、蒙古国等国家，我国分布广泛（李涛，2009）。澳大利亚和美国等已明确将其列为外来入侵物种（Park et al.，1994；Kim et al.，2008a，2008b）。2001 年，该虫首次在我国新疆维吾尔自治区昌吉市被发现，而后迅速扩散，对农林果业造成严重危害，对当地的农业经济构成了重大威胁（郭文超等，2004）。其成虫食性杂，除取食玉米、小麦和蔬菜等外，还喜食苹果、葡萄、柑橘等果树的花器或果实，造成损失率高达 50% 以上（许建军等，2009）。该虫主要以成虫危害植物，幼虫则多群居在腐殖质丰富的土或腐熟的肥堆中，不危害植物（郑洪源等，2005）。幼虫通过肠道微生物协同作用，可有效处理农业生产中的废弃秸秆、菌渣、动物粪便以及餐厨废弃物等有机废物，在环境生态循环中展现出重要作用（高顺平等，2023；Li et al.，2019）。本文聚焦其转化机制与应用研究，以期为有机废弃物资源化提供科学依据。

1 白星花金龟的生物学特性与转化机制

1.1 生物学特性

白星花金龟为完全变态昆虫，其发育过程经历卵、幼虫、蛹和成虫 4 个虫态。自然条件下一般一年发生一代，以老熟幼虫越冬。幼虫期长（290~330 d），人工养殖可缩短至 89 d，可实现周年繁育（张广杰等，2020）。

白星花金龟各虫态的发育历期在 21~36℃ 范围内随温度升高而缩短，发育速率则随温度升高而加快。其卵期、幼虫期、蛹期和产卵前期的发育起点温度分别为 12.79℃、9.15℃、14.86℃ 和 13.80℃，对应的有效积温依次为 136.25 d·℃、3 031.31 d·℃、308.92 d·℃ 和 98.35 d·℃。全世代的发育起点温度为 9.96℃，有效积温为 3 628.73 d·℃，这为其规模化繁育提供了理论基础（刘政等，2012）。

1.2 生物协同消化机制

在自然界中，腐食性甲虫幼虫是重要的分解者，在陆地碳循环中起着重要作用（Micó et al.，2011）。它们已进化出高度分区化的消化道，帮助它们从木质纤维素中获取营养和能量（Lemke et al.，2003；Andert et al.，2010）。白星花金龟幼虫消化道为机械破碎有机质的前肠；具有碱性环境（pH 值为 11）溶解木质纤维素的中肠；具有中性环境（pH 值为 7）富集共生微生物分泌水解酶完成发酵的后肠（Wang et al.，2022）。

在消化过程中，肠道菌群提供了主要的木质纤维素水解酶，幼虫提供了生理性功能互补，整个消化过程如同一条精密设计的微生物发酵生产线，二者相互协作，实现木质纤维素的高效降解。最后，发酵消化后的残渣经过直肠脱水，由肛门排出体外（Wang et al.，2022）。

2 白星花金龟对不同有机废弃物的转化效率

我国农业有机废弃物主要包括作物残体（如小麦、玉米、水稻秸秆）、食用菌菌渣（如香菇、平菇）及畜禽粪污等（周诗玉等，2024）。其中，玉米、小麦和水稻秸秆占全国秸秆年总产量的75%（毕于运，2010）。随着畜禽养殖规模化进程加快，粪污排放量持续攀升，已成为农业面源污染的重要来源（林源等，2012）。市政有机废弃物以餐厨垃圾为主体，具有含水率高、易腐变质的特征，其收运处理体系正面临城镇化进程带来的新挑战。工业领域则持续产生大量有机副产品，涵盖酿酒糟渣、食品加工下脚料、生物制药残渣等类型，这类废弃物的组分复杂性对传统处理技术提出了更高要求。

基于白星花金龟幼虫的食腐特性构建生物转化体系，可同步处理多种有机废弃物，为构建"农业-市政-工业"三位一体的有机废弃物资源化模式提供创新路径。

2.1 农业有机废物的转化效率

2.1.1 农业秸秆转化效率

白星花金龟幼虫对不同农业秸秆的转化效率受发酵条件、含水量及虫龄等因素影响。杨诚等（2015）研究表明，在20~25℃范围内，玉米秸秆发酵饲喂幼虫时，其取食量随温度升高显著增加。单独饲喂玉米秸秆时，幼虫转化率、消化率和利用率分别为63.82%、22.75%和17.51%。张广杰等（2019）发现，白星花金龟3龄幼虫对最佳酵化周期的小麦秸秆利用率为50.52%，虫粪转化率达75.93%，消化率为26.43%。张倩（2015）研究表明，含水量60%的平菇菌糠饲喂幼虫时，其消化率为19.88%，转化率为44.28%，利用率为8.74%。孙晨可（2018）指出，28℃条件下，2龄幼虫对发酵21 d水量为55%的大球盖菇菌糠转化率相对较高为52.1%，3龄幼虫转化率较低为49.32%。

2.1.2 畜禽粪便转化效能

白星花金龟幼虫对畜禽粪便的转化效率受虫龄、饲料配比及环境条件影响。杨柳等（2019）发现，对单一粪便基料，2龄幼虫对猪粪饲料基的利用率最高（76.97%），而3龄幼虫对牛粪饲料基的利用率最高（73.55%）。其后通过混合基料优化，发现玉米秸秆∶牛粪=1∶3配比时，2、3龄幼虫的累计取食量、虫粪转化率均显著高于纯秸秆基料。郭勇（2020）研究表明，40%玉米秸秆+60%发酵猪粪的混合基料，对3龄幼虫增重与饲料利用率最优。李潘潘（2021）指出，鸡粪∶猪粪=1∶1时，3龄幼虫饲料利用率达51.64%，且幼虫死亡率最低；当饲喂单一粪便基料时，纯猪粪基幼虫虫体转化率最高（24.96%），增重最优；牛粪基虫粪转化率最高（96.05%）。综合表明，猪粪适用于虫体蛋白生产，牛粪利于高效产肥，鸡粪-猪粪混合基则兼顾低死亡率与综合转化效能。

2.2 市政有机废弃物的转化效率

2.2.1 餐厨废弃物转化

餐厨垃圾因高含水率与复杂成分，传统处理技术常面临二次污染风险。黑水虻虽广泛应用于餐厨垃圾处理，但其存在显著缺陷，处理过程中产生的臭气与污水难以有效控制，导致空气污染指数升高及地下水污染风险；同时存在工艺流程复杂、卫生标准不达标、降解不彻底等问题（高博等，2021）。而白星花金龟幼虫则展现出更优的转化潜力。周本留等（2014）研究表明，经预处理的餐厨废弃物可通过白星花金龟幼虫实现快速转化，每 kg 幼虫可处理 15~20 kg 废弃物，虫粪有机质含量达 34.1%（含氮 1.42%、磷 0.57%、钾 1.10%），兼具资源化与环保效益。马德英等（2021）构建的"黄粉虫-黑水虻-白星花金龟"协同体系进一步优化转化流程，1 000 m² 厂房月处理餐厨垃圾 60 t，同步产出昆虫蛋白 4 t、虫砂有机肥 18 t。其能耗较传统工艺降低 30%，且臭气排放量减少 50%。这一模式不仅实现废弃物减量化，还为城市餐厨垃圾管理提供了闭环解决方案。

2.2.2 园林废弃物转化

园林废弃物（如果树枝条、绿化修剪物）的传统焚烧或填埋方式易造成碳排放与土地占用问题。赵威等（2023）通过"灵芝+白星花金龟"联合转化苹果枝条废弃物，1 kg 栽培料可产出 106.90 g 灵芝子实体、65.53 g 幼虫及 394.19 g 虫砂，氮磷钾总含量达 3.2%。后续研究（赵威等，2024）进一步扩展至 11 种林果枝条，其中金银花与柠条枝条的转化效率最优，1 kg 枝条可产生 336.91~846.19 g 子实体、44.34~66.61 g 虫体及 282.23~499.54 g 虫砂。徐安东（2024）通过优化发酵工艺（添加 1% VT 菌剂与 40% 牛粪，发酵 25 d），使葡萄枝条的虫砂转化率提升至 84.99%，饲料利用率达 61.17%，进一步提高了资源转化效率，为城市绿化废弃物的循环利用提供了高效路径。

2.3 工业废弃物的转化效率

2.3.1 酒糟废弃物转化

白酒糟富含纤维素与单宁酸，传统处理易造成资源浪费。李丹等（2023）通过对比黄粉虫和白星花金龟对酒糟的转化效率发现，白星花金龟对白酒糟有机废弃物的处理能力显著优于黄粉虫。在白酒糟中添加 50% 竹粉时转化效率最佳，此时白星花金龟幼虫体重增长率达 59.25%，死亡率仅为 3.75%，消化率达到 66.50%。其虫粪中粗蛋白含量达 18.7%，可替代豆粕作为饲料添加剂，降低养殖成本。

2.3.2 竹制品加工剩余物转化

赵正萍等（2024）通过研究白星花金龟 3 龄幼虫对竹笋加工剩余物的转化能力发现，3 龄幼虫对发酵 25 d 笋头的虫体转化率和虫粪转化率分别为 20.21% 和 81.60%；对发酵 35 d 笋壳虫体转化率和虫粪转化率分别为 17.13% 和 80.73%。虫体转化率和虫粪转化率在笋头与笋壳间差异不显著，说明白星花金龟幼虫对发酵笋头和笋壳均具有良好的转化效果。

3 展望

随着我国生态建设持续推进和人民生活水平不断提升，环境保护与资源循环利用已成为高质量发展的重要议题。而如何处理有机废弃物便是绿色循环发展的关键节点，传统处理方式易引发环境污染和温室气体排放。众多研究表明，生物转化是一条高效处理路径。白星花金龟作为有机废弃物生物转化的高效媒介，其独特的肠道微生物协同机制为农业废弃物的资源化利用提供了创新路径。然而，要实现该技术的规模化应用与产业化推广，仍需在以下方向深化研究并突破技术瓶颈。

3.1 技术挑战与创新方向

微生物组功能解析：尽管已有研究表明幼虫肠道菌群（如 *Bacillus* 属）对木质纤维素的降解具有关键作用（谢长校，2016；臧传慧等，2022），但其功能网络调控机制尚不明确。未来需通过多组学联合分析（宏基因组、代谢组）解析菌群互作关系及机制，并开发合成微生物群落（SynComs）以定向提升降解效率。

工艺优化与标准化：针对不同废弃物类型（如秸秆、餐厨垃圾）需建立差异化预处理流程。例如，通过白腐真菌对玉米秸秆进行生物预处理，能够显著降低玉米秸秆的木质素含量（周晓洁等，2024），提高资源昆虫对其生物转化效率（Mao *et al.*，2024）。餐厨废弃物通过热处理，长时间低温<70℃至少 1 h，或短时间高温>133℃持续 20~30 min（Ariunbaatar *et al.*，2014），虽然提高了单宁酸和酚类化合物的生物利用率，有利于资源昆虫食用转化，但却成为幼虫新陈代谢的一个抗营养因素（Ganesan *et al.*，2024）。此外，智能发酵装备的研发（如物联网传感器集成系统）可进一步提升转化率并降低能耗（夏建业等，2022）。

虫体蛋白高值化利用：相关研究表明，许多昆虫的虫体蛋白质含量高达 50%以上，其蛋白质含量远大于鸡、鱼、猪肉和鸡蛋中的蛋白质含量，与牛肝中的蛋白质含量相差无几，且与 FAO 制定的蛋白质必需氨基酸模式比例极其接近（刘高强等，2002）。当前虫体蛋白生产成本较高，如黑水虻转化 1t 餐厨垃圾仅产 150 kg 鲜虫，烘干后蛋白得率约 15%，且能耗与人工成本占总成本 40%以上（胡建党，2025），需通过饲料配方优化与规模化养殖降低成本，以满足饲料工业需求。

3.2 政策与产业协同路径

碳汇价值挖掘：与传统的填埋和焚烧处理方法相比，利用昆虫进行有机废弃物转化能极大减少 CO_2 当量排放。若推广至全国 30%的农业废弃物，具有相当巨大的年碳汇潜力，若将其纳入国家碳交易体系，可实现经济收益的再提高。

产业链闭环构建：借鉴德国 BioCircle 项目经验，推动"县域级昆虫工厂-有机肥联产-碳交易"模式。可带动虫粪有机肥价格提高，碳积分收益营收占比增加，形成可持续商业循环经济（Craparo *et al.*，2024）。

法规体系完善：亟须制定《资源昆虫利用技术规范》，明确虫源性蛋白的重金属限值（如≤$0.1×10^{-6}$）及虫粪肥料的有机质分级标准，为产业合规化提供支撑。

资源昆虫产业化被世界各国视为应对粮食安全、资源短缺和气候变化的重要战略方向。既能培育生物制造、有机农业等绿色新业态，又能构建"有机废弃物-昆虫转化-生态农业"的闭环体系，为生态强国建设提供技术支撑。基于自然解决方案的创新模式，正在重塑农业绿色生产链条，助力实现人与自然和谐共生的现代化目标。

参考文献

毕于运，2010. 秸秆资源评价与利用研究 [D]. 北京：中国农业科学院.

蔡文倩，周丽，余婷，等，2024. 农业有机废物还田利用促进土壤健康和应对气候变化的路径及

研究建议 [J]. 环境工程技术学报, 14 (5): 1532-1540.

高博, 曾毅夫, 叶明强, 等, 2021. 一种利用黑水虻自动化处理餐厨垃圾的系统: CN202011498408.8 [P]. 2021.

高顺平, 徐林海, 郑成忠, 等, 2023. 白星花金龟资源化利用研究进展 [J]. 安徽农业科学, 51 (21): 4-6.

高旺盛, 陈源泉, 王小龙, 等, 2022. 中国种植业碳中和技术路径探讨与对策建议 [J]. 农业现代化研究, 43 (6): 7.

郭文超, 许建军, 江何, 等, 2004. 新疆农作物和果树新害虫: 白星花金龟 [J]. 新疆农业科学, 41 (5): 3.

郭勇, 2020. 郓城县农业有机废弃物资源调查和环保昆虫转化处理模式探究 [D]. 泰安: 山东农业大学.

胡建党, 2025. "抢抓昆虫蛋白产业发展机遇期: 夯实产业基础, 应对大豆关税挑战" [新闻]. 中国农网, 3月5日.

黄钰瑕, 黄铣文, 王耿东, 等, 2023. 智慧农业时代下绿色低碳循环农业的发展研究: 以广州市花都区赤坭镇为例 [J]. 广东蚕业, 57 (1): 25-27.

李丹, 代发文, 扎西初, 2023. 竹粉对白星花金龟转化白酒糟效率的影响研究 [J]. 乐山师范学院学报, 38 (8): 32-39.

李江东, 2021. 餐厨垃圾好氧堆肥资源化利用及无害化处理的研究 [D]. 南昌: 南昌大学.

李潘潘, 2021. 白星花金龟对畜禽粪污转化能力的研究 [D]. 泰安: 山东农业大学.

李涛, 2009. 乌鲁木齐西郊白星花金龟发生规律及防治技术研究 [D]. 乌鲁木齐: 新疆农业大学.

梁学强, 刘志良, 李琳, 等, 2024. 农业废弃物生物处理技术应用 [J]. 农业工程, 14 (1): 70-72.

林源, 马骥, 秦富, 2012. 中国畜禽粪便资源结构分布及发展展望 [J]. 中国农学通报, 28 (32): 1-5.

刘高强, 魏美才, 2002. 昆虫蛋白饲料的开发利用 [J]. 饲料研究 (10): 13-14.

刘政, 王少山, 孙艳, 等, 2012. 白星花金龟发育起点温度和有效积温的研究 [J]. 西北农业学报, 21 (3): 198-201.

马德英, 张广杰, 刘玉升, 等, 2021. 一种利用三种环境昆虫连续转化餐厨废弃物的方法: CN201911050399.3 [P]. 2021.

马文珍, 1995. 中国经济昆虫志 第四十六册 鞘翅目: 花金龟科、斑金龟科、弯腿金龟科 [M]. 北京: 科学出版社.

孙晨可, 2018. "小麦秸秆-大球盖菇-白星花金龟" 循环模式研究 [D]. 泰安: 山东农业大学.

夏建业, 刘晶, 庄英萍, 2022. 人工智能时代发酵优化与放大技术的机遇与挑战 [J]. 生物工程学报, 38 (11): 4180-4199.

谢长校, 2016. *Bacillus ligniniphilus* L1 降解木质素机理的初步研究 [D]. 镇江: 江苏大学.

徐安东, 2024. 白星花金龟生物转化葡萄枝条的技术及参数优化 [D]. 乌鲁木齐: 新疆农业大学.

许建军, 袁洲, 刘忠军, 等, 2009. 白星花金龟在新疆农田生态区的寄主、分布及其发生规律 [J]. 新疆农业科学, 46 (5): 1042-1046.

杨诚, 刘玉升, 徐晓燕, 等, 2015. 白星花金龟幼虫对酵化玉米秸秆取食效果的研究 [J]. 环境昆虫学报, 37 (1): 122-127.

杨柳, 张广杰, 徐韬, 等, 2019. 白星花金龟幼虫对不同农业有机废弃物的转化力研究 [J]. 新疆农业大学学报, 42 (3): 189-193.

臧传慧, 公茂庆, 刘宏美, 2022. 蚊虫肠道微生物多样性及其功能的研究进展 [J]. 中国媒介生物学及控制杂志, 33 (4): 608-612.

张广杰, 王倩, 刘玉升, 等, 2019. 白星花金龟幼虫对不同酵化周期四种物料的转化力研究 [J]. 山东农业大学学报: 自然科学版, 50 (5): 764-767, 804.

张广杰, 王倩, 刘玉升, 2020. 白星花金龟人为条件生物学与应用潜力 [J]. 环境昆虫学报, 42 (2): 257-266.

张倩, 2015. 取食平菇菌糠的白星花金龟生物学研究 [D]. 泰安: 山东农业大学.

赵威, 赵传岳, 孔昊, 等, 2024. 肺形侧耳和白星花金龟幼虫对11种林果枝条废弃物联合转化能力比较 [J]. 中国农学通报, 40 (11): 134-141.

赵威, 赵传岳, 周婷, 等, 2023. "灵芝+白星花金龟幼虫" 联合转化苹果修剪枝条研究 [J]. 山东农业大学学报: 自然科学版, 54 (5): 710-717.

赵正萍, 颜学武, 于婷, 等, 2024. 白星花金龟对竹笋加工剩余物的转化能力研究 [J]. 湖南林业科技, 51 (1): 91-101, 110.

郑洪源, 刘建平, 南怀林, 等, 2005. 白星花金龟子食性研究 [J]. 陕西农业科学 (3): 24-25.

周本留, 许德远, 徐向全, 等, 2014. 利用白星花金龟幼虫处理餐厨废弃物的方法 CN103976153A [P]. 2014.

周诗玉, 王庆雷, 赵胜国, 等, 2024. 取食不同废弃物对白星花金龟虫粪砂肥分和黄芩育苗效果的影响 [J]. 山西农业大学学报 (自然科学版), 44 (2): 90-98.

周晓洁, 赵国琦, 程志强, 等, 2024. 白腐真菌预处理农作物秸秆的研究进展 [J]. 动物营养学报, 36 (8): 4823-4834.

ANDERT J, MARTEN A, BRANDL R, et al., 2010. Inter-and intraspecific comparison of the bacterial assemblages in the hindgut of humivorous scarab beetle larvae (*Pachnoda* spp.) [J]. FEMS Microbiol Ecol, 74 (2): 439-449.

ARIUNBAATAR J, PANICO A, FRUNZO L, et al., 2014. Enhanced anaerobic digestion of food waste by thermal and ozonation pretreatment methods [J]. Journal of Environmental Management (146): 142-149.

CRAPARO G, CANO MONTERO E I, SANTOS PEÑALVER J F, 2024. Trends in the circular economy applied to the agricultural sector in the framework of the SDGs [J]. Environment, Development and Sustainability, 26 (10): 26699-26729.

GANESAN A R, MOHAN K, KANDASAMY S, et al., 2024. Food waste-derived black soldier fly (*Hermetia illucens*) larval resource recovery: A circular bioeconomy approach [J]. Process Safety and Environmental Protection (184): 170-189.

KIM B Y, KIM H J, LEE K S, et al., 2008a. Catalase from the white-spotted flower chafer, *Protaetia brevitarsis*: cDNA sequence, expression, and functional characterization [J]. Comparative Biochemistry and Physiology Part B: Biochemistry and Molecular Biology, 149 (1): 183-190.

KIM B Y, LEE K S, CHOO Y M, et al., 2008b. Molecular cloning and characterization of a transferrin cDNA from the white-spotted flower chafer, *Protaetia brevitarsis* [J]. DNA Research, 19 (2): 146-150.

LEMKE T, STINGL U, EGERT M, et al., 2003. Physicochemical conditions and microbial activities in the highly alkaline gut of the humus-feeding larva of *Pachnoda ephippiata* (Coleoptera:

Scarabaeidae) [J]. Applied and Environmental Microbiology (11): 6650-6658.

LI Y, FU T, GENG L, *et al.*, 2019. *Protaetia brevitarsis* larvae can efficiently convert herbaceous and ligneous plant residues to humic acids [J]. Waste Management (83): 79-82.

MAO X, LI J, MENG E, *et al.*, 2024. Responses of physiological, microbiome and lipid metabolism to lignocellulose wastes in gut of yellow mealworm (*Tenebrio molitor*) [J]. Bioresource technology (401): 130731.

MICÓ E, JUÁREZ M, SÁNCHEZ A, *et al.*, 2011. Action of the saproxylic scarab larva *Cetonia aurataeformis* (Coleoptera: Scarabaeoidea: Cetoniidae) on woody substrates [J]. Journal of Natural History, 45 (41-42): 2527-2542.

PARK H Y, PARK S S, OH H W, 1994. General characteristics of the white-spotted flower chafer, *Protaetia brevitarsis* reared in the laboratory [J]. The Korean Journal of Entomology (24): 1-5.

WANG K, GAO P, GENG L, *et al.*, 2022. Lignocellulose degradation in *Protaetia brevitarsis* larvae digestive tract: refining on a tightly designed microbial fermentation production line [J]. Microbiome, 10: 90.

研究论文

文命宪府

前翅几何形态特征在金龟子分类中的应用*

张改玲**，乔 利，周 洲，郭世保，潘鹏亮***

（信阳农林学院农学院，信阳 464000）

摘 要：金龟子是重要的害虫，其种类繁多，雌雄难以区分，成危害虫测报工作的一个难题。利用几何形态测量学可以对形态相似物种甚至是性别进行科学的鉴定。本研究利用扫描仪获取3种不同属的金龟子前翅图像，共计176个样本。通过tpsDig软件对每个鞘翅获取9个标记点和100个半标记点，利用Morpho J进行普氏拟合、典型变量分析、判别分析和主成分分析，并将结果进行可视化处理。结果表明，3种金龟子鞘翅大小无论在雌性或是雄性中均存在显著差异，但同一种不同性别只能区分棉花弧丽金龟。在鞘翅形状上，标记点和半标记点获得的鞘翅轮廓均能正确区分不同的种，3种金龟子性二型现象不明显。其鞘翅形态变化以翅肩前缘、臀角和翅端变化为主，是区分不同种的重要特征。本研究结果为此类害虫分类学研究和田间害虫自动监测设备更新提供了重要参考。

关键词：金龟子；鞘翅；几何形态学；普氏距离

The Application of Geometric Morphologic Features of the Forewings in Scarab Beetle Species Classification

Zhang Gailing**, Qiao Li, Zhou Zhou, Guo Shibao, Pan Pengliang***

(*College of Agronomy, Xinyang Agriculture and Forestry University, Xinyang 464000, China*)

Abstract: The scarab beetle represents a significant pest, characterized by its diverse species and the challenge of distinguishing between sexes, which complicates pest forecasting efforts. Geometric morphometrics offers a scientific approach to identifying morphologically similar species and even differentiating genders. In this study, forewing images of 176 samples from three genera (*Anomala*, *Apogonia*, and *Popillia*) of scarab beetles were acquired using a high-resolution scanner. Nine landmark points and 100 semi-landmark points were meticulously identified for each elytron using the tpsDig software. Subsequent analyses, including Procrustes superimposition, canonical variate analysis, discriminant analysis, and principal component analysis, were conducted using Morpho J, with the results visualized for interpretation. The results revealed significant differences in elytron size among the three scarab beetle species, evident in both females and males. However, gender differentiation within

---

* 基金项目：河南省中央引导地方科技发展基金项目（Z20221341063）；河南省自然科学基金项目（252300420217）；河南省高等学校重点科研项目（23A210028）

** 第一作者：张改玲，本科生，主要从事昆虫形态与适应性协同进化方面的研究；E-mail:1065904003@qq.com

*** 通信作者：潘鹏亮，副教授，主要从事昆虫形态学、害虫绿色防控和资源昆虫开发与利用方面的研究；E-mail:panpl@ xyafu.edu.cn the same species was only feasible for *Popillia mutans*. Regarding elytron shape, both landmark and semi-landmark methods demonstrated the ability to accurately distinguish between beetle species, with minimal sexual dimorphism observed across the three scarab beetle species (*Anomala virens*, *Apogonia cribricollis*, *P. mutans*). Morphological variations in the elytra were primarily concentrated in the costal margin of the humeral angle, the anal angle, and the apex, which emerged as critical features for species differentiation. This study provided a valuable insight for taxonomic research on these insects and the development of advanced automatic monitoring systems for field pests.

Key words：scarab beetle；elytra；geometric morphology；procrustes distance

金龟子是鞘翅目金龟总科昆虫，全世界已命名的有3万余种，我国有3 000余种（杨星科，2018）。其幼虫为蛴螬，通常在地下生活，多为农业生产中的害虫，但也有些种类被发现可以转化农业废弃物，是可以利用的资源昆虫（李靖等，2024；徐安东等，2024）。因此，对其种类进行正确的鉴定是害虫防控和昆虫资源利用的基础。利用计算机技术对昆虫进行分类学研究，已由原先基于传统分类技术的两项式分类法（胡奇等，1990），逐步过渡到昆虫数字图像分割技术（王颖等，2005；于新文等，2001）和更加先进的图像处理与几何形态测量技术（白明等，2007；葛德燕等，2012；闫宝荣等，2010），以及人工神经网络（蔡小娜等，2013）、深度学习等技术（袁哲明等，2021）。通过查阅和整理相关文献，发现几何形态测量学技术应用非常广泛，包括在动植物、微生物等农业相关领域，也扩展到法医学、材料学等领域（尚艳杰等，2021；于晓童等，2021）。

几何形态测量技术其核心之一是利用标记点特征（Rohlf，2015），对物体外部形态结构进行量化。比如，研究植物叶片轮廓和主叶脉特征（金梦然等，2020），或利用叶片的形态特征（苏蔚等，2021）可以实现植物种类鉴定。在果树中，可以对黑枣不同品种遗传多样性和表型变异规律（庞丁玮等，2021），以及对板栗坚果形态进行分析（李彤彤等，2023），充分肯定了几何形态测量学的积极作用。在动物学研究领域，有对中华绒螯蟹 *Eriocheir sinensis* 人工饲养与野生群体、灵长目等动物种群分化的研究（康宇坤等，2024；刘莹等，2025；Amine *et al*.，2024）。在昆虫学研究领域，通过分析某个部位或整体几何形态特征的应用更加广泛，根据已知的研究，在鳞翅目、鞘翅目、双翅目、半翅目、直翅目等众多昆虫中都有文献报道。比如，最近就有人总结了昆虫形态学主要研究技术，重点介绍了当前的研究热点和技术进展（包括几何形态测量技术等）（骆久阳等，2024）。在自然界中，一些金龟子外部形态相似度很高，某些种类雌雄间差异更小，几乎无法用肉眼进行准确区分。为研究本地常见的几种金龟子外部形态差异，我们选取了前翅外部轮廓特征作为研究对象，以明确金龟子种间和性别间的差异。研究结果将为此类昆虫种间和种内鉴定，尤其是利用计算机信息技术进行害虫种类自动识别，甚至为未来智慧农业相关模块的开发提供科学依据。

1 试验材料与方法

1.1 试验昆虫

本研究使用的昆虫均由高空测报灯（JDGK-2，佳多科工贸股份有限公司）收集，通过整理和鉴定，筛选出大绿异丽金龟 *Anomala virens*、黑阿鳃金龟 *Apogonia cribricollis* 和棉花弧丽金龟 *Popillia mutans* 共 3 种金龟子（图 1）。其中棉花弧丽金龟雌虫为 26 头，其余种类各性别均为 30 头，共计 176 头昆虫标本。

1.2 试验设备和软件

本研究除在收集昆虫标本时使用的高空测报灯外，在图像获取时使用的是中晶扫描仪（MICROTEK ScanMaker i800 plus，上海中晶科技有限公司），外加补光用的 LED 灯源[HHXC1002，10W，45×0.2W/LED 模块，松下电气机器（北京）有限公司生产]。用到的相关软件有扫描仪配套图像获取软件 ScanWizardEZ、标记点获取软件 tpsUtil、tpsDig，数据分析软件 Morpho J 和 IBM SPSS Statistics 22.0。

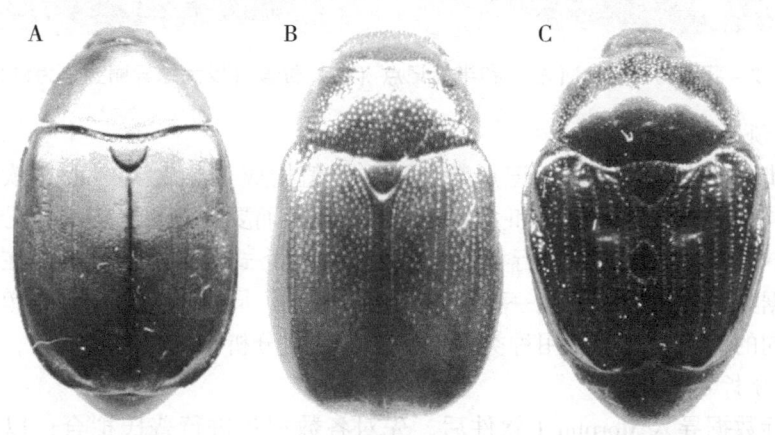

A. 大绿异丽金龟；B. 黑阿鳃金龟；C. 棉花弧丽金龟

图 1 试验用到的三种金龟子

1.3 试验方法

1.3.1 标本处理

通过外部特征对其种类进行鉴定，在解剖镜下观察触角的长短、前足胫节齿的大小等特征，并把鉴定雌雄后的金龟子标本暂时放入盛有浓度为 70% 的乙醇溶液 5 mL 离心管中，用记号笔进行编号标记。使用手术刀和镊子把每头标本的右前翅取下，并放回原先的离心管中，在之后的操作中保持每头标本单独放在特定的离心管中，以免混淆，直到试验结束。

1.3.2 图像获取

金龟子鞘翅按标本编号依次放在扫描仪玻璃平台上，以鞘翅背面朝下放置，每次放置 10 只前翅。在扫描仪玻璃平台上放置用于胶片扫描用的黑色框，在黑色框上加盖 LED 灯板，扫描过程中不再加盖扫描仪盖板。扫描时设置获得图像格式为 JPG，使用反射稿模式，分辨率设置为 2 400 dpi，保存彩色图片。

1.3.3 数据提取

在进行数据获取时，使用 tpsUtil 软件创建包含有图片信息的 TPS 文件，使用 tpsDig 进行数据获取。标记点数据的获取原则是对鞘翅突出点、顶点等容易区分的位置进行标记，使用 tpsDig 软件中的数字化标记点，每个鞘翅获取 9 个标记点（图 2）。而半标记点采用绘制曲线功能对鞘翅轮廓进行标记，从翅基部开始，顺时针方向进行轮廓绘制，最后一个点与第一个点保持重合，再使用重新取样曲线（Resample curve）为100个半标记点，形成由99个点（第1个与第100个点重合）组成的闭环鞘翅轮廓线（图2）。

 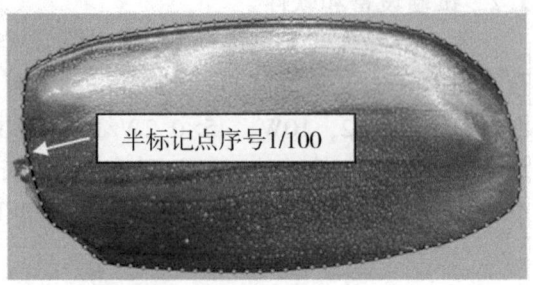

图2　获取的标记点（左）和半标记点（右）位置（以大绿异丽金龟为例）

1.3.4　数据预处理

由上述步骤产生的各鞘翅标记点数据由坐标值构成，导入Morpho J软件中，可以直接进行不同种类或性别间形状和大小的统计分析，而要对半标记点进行分析，需要把TPS原文件中代表轮廓线的参数行替换为标记点文件格式后再进行分析。在所有分析前需要对各数据集进行合并，即同一种金龟子不同性别、同一性别不同种金龟子数据合并后，形成不同的处理，其中使用种类和性别作为数据分析中的分类器。

1.3.5　数据分析方法

上述坐标数据导入Morpho J软件后，先对各数据集进行普氏拟合，以消除由于样本本身在图片中的位置不同或图像旋转等因素造成的差异。翅大小的比较以普氏拟合后产生的几何中心大小（Centroid size）为评估依据，不同处理间鞘翅大小通过非参数检验（Kruskal-Wallis H-test）和Mann-Whitney U-test（$\alpha=0.05$）在IBM SPSS Statistics 22.0中进行分析。不同处理间鞘翅形状最大变化量通过典型变量分析进行比较，采用马氏距离（Mahalanobis distance）进行10 000次排列检验，使用判断函数分析评估其判别精度，主成分分析用于明确引起翅形变化的鞘翅部位，所有分析在Morpho J中进行。

每种金龟子性别间鞘翅大小变化通过Mann-Whitney U-test进行检测，基于马氏距离的判断函数分析用于评估性别间的形状变化，其精度采用交叉判别进行验证。为评估异速生长的影响，每种金龟子和性别的鞘翅数据集中的普氏距离（Procrustes distance）与几何中心大小进行回归分析，其产生的残差用于评估去除鞘翅大小影响的形状变化，交叉判别分析评估其精度。

2　结果分析

2.1　鞘翅大小变化

利用标记点方法获得的鞘翅大小进行Kruskal-Wallis H检验，结果表明，3种金龟子雌性种间的卡方值为72.689，P值小于0.001，雄性种间的卡方值为66.514，P值小于0.001，说明其种间存在极显著的大小变化。然而，通过Mann-Whitney U检验结果表明，种内不同性别间的差异在不同种类金龟中情况不一样。其中，棉花弧丽金龟雌雄间在鞘翅大小方面表现出显著差异（$P<0.001$），而大绿异丽金龟（$P=0.584$）和黑阿鳃金龟（$P=0.756$）在雌雄间鞘翅大小的差异不显著（图3）。

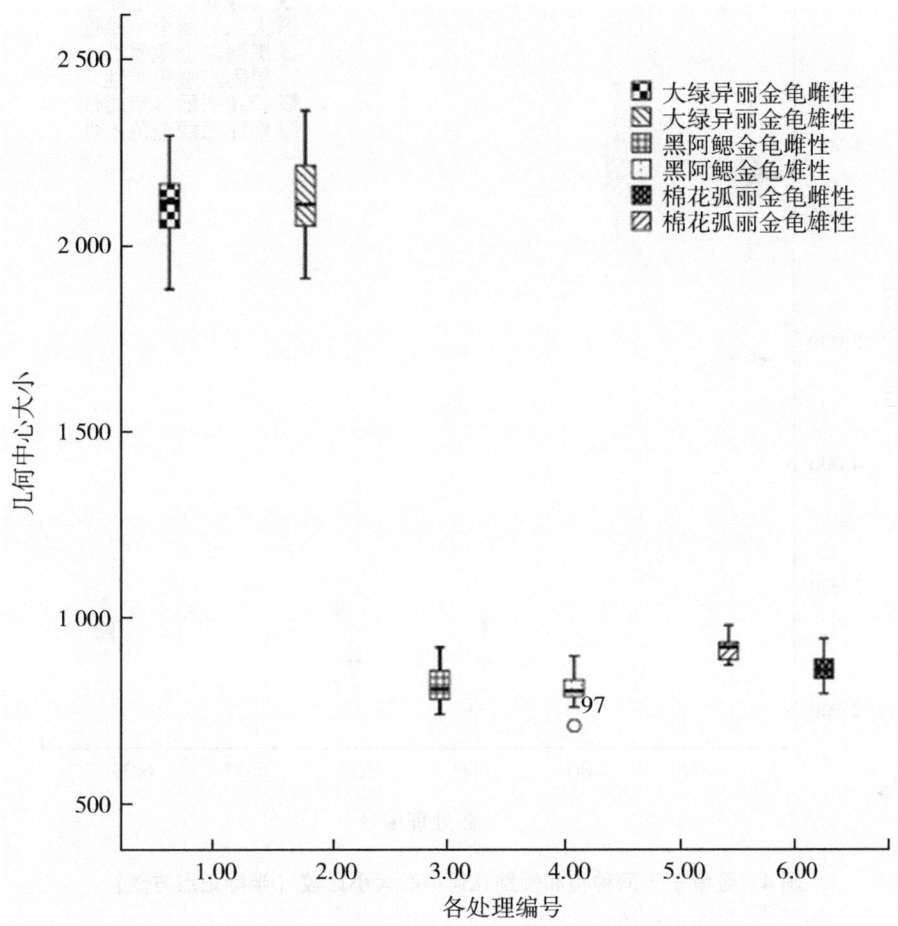

图3 金龟子不同种类和性别几何中心大小比较（标记点方法）

利用半标记点方法获得的鞘翅分析大小的结果表明，3种金龟子雌雄间比较的卡方值分别为74.822和72.167，$P<0.001$。Mann-Whitney U 检验结果表明，棉花弧丽金龟雌雄鞘翅大小差异显著（$P<0.001$），而大绿异丽金龟（$P=0.723$）、黑阿鳃金龟（$P=0.856$）雌雄间不显著（图4）。

从反映鞘翅大小的几何中心平均值来看，大绿异丽金龟鞘翅最大，棉花弧丽金龟次之，黑阿鳃金龟鞘翅最小；棉花弧丽金龟雌雄间存在显著差异。

2.2 鞘翅形状变化

2.2.1 金龟子雌性种间鞘翅形状变化

通过对标记点数据的典型变量分析（CVA），雌性金龟子种间CVA1和CVA2分别占组间变异的84.143%和15.857%，其排列检验$P<0.0001$。马氏距离和普氏距离排列检验$P<0.001$，各金龟子种间差异极显著（表1）。两两配对判别分析结果表明，大绿

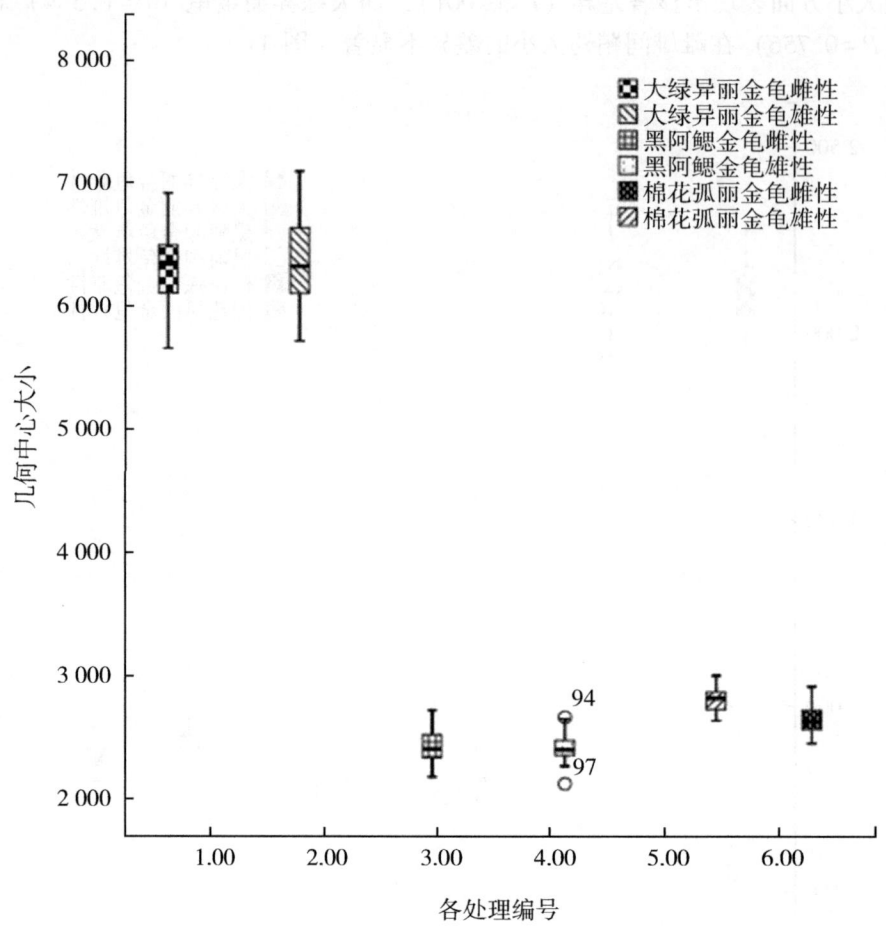

图4　金龟子不同种类和性别几何中心大小比较（半标记点方法）

异丽金龟（30头）、黑阿鳃金龟（30头）和棉花弧丽金龟（26头）能够完全正确地分在独立的组中，交叉判别正确率为100%。对半标记点形成的鞘翅形状进行典型变量分析，其雌性种间 CVA1 和 CVA2 分别占组间变异的 74.663% 和 25.227%，马氏距离在黑阿鳃金龟和棉花弧丽金龟间 $P = 0.000\ 2$，表现出差异极显著，而其他两组间差异不显著。普氏距离排列检验 $P<0.001$，各金龟子种间差异极显著（表1）。接下来的判别分析也表明，利用普氏距离进行判别时，所有金龟子均能正确地分在独立的组中，交叉判别正确率为100%。

表1　3种金龟子雌性种间鞘翅形状典型变量分析结果

种类	标记点形状		半标记点形状	
	大绿异丽金龟	黑阿鳃金龟	大绿异丽金龟	黑阿鳃金龟
黑阿鳃金龟	10.982 3***		21.520 3	
	0.084 2***		0.027 4***	

(续表)

种类	标记点形状		半标记点形状	
	大绿异丽金龟	黑阿鳃金龟	大绿异丽金龟	黑阿鳃金龟
棉花弧丽金龟	**23.492 1**[***]	**20.229 5**[***]	**35.376 4**	**35.166 7**[***]
	0.212 8[***]	0.165 1[***]	0.103 3[***]	0.091 6[***]

注：表中加粗字体为马氏距离，正常字体为普氏距离，星号表示种间差异极显著。

通过可视化图形显示，3种金龟子雌性鞘翅标记点形状两个典型变量中，第一个主要变异位置CV1（图5A）在于鞘翅肩角（标记点2）前后位置变化和顶角（标记点3）与翅端部突起（标记点7）相对位置变化，第二个主要变异位置CV2（图5B）集中在鞘翅端部宽度变化。通过这些位置的变化，经主成分分析可以显示对3种金龟子

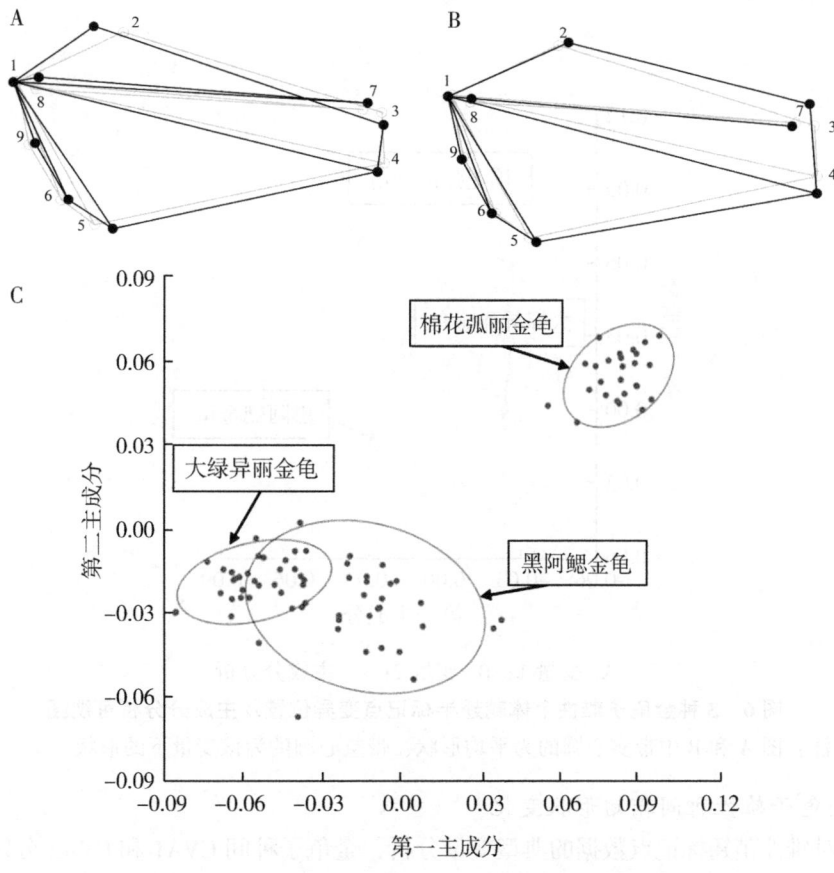

A. 变量1；B. 变量2；C. 主成分分析

图5 3种金龟子雌性个体鞘翅标记点变异位置及主成分分析可视图

注：图A和B中带实心圆的为平均形状，带空心圆的为该变量下的形状。

分类结果（图5C）。可以看出，雌虫种间鞘翅的形态变化在于肩部和端部变化。

通过对半标记点的可视化图形，可以更加精确地看出3种金龟子雌性鞘翅半标记点形状两个典型变量中，第一个主要变异位置CV1（图6A）在于鞘翅肩角后侧、臀角前侧和顶角下侧的变化。第二个主要变异位置CV2（图6B）集中在鞘翅端部上下侧变化。前两个主成分可以显示三种金龟子的分类状态（图6C）。可以看出，雌虫种间鞘翅的形态变化在于肩部前缘、臀角和端部变化。

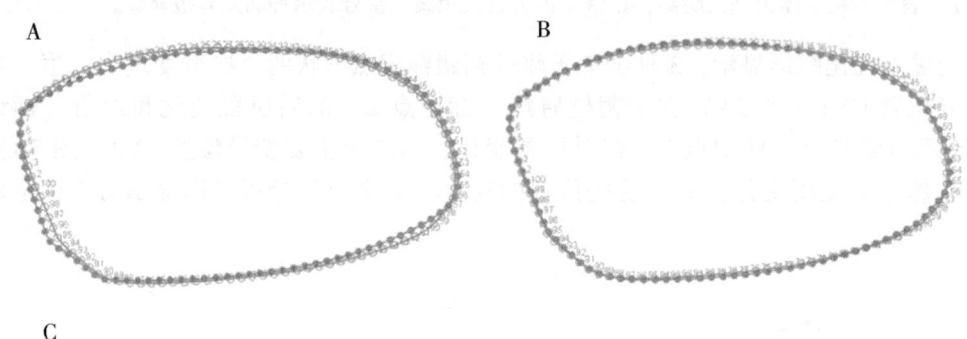

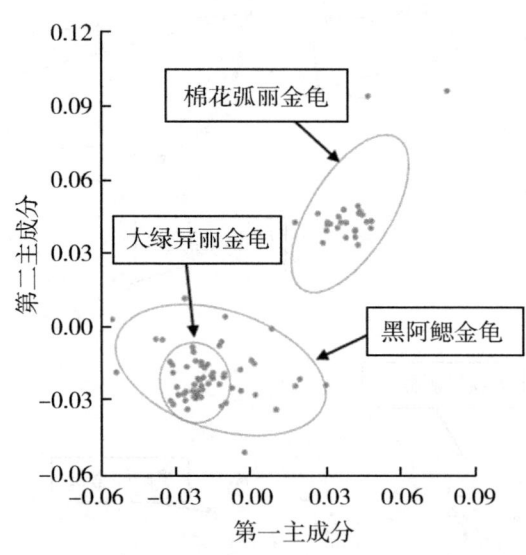

A. 变量1；B. 变量2；C. 主成分分析

图6　3种金龟子雌性个体鞘翅半标记点变异位置及主成分分析可视图

注：图A和B中带实心圆的为平均形状，带空心圆的为该变量下的形状。

2.2.2　金龟子雄性种间鞘翅形状变化

通过对雄性鞘翅标记点数据的典型变量分析，金龟子种间CVA1和CVA2分别占组间变异的89.954%和10.046%，其排列检验$P<0.0001$。马氏距离和普氏距离在组间的排列检验P值也均远小于0.001，各金龟子种间差异极显著（表2）。两两配对判别分析结果表明，3种金龟子雄性样本能够完全正确地分在独立的组中，交叉判别正确率为100%。

对半标记点形成的鞘翅形状进行典型变量分析，其雄性种间CVA1和CVA2分别占组间变异的 91.965% 和 8.035%，马氏距离在金龟种间的 P 值均大于 0.05，表现出在雄性种间差异不显著，而普氏距离排列检验的 P 值远小于 0.001，各金龟子雄性种间差异达到了极显著（表2）。接下来的判别分析也表明，利用普氏距离进行判别时，除1头黑阿鳃金龟误判为大绿异丽金龟外，其余所有金龟子均能正确地分在独立的组中，交叉判别正确率为 98.84%。

表2 3种金龟子雄性种间鞘翅形状典型变量分析结果

种类	标记点形状		半标记点形状	
	大绿异丽金龟	黑阿鳃金龟	大绿异丽金龟	黑阿鳃金龟
黑阿鳃金龟	**10.419 4** ***		**18.427 4**	
	0.073 9 ***		0.033 9 ***	
棉花弧丽金龟	**27.448 6** ***	**24.379 1** ***	**55.021 1**	**52.026 9**
	0.214 7 ***	0.173 6 ***	0.103 3 ***	0.080 2 ***

注：表中加粗字体为马氏距离，正常字体为普氏距离，星号表示种间差异极显著。

通过可视化图形显示，3 种金龟子雄性鞘翅标记点形状两个典型变量中，第一个主要变异位置 CV1（图 7-A）在于鞘翅肩角（标记点 2）和臀角（标记点 5）前后位置变化，以及顶角（标记点 3 和标记点 4）下压，第二个主要变异位置 CV2（图 7-B）集中

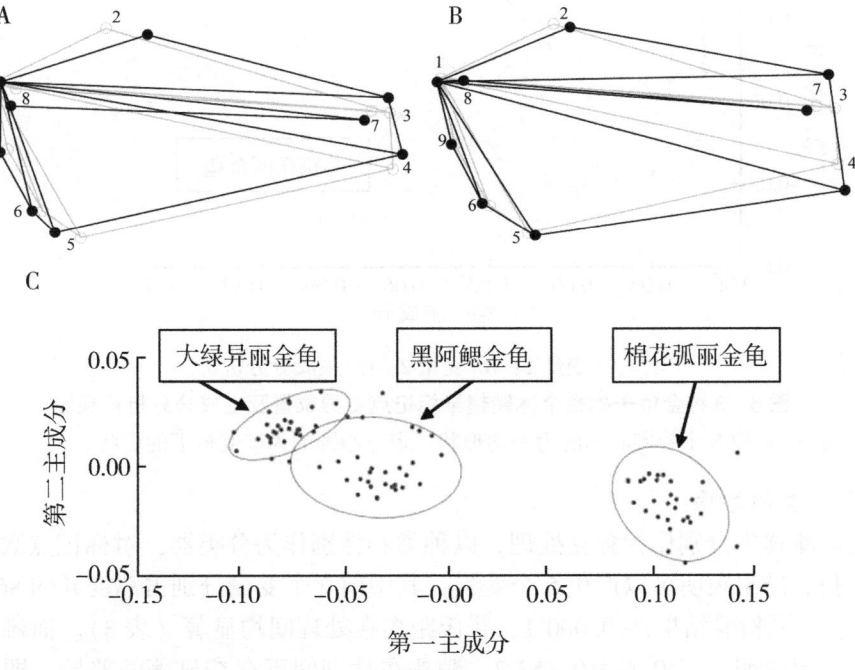

A. 变量1；B. 变量2；C. 主成分分析

图7 3种金龟子雄性个体鞘翅标记点变异位置及主成分分析可视图

注：图 A 和 B 中带实心圆的为平均形状，带空心圆的为该变量下的形状。

在鞘翅端部宽度变化。前两个主成分可以显示 3 种金龟子分类结果（图 7-C）。可以看出，雄虫种间鞘翅的形状变化在于臀角后撤程度和端部宽窄。

通过对半标记点的可视化图形，可以更加精确地看出 3 种金龟子雄性鞘翅形状变化情况较小。在 2 个典型变量中，第一个主要变异位置 CV1（图 8-A）在于鞘翅肩角后侧、臀角前侧和顶角下侧的变化，第二个主要变异位置 CV2（图 8-B）集中在鞘翅端部上下侧变化以及前缘中部变化。前两个主成分可以显示 3 种金龟子的分类状态（图 8-C）。可以看出，雄虫种间鞘翅的形态变化比雌虫小，变化主要位置也存在于肩部前缘、臀角和端部变化。

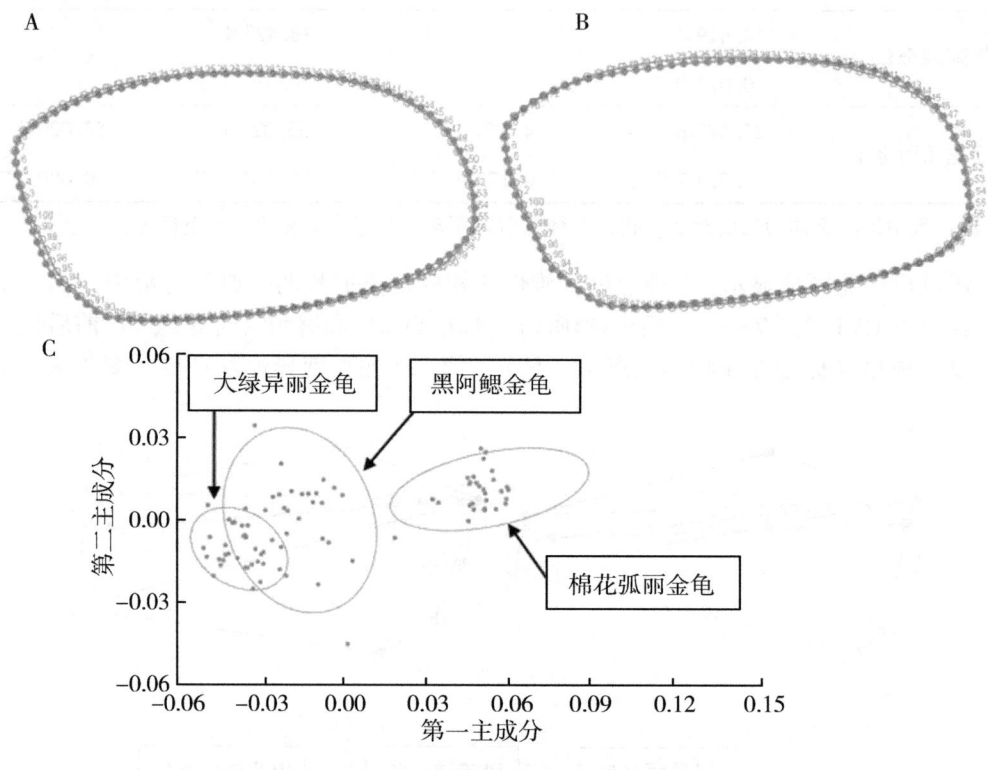

A. 变量 1；B. 变量 2；C. 主成分分析

图 8　3 种金龟子雄性个体鞘翅半标记点变异位置及主成分分析可视图

注：图 A 和 B 中带实心圆的为平均形状，带空心圆的为该变量下的形状。

2.2.3　性二型的影响

当把雌雄样本分别作为独立处理，以种类和性别作为分类器，对标记点数据进行典型变量分析，结果表明可以产生 5 个变量，其中前 2 个变量分别占总变异的 86.303% 和 13.203%，排列检验结果 $P<0.0001$，普氏距离在处理间均显著（表 3）。而雌雄间进行判别分析结果表明，其 P 值为 0.153 2，鞘翅在性别间不存在显著的差异，即研究中的 3 种金龟子在鞘翅形状上不存在明显的性二型现象。而后继的交叉判别分析结果也表明，雌性和雄性正确率分别为 54.65% 和 57.78%。

表3 雌雄个体作为独立处理时鞘翅标记点典型变量分析结果

种类	性别	大绿异丽金龟		黑阿鳃金龟		棉花弧丽金龟
		雌性	雄性	雌性	雄性	雌性
大绿异丽金龟	雄性	1.251 8				
		0.009 3				
黑阿鳃金龟	雌性	10.615 8	10.048 8			
		0.084 2	0.078 8			
	雄性	10.560 1	10.035 9	1.763 7		
		0.078 8	0.073 9	0.011 3		
棉花弧丽金龟	雌性	23.987 4	23.867 5	20.480 2	20.382 1	
		0.212 9	0.209 8	0.165 2	0.167 3	
	雄性	23.628 4	23.525 7	20.498 6	20.448 9	1.886 8
		0.217 8	0.214 6	0.171 3	0.173 5	0.013 8

注：表中每一行中上面的数据为马氏距离，下面的数据为普氏距离；加粗字体为 P 值小于 0.01，正常字体为大于 0.05。

同样对半标记点获得的数据也进行了类似分析，结果表明，前两个变量分别占总变异的 76.726% 和 20.538%，排列检验结果处理间 P 值远小于 0.001，普氏距离在多数处理间差异显著（表4）。雌雄间判别分析结果表明雌雄个体正确判别率分别为 47.67% 和 50.56%，同样也表明雌雄在鞘翅形态上性二型不明显。

表4 雌雄个体作为独立处理时鞘翅半标记点典型变量分析结果

种类	性别	大绿异丽金龟		黑阿鳃金龟		棉花弧丽金龟
		雌性	雄性	雌性	雄性	雌性
大绿异丽金龟	雄性	8.758 1				
		0.006 4				
黑阿鳃金龟	雌性	39.579 2	36.592 0			
		0.027 4	0.027 5			
	雄性	39.162 0	36.343 2	9.610 0		
		0.032 8	0.034 0	0.009 9		
棉花弧丽金龟	雌性	68.188 6	68.173 1	63.774 8	63.748 5	
		0.103 4	0.107 8	0.091 6	0.083 9	
	雄性	69.306 6	68.543 4	63.611 5	63.700 8	14.890 7
		0.098 8	0.103 3	0.087 6	0.080 2	0.008 8

注：表中每一行中上面的数据为马氏距离，下面的数据为普氏距离；加粗字体为 P 值小于 0.01，正常字体为大于 0.05。

2.2.4 异速生长的影响

为检验异速生长对结果的影响，使用普氏坐标数据与几何中心大小进行回归分析，并对其残差进行判别分析。结果表明，使用鞘翅标记点数据时，雌性预测的变异占总变异的1.01%，排列检验 P 值为0.504 2，雄性预测的变异占总变异的1.096 7%，排列检验 P 值为0.403 2；使用鞘翅半标记点数据时，雌性预测的变异占总变异的1.264 2%，排列检验 P 值为0.338 6，雄性预测的变异占总变异的1.259 7%，排列检验 P 值为0.316 9。这充分表明异速生长对雌性和雄性个体鞘翅形状均无显著影响。

3 结论与讨论

3.1 结论

标记点和半标记点方法都认为三种金龟子无论在雌性还是在雄性个体间鞘翅大小都有显著差异，其中大绿异丽金龟鞘翅最大，棉花弧丽金龟居中，黑阿鳃金龟最小。但种内不同性别间只有棉花弧丽金龟存在显著差异，而大绿异丽金龟和黑阿鳃金龟鞘翅雌雄间大小差异不显著。

雌性种间通过普氏距离进行判别分析，标记点和半标记点方法获得的数据均能够100%区分三种金龟子。雄性标记点方法也能完全区分不同的种类，但半标记点方法出现1头黑阿鳃金龟误判为大绿异丽金龟，交叉判别正确率为98.84%。从标记点和半标记点组成的鞘翅形状来看，所研究的三种金龟子在鞘翅特征上不存在显著的性二型现象，异速生长对种间变异的影响也不显著。

雌虫和雄虫种间鞘翅的变化主要表现在鞘翅肩部前缘、臀角和翅端部的变化。雌虫肩部顶点是否后缩、翅端突起是否更加突出，以及鞘翅外缘是否上翘是引起种间变化的主要因素；雄虫肩部顶点是否前移、臀角和外缘是否下压和变窄是引起种间变化的主要因素。

3.2 讨论

作为重要的地下害虫，金龟子雌雄个体的区分是困扰测报工作的一个问题，许多专著中对多数金龟子雌雄外部形态的差异描述不足（曹雅忠等，2017）。几何形态测量技术的发展为此类昆虫性别鉴定提供了科学手段（Rohlf，2015），本研究试图利用该技术，对3种不同属金龟子前翅（鞘翅）的外部轮廓特征进行获取与分析。与其他鞘翅目昆虫的研究类似（张应明等，2024），本研究选取鞘翅背面图像，研究结果可以为昆虫自动识别系统对接，为其提供必要的获取图像方法。因为大多数的田间害虫自动识别系统都以摄像拍照为主，提取自然落下的昆虫为识别对象。金龟子类昆虫通过测报灯或杀虫灯击落后，一般以背面向下的个体较多，可以设计从上下两面拍摄的系统。

通过本研究可以看出，3种不同属的金龟子雌虫或雄虫个体大小均存在一定差异，但雌雄实难通过肉眼进行正确的区分和判断。利用几何形态测量学技术，采用少数标记点方法和100个半标记点方法得到的结果较相似，都能高效地区分同一性别不同种类，也能够区分棉花弧丽金龟不同性别，但另外两种雌雄在鞘翅形态上差异不显著。此类昆虫性二型的差异位置可能并不在鞘翅形状上（杜萍萍等，2022；佟一杰等，2021）。

参考文献

白明, 杨星科, 2007. 几何形态测量法在生物形态学研究中的应用 [J]. 昆虫知识 (1): 143-147.

蔡小娜, 黄大庄, 沈佐锐, 等, 2013. 用于昆虫分类鉴定的人工神经网络方法研究: 主成分分析与数学建模 [J]. 生物数学学报 (1): 23-33.

曹雅忠, 李克斌, 2017. 中国常见地下害虫图鉴 [M]. 北京: 中国农业科学技术出版社.

杜萍萍, 佟一杰, 路园园, 等, 2022. 内唇在蜉金龟亚科中用于分属和分族的分类学价值 [J]. 应用昆虫学报, 59 (2): 358-374.

葛德燕, 夏霖, 吕雪霏, 等, 2012. 几何形态学方法及其在动物发育与系统进化研究中的应用 [J]. 动物分类学报, 37 (2): 296-304.

胡奇, 马吉祥, 1990. 用计算机进行昆虫分类检索研究初探 [J]. 昆虫知识 (1): 40-44.

金梦然, 袁航, 黄大庄, 2020. 基于叶形和叶脉特征的植物数字化分类研究 [J]. 林业与生态科学, 35 (1): 112-118.

康宇坤, 蒲强胜, 王志成, 等, 2024. 甘肃鼢鼠头骨几何形态地理分异及其影响因素分析 [J]. 草原与草坪, 44 (5): 1-13.

李靖, 徐业山, 张广杰, 等, 2024. 棉田残膜回收混合物"虫-菌"分离技术的腐解菌剂和产物筛分方法优选 [J]. 应用昆虫学报, 61 (6): 1343-1353.

李彤彤, 郭素娟, 李艳华, 等, 2023. 基于坚果形态数字化分析的板栗品种鉴别 [J]. 北京林业大学学报, 45 (11): 78-89.

刘莹, 于超勇, 赵文溪, 等, 2025. 基于几何形态测量学方法的大菱鲆不同群体形态变异分析 [J]. 中国海洋大学学报 (自然科学版), 55 (1): 66-75.

骆久阳, 谢强, 2024. 昆虫形态学主要研究技术进展 [J]. 环境昆虫学报, 46 (6): 1306-1315.

庞丁玮, 王军, 原阳晨, 等, 2021. "冀洪1号"黑枣与普通黑枣叶形性状差异研究 [J]. 林业与生态科学, 36 (2): 132-137.

尚艳杰, 潘鹏亮, 李香蓉, 等, 2021. 基于翅脉的图像数字化分析进行嗜尸性蝇类种类鉴定 [J]. 法医学杂志, 37 (3): 325-331.

苏蔚, 宋以刚, 祁敏, 等, 2021. 基于几何形态分析的栎属白栎组叶片形态特征 [J]. 应用生态学报, 32 (7): 2309-2315.

佟一杰, 张萌娜, SHAW J J, 等, 2021. 全球锹甲的几何形态学数据集 [J]. 生物多样性, 29 (9): 1159-1164.

王颖, 张广军, 陈大志, 2005. 昆虫翅膀图像特征的亚像素级提取方法 [J]. 北京航空航天大学学报 (8): 839-842.

徐安东, 张广杰, 付娆, 等, 2024. 白星花金龟取食葡萄枝条的高效腐解条件和转化参数优化 [J]. 新疆农业科学, 61 (12): 3067-3077.

闫宝荣, 花保祯, 2010. 几何形态测量学及其在昆虫分类学和系统发育中的应用 [J]. 昆虫分类学报, 32 (4): 313-320.

杨星科, 2018. 秦岭昆虫志 (鞘翅目一) [M]. 西安: 世界图书出版西安有限公司.

于晓童, 任甫, 2021. 几何形态测量法在人类颅面形态研究中的应用 [J]. 沈阳医学院学报, 23 (1): 1-4.

于新文, 沈佐锐, 2001. 几种图像分割算法在棉铃虫图像处理中的应用 [J]. 中国农业大学学报

(5)：69-75.

袁哲明，袁鸿杰，言雨璇，等，2021. 基于深度学习的轻量化田间昆虫识别及分类模型［J］. 吉林大学学报（工学版），51（3）：1131-1139.

张应明，李盼盼，佟一杰，等，2024. 菌食性甲虫几何形态学分析［J］. 韶关学院学报，45（3）：60-65.

AMINE F M, TAREK K, EDDINE R D, 2024. Comprehensive postnatal anatomical, histological and geometric morphometric analysis of thymus development in dromedary camels (*Camelus dromedarius*)［J］. Anatomia, Histologia, Embryologia, 53（6）：e13109.

ROHLF F J, 2015. The tps series of software［J］. Hystrix, the Italian Journal of Mannalogy, 26（1）：9-12.

湖北省蚊科 2 个新记录种的形态学与分子生物学鉴定*

谭梁飞[1]**，李 贝[2]，倪建伟[3]，柳 静[4]，田俊华[4]，
祁砚平[5]，张天宝[1]，蒋洪林[1]，官旭华[1]***

（1. 湖北省疾病预防控制中心，武汉 430079；2. 黄冈市疾病预防控制中心，黄冈 438021；3. 荆门市疾病预防控制中心，荆门 448124；4. 武汉市疾病预防控制中心，武汉 430000；5. 孝感市疾病预防控制中心，孝感 432020）

摘 要：为了调查和了解湖北省蚊类种类分布情况，2024 年 6—9 月，笔者对湖北省各地区疾控中心常规监测中采集的蚊类标本进行分类鉴定复核。使用 COI 通用引物 PCR 扩增部分基因序列，对采集的蚊虫进行分子鉴定，同时结合 Genbank 数据库中相关数据分析它们的遗传距离和系统进化关系。在武汉新洲地区、孝感孝南地区和荆门钟祥地区分别采获 3 批轲蚊属（*Coquillettidia*）标本，经鉴定均为粗腿轲蚊 *Coquillettidia crassipes*；在黄冈黄州地区采获 1 批轲蚊标本，经鉴定为黄色轲蚊 *Coquillettidia ochracea*。这 2 种轲蚊均为湖北省蚊种新记录。2 种轲蚊 COI 基因序列与 NCBI 中已公布粗腿轲蚊和黄色轲蚊的同源性分别高达 98.2%~100.0%和 99.1%~100.0%，因此确认为粗腿轲蚊和黄色轲蚊。本文将 2 种轲蚊的主要形态特征、分布区、滋生环境等内容分别进行了简述和报道。湖北省首次报道此 2 种轲蚊，扩大了 2 种轲蚊在我国的分布范围。

关键词：蚊科；轲蚊属；新记录种；湖北省

Morphological and Molecular Identification of Two Newly Recorded Species of Culicidae in Hubei Province, China

Tan Liangfei[1]**, Li Bei[2], Ni Jianwei[3], Liu Jing[4], Tian Junhua[4],
Qi Yanping[5], Zhang Tianbao[1], Jiang Honglin[1], Guan Xuhua[1]***

(1. Hubei Province Center for Disease Control and Prevention, Wuhan 430079, China; 2. Huanggang Center for Disease Control and Prevention, Huanggang 438021, China; 3. Jingmen Center for Disease Control and Prevention, Jingmen 448124, China; 4. Wuhan Center for Disease Control and Prevention, Wuhan 430000, China; 5. Xiaogan Center for Disease Control and Prevention, Xiaogan 432020, China)

Abstract: To investigate the distribution of mosquito species in Hubei Province. We examined and verified the mosquito specimens collected in routine surveillance in Hubei Provionce during June to Spetember in 2024. We conducted molecular identifications base on Plymerase chain

---

* 基金项目：国家疾控局公共卫生人才培养支持项目（2023—2026）
** 第一作者：谭梁飞，副主任技师，从事病媒生物控制工作；E-mail：77712546@qq.com
*** 通信作者：官旭华；E-mail：guanxh9999@163.com

reaction, and the anlyzed the genetic distance and phylogenetic relationship in combination with ralevant data from the Genbank. Three batches of mosquito specimens, collecting from Xinzhou of Wuhan City, Xiaonan of Xiaogan City, and Zhongxiang of Jingmen City, were identified as *Coquilletidia crassipes*; A batch of mosquito specimens, collecting from Huangzhou of Huanggang City, was identified as *Coquilletidia ochracea*. Both of the two mosquito species were firstly reportde in Hubei Province. The similarity between the COI gene sequences of two species of mosquitoes and the previously published *C. crassipes* and *C. ochracea* in NCBI is as high as 98.2%~100.0%, 99.1% ~ 100.0%, respectively. Therefore, they have been confirmed as *C. crassipes* and *C. ochracea*. This article briefly described the main morphological characteristics, distributions, and breeding habits of the two mosquito species in Hubei Province. There are 2 species of *Coquillettidia* were firstly found in Hubei Province, which expands the distribution range of the 2 species of *Coquillettidia* in China.

Key words：Culicidae；*Coquillettidia*；new record species；Hubei province

蚊科轲蚊属 *Coquillettidia* 有3个亚属，已知40余种，我国仅有轲蚊亚属1个亚属，共有3种分布，分别为黄色轲蚊 *Coquillettidia ochracea*、粗腿轲蚊 *C. crassipes* 和环跗轲蚊 *C. richiardii*，湖北省未见轲蚊属蚊类报道（路宝麟，1997；陈光辉等，2020；雷朝亮和周志伯，1998）。2024 年，湖北省疾控中心对湖北省各地市州、直管市及林区疾控中心开展的蚊类监测中采集的蚊类标本进行了形态学分类鉴定复核。2024 年 6—9 月，笔者分别在湖北省武汉市新洲区、孝感市孝南区、荆门市钟祥市、黄冈市黄州区白潭湖，用诱蚊灯法开展蚊类监测的过程中，采集到9只雌性黄褐色或黄色蚊类标本，依据蚊科动物的鉴别特征《中国动物志 昆虫纲 双翅目 蚊科》第八卷对这些蚊类标本进行了形态学鉴定。目前 DNA 条形码技术因其准确度高、操作简单等优势，在蚊类分子分类物种鉴定中得到广泛应用（郭玉燕等，2017a，2017b；陈光辉等，2020）。本研究利用 DNA 条形码技术，测定了这些蚊类标本部分个体的线粒体细胞色素氧化酶 COI 基因的部分序列，通过 BLAST 比对和系统进化分析，并结合形态学指标，确定所获标本分别为粗腿轲蚊 *C. crassipes* 和黄色轲蚊 *C. ochracea*，这是首次在湖北省发现轲蚊属蚊类，均为湖北省种类新记录。

1 材料与方法

1.1 蚊虫采集

2024 年 6—9 月采用灯诱法在武汉市新洲区旧街杨山村（30.844°N，114.988°E）、孝感市孝南区肖港镇共青二村（31.047°N，113.952°E）和荆门市钟祥市盘石岭林场（31.171°N，112.724°E）共采获3批共5只轲蚊标本；在黄冈市黄州区白潭湖金水河桥（30.448°N，114.944°E）采获4只轲蚊标本。

1.2 主要试剂与仪器

Qiagen51304 凯杰试剂盒、EmeraldAmp® PCR Master Mix（Cat#RR300），Retsch 组织研磨仪、ABI QuantStudio 7 定量 PCR 仪、凝胶成像系统（Bio-Rad ChemiDoc XRS）、电泳仪（六一 DYCP-31DN）。

1.3 形态学鉴定

在浩视 3D 三维视频显微镜（Hiox RX-100）下观察蚊虫的形态结构，比照《中国动物志 昆虫纲 双翅目 蚊科》第八卷进行形态学鉴定。

1.4 基因组 DNA 制备

取蚊虫后足，按照 Qiagen 公司 DNA 提取试剂盒说明书提取基因组 DNA，-20℃保存。

1.5 目的基因扩增

以提取的 DNA 为模板，进行 COI 基因扩增，通用引物序列为 LCO1490（forward）：5′-GGTCAACAAATCATAAAGATATTGG-3′；HC02198（reverse）：5′-TAAACTTCAGGG-TGACCAAAAAATCA-3′。PCR 反应体系（25 μL）：Premix TaqTM 聚合酶 12.5 μL，LCO1490（10 μmol/L）、HCO2198（10 μmol/L）和模板各 1 μL，ddH_2O 补足体积。PCR 反应条件：94 ℃ 4min；94 ℃ 40 s，50 ℃ 30 s，72 ℃ 45 s，35 个循环；72 ℃ 10 min。1.0%琼脂糖凝胶在电压 120V 条件下电泳 30min，取出凝胶在凝胶成像仪中观察目标条带。

1.6 序列测定和分析

将有目标条带的扩增产物送擎科生物有限公司测序。运用 Chromos 软件查看该蚊虫序列峰图，判断峰图质量，将测序结果上传到美国国家生物技术信息中心（NCBI）数据库并获取序列号；采用 EditSeq 进行序列碱基成分分析，将测序结果在 NCBI 数据库中进行比对，根据比对选取参考序列，用 Mega 5.0 软件进行遗传距离分析，采用邻接法（NJ 法）构建系统发育树。

2 结果与分析

2.1 蚊虫形态学鉴定结果

依据《中国动物志 昆虫纲 双翅目 蚊科》第八卷，鉴定在湖北省 4 个地市采集的 2 种黄色蚊虫分别为粗腿轲蚊 *Coquillettidia crassipes* 和黄色轲蚊 *C. ochracea*。

轲蚊属 *Coquillettidia* Dyar, 1905

模式种：Culex perturbans Walker, 1856

属征：成蚊无气门鬃和气门后鬃，气门后区无平覆的白色和黑色宽鳞簇；翅无白斑；跗节无爪垫。中型到大型黄色、橙色或褐色蚊虫（路宝麟，1997）。

2.1.1 粗腿轲蚊 *C. crassipes*

♀：中型蚊虫。头侧有平覆的黄宽鳞，并延伸到眼缘，触角梗节黄色，喙和触须黄色；前胸前和后背片棕黄色，仅具褐刚毛；翅鳞暗色；腹节I-Ⅷ背板的鳞片通常带紫色，有的节V-Ⅷ背板有少量黄色鳞片，腹板鳞片黄色，杂生少量紫色鳞片；股节基部黄色，端部带紫色光泽；后股前面中部有窄银白鳞斑。胫节和跗节褐色，带紫色或黄铜色光泽。

国内本种已有记录，分布于海南、浙江、香港（路宝麟，1997；蔡雪妍，2017）。国外已有记录分布于印度、缅甸、印度尼西亚、菲律宾、马来西亚、泰国、斯里兰卡、日本、大洋洲区（路宝麟，1997）。

新记录种标本采集于武汉市新洲区旧街杨山村、孝感市孝南区肖港镇共青二村和荆门市钟祥市盘石岭林场。

习性：幼虫滋生在有水生植物的自然水体，成蚊在厩舍、树丛、草丛以及人房。

2.1.2　黄色轲蚊 *C. ochracea*

♀：中型黄色蚊虫。头顶覆盖稀疏的金黄色或黄色窄弯鳞，触角梗节黄色，喙和触须黄色；翅鳞黄色；腹部背板黄色，腹节Ⅲ-Ⅵ两侧有深棕色缘斑；各足基节、股节和胫节黄色。

国内本种已有记录，分布于山东、河南、浙江、云南、江苏、辽宁、广东（路宝麟，1997；蔡雪妍，2017）。国外已有记录分布于印度、印度尼西亚、日本、朝鲜半岛、马来西亚、巴布亚新几内亚、菲律宾、泰国（路宝麟，1997）。

新记录种标本采集于黄州区白潭湖金水河桥附近。

习性：幼虫滋生在芦苇塘，成蚊常在芦苇丛和草丛。

2.2　COI 基因测序结果分析

2.2.1　COI 基因序列分析

目的片段去除引物后大小为 688 bp，对该序列进行碱基成分分析（表1），粗腿轲蚊 A、G、T、C 平均含量分别为 28.92%、16.21%、38.23%、16.64%，A+T 平均含量为 67.15%，G+C 平均含量为 32.85%，黄色轲蚊 A、G、T、C 含量分别为 30.38%、15.26%、40.26%、14.10%，A+T 含量为 70.64%，G+C 含量为 29.36%。表明两种轲蚊样本线粒体均具有 A+T 碱基偏好性。将黄色轲蚊和粗腿轲蚊 COI 基因序列提交至 GenBank，获得的序列号分别为 PQ932530、PQ932574 和 PQ932575（图1）。

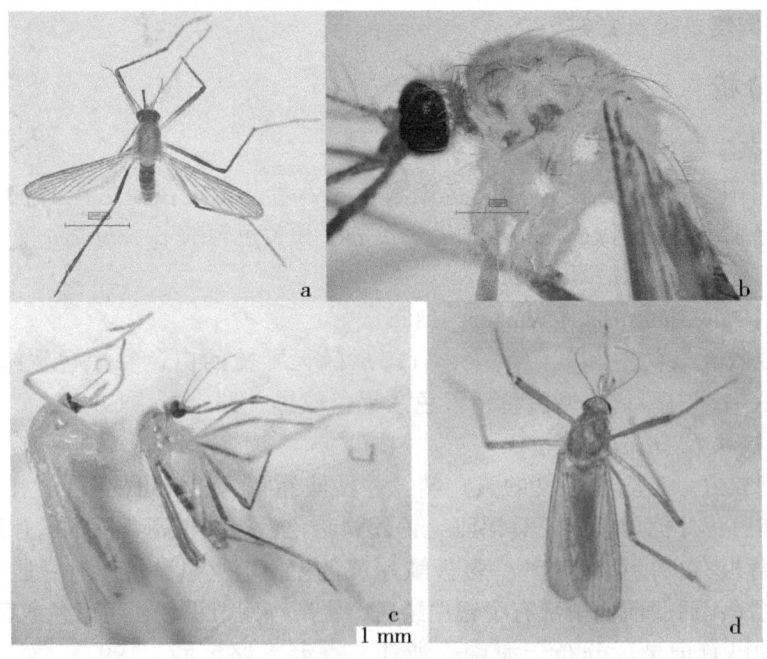

a.粗腿轲蚊背面观；b.粗腿轲蚊胸部侧面观；
c.黄色轲蚊（左）和粗腿轲蚊（右）侧面观；d.黄色轲蚊背面观

图 1　粗腿轲蚊和黄色轲蚊雌蚊

表 1 两种轲蚊碱基成分分析

蚊种	碱基成分含量（%）					
	A	G	T	C	A+T	G+C
C. ochracea（黄冈）	30.38	15.26	40.26	14.10	70.64	29.36
C. crassipes（荆门）	28.92	16.28	38.08	16.72	67.00	33.00
C. crassipes（孝感）	28.92	16.13	38.38	16.57	67.30	32.70

2.2.2 遗传距离与系统发育树分析

在 NCBI 上获取其他轲蚊属蚊虫 *COI* 基因序列进行同源性分析。结果发现，不同蚊种其种内遗传距离在 0%~2.5%，种间遗传距离为 6.6%~18.8%。遗传距离见表 2。

湖北省荆门市采集的 HBZX-W2 株和孝感市采集的 HBXN-W1 株粗腿轲蚊 *C. crassipes* 的 COI 序列两者之间的相似度为 98.98%（688/688）；孝感市 HBXN-W1 株与新加坡 S51-109A 株（MW321858）和香港 MD044 株（PP596096）相似度为 99.85%~100.0%，荆门市 HBZX-W2 株与新加坡 S82-101A 株（MW321859）相似度为 99.56%（677/677）。湖北省黄冈市采集的 HBHZ-W1 株黄色轲蚊 *C. ochracea* 的 COI 序列与日本株（LC646365）和韩国株（KT358437）相似度为 100.0%（658/658）。

以 Kimura 2-parameter 模型用邻接法（NJ 法）建立系统发育树，结果显示本研究采集的粗腿轲蚊和黄色轲蚊样本与已经公布的粗腿轲蚊和黄色轲蚊单独聚在一个分支（图 2）。

3 讨论与结论

粗腿轲蚊 *C. crassipes* 和黄色轲蚊 *C. ochracea* 是蚊科、轲蚊属昆虫。幼虫均生活在水生植物较多的水体中，以呼吸管刺入植物组织中呼吸。粗腿轲蚊 *C. crassipes* 在国内分布于海南、云南、香港，幼虫滋生在有水生植物的自然水体。黄色轲蚊 *C. crassipes* 在国内分布于江苏、浙江、山东、河南、云南、辽宁、广东，幼虫滋生在芦苇塘，成蚊常在芦苇丛和草丛中捕获（路宝麟，1997）。本次调查研究是利用传统形态学分类鉴定，结合 DNA 条形码的全证据法对 2 新记录种进行的研究。碱基含量分析表明，粗腿轲蚊和黄色轲蚊 COI 基因碱基中 A+T 含量分别为 67.15% 和 70.64%，均表现出较强的 A+T 碱基偏好性。利用线粒体 COI 基因 NJ 法构建系统发育树。基于 COI 部分序列构建的 NJ 系统发育树表明，粗腿轲蚊和黄色轲蚊样本分别和同种轲蚊聚为独立的同一分支（孝感市和荆门市采集的粗腿轲蚊处于两个不同亚型分组，遗传距离为 0.015，存在一定的遗传差异性），与轲蚊属的其他种类亲缘关系较近的种类聚为大的分支，亲缘关系较远的种类聚为不同分支，同属不同种类的蚊类区别明显，与形态学的描述种类一致，确认两种轲蚊样本分别为粗腿轲蚊和黄色轲蚊。

湖北省地处亚热带气候，湖泊众多，生态条件适合于黄色轲蚊和粗腿轲蚊繁殖生存，这两种轲蚊在湖北省内的分布地域可能更广，有待进一步调查确定。

表 2 轲蚊属 6 种蚊类不同个体之间的遗传距离分析

物种	1	2	3	4	5	6	7	8	9	10	11	12	13	14	15
1 *Coquillettidia xanthogaster* MG712541															
2 *C. xanthogaster* MG712539	0.000														
3 *C. richiardii* MT993483	0.143	0.143													
4 *C. metallica* PQ555471	0.168	0.168	0.156												
5 *C. ochracea* PQ932530（黄冈）	0.154	0.154	0.170	0.112											
6 *C. ochracea* OP107922	0.148	0.148	0.164	0.107	0.009										
7 *C. ochracea* OL742962	0.154	0.154	0.170	0.110	0.002	0.011									
8 *C. ochracea* LC646365	0.154	0.154	0.170	0.112	0.000	0.009	0.002								
9 *C. ochracea* KT358437	0.154	0.154	0.170	0.112	0.000	0.009	0.002	0.000							
10 *C. crassipes* PP596096	0.045	0.045	0.146	0.146	0.146	0.140	0.146	0.146	0.146						
11 *C. crassipes* PQ932574（孝感）	0.045	0.045	0.146	0.146	0.146	0.140	0.146	0.146	0.146	0.000					
12 *C. crassipes* OP107905	0.045	0.045	0.146	0.146	0.146	0.140	0.146	0.146	0.146	0.000	0.000				
13 *C. crassipes* OK036980	0.047	0.047	0.149	0.146	0.146	0.140	0.146	0.146	0.146	0.002	0.002	0.002			
14 *C. crassipes* MW321858	0.047	0.047	0.143	0.143	0.143	0.138	0.143	0.143	0.143	0.002	0.002	0.002	0.004		
15 *C. crassipes* PQ932575（荆门）	0.038	0.038	0.154	0.151	0.151	0.141	0.151	0.151	0.151	0.015	0.015	0.015	0.018	0.018	
16 *C. crassipes* MW321859	0.038	0.038	0.151	0.149	0.149	0.143	0.149	0.149	0.149	0.015	0.015	0.015	0.018	0.018	0.004

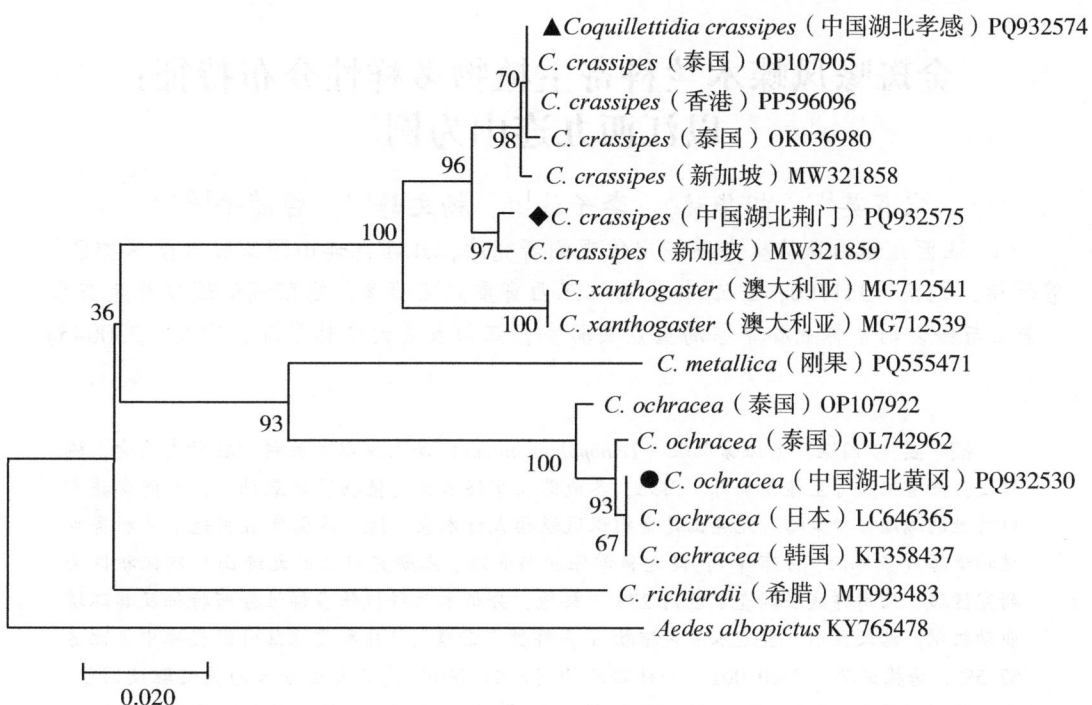

图 2 基于 Kimura 2-parameter 模型构建的邻接法轲蚊属线粒体 COI 基因系统发育树

参考文献

蔡雪妍，2017. 汕头口岸首次捕获黄色轲蚊 [J]. 中国检验检疫，11：10-11.

陈光辉，王孟文，李焱，等，2020. 六种蚊虫 DNA 条形码序列分析 [J]. 寄生虫与医学昆虫学报，27（1）：26-36.

郭玉燕，罗雷，宋璋瑶，等，2017. 我国部分地区 28 种蚊虫的线粒体 COI 基因分析 [J]. 中国寄生虫学与寄生虫病杂志，35（3）：280-287.

郭玉燕，罗雷，郑学礼，2017. DNA 条形码技术在蚊虫分类鉴定中的研究进展 [J]. 中国寄生虫学与寄生虫病杂志，35（1）：93-98.

雷朝亮，周志伯，1998. 湖北省昆虫名录 [M]. 武汉：湖北科学技术出版社.

陆宝麟，1997. 中国动物志 昆虫纲 第 8 卷 双翅目：蚊科（上卷）[M]. 北京：科学出版社.

金斑喙凤蝶木兰科寄主植物多样性分布特征：以江西九连山为例[*]

宋育英[1][**]，胡华林[1]，李子林[1,2]，杨文静[1,2]，曾菊平[1,2][***]

（1. 江西九连山森林生态系统定位观测研究站，江西九连山国家级自然保护区管理局，龙南 341700；2. 保护生物学江西省重点实验室，鄱阳湖流域森林生态系统保护与修复国家林业和草原局重点实验室，江西农业大学林学院，南昌 330045）

摘　要："国蝶"金斑喙凤蝶（*Teinopalpus aureus*）幼虫仅以木兰科少数种类为食，蝴蝶发生严重依赖寄主植物资源，因此，各地需在掌握木兰科植物资源基础上，才能实施有针对性的蝴蝶保护策略。九连山是金斑喙凤蝶模式标本来源地，急需掌握当地木兰科寄主植物资源（多样性、分布等），促进科学保护与管理。本研究以江西九连山自然保护区为研究区域，采用样线法调查了区内 275 个样地，分析木兰科植物多样性分布特征及其环境驱动机制。结果显示，当地木兰科植物 α 多样性在常绿阔叶林和常绿落叶混交林中占比达 82.5%，海拔梯度（$P \leqslant 0.001$）和林龄结构（$P \leqslant 0.001$）是其发生分布的关键驱使因子。功能区对比显示，"核心区 + 缓冲区"的 α 多样性值（1.94）显著高于实验区（0.96）。而当地木兰科植物 β 多样性分化主要受海拔（解释度 22.9%）、空间距离（20.1%）和山脉走向（4.8%）共同影响。研究结果表明，金斑喙凤蝶的栖息地适宜性取决于寄主植物的多样性分布，而当前保护实践需重点维系高海拔常绿落叶混交林群落稳定，同时，尝试通过建立生态廊道，缓解隔离，促进木兰科植物个体交流与资源恢复。

关键词：金斑喙凤蝶；木兰科植物；α 多样性；β 多样性；保护

Host Plants Diversity and Distribution of *Teinopalpus aureus* in Magndiaceae Family: A Case Study in Jiulianshan, Jiangxi[*]

Song Yuying[1][**], Hu Hualin[1], Li Zilin[1,2], Yang Wenjing[1,2], Zeng Juping[1,2][***]

（1. Jiu Lianshan Forest Ecosystem Research Station, Jiulianshan National Nature Reserve Administration, Longnan 341700, China; 2. Key Laboratory of Conservation Biology in Jiangxi Province, National Forestry and Grassland Administration Key Laboratory for Conservation and Restoration of Forest Ecosystems in the Poyang Lake Basin, College of Forestry, Jiangxi Agricultural University, Nanchang 330045, China）

Abstract: As a critical habitat for the endangered golden kaiserihind butterfly (*Teinopalpus aureus*), the distribution pattern of Magnoliaceae host plants in the Jiulianshan National Nature

---

[*] 基金项目：国家自然科学基金（32360272）；江西省林业局科技创新专项（202233）；保护生物学江西省重点实验室开放课题（No. 2023SSY02081）

[**] 第一作者：宋育英，工程师，主要从事自然保护区管理研究；E-mail：281260470@qq.com

[***] 通信作者：曾菊平，教授，主要从事昆虫生态保护与林业害虫防治研究；E-mail：zengjupingjxau@163.com

Reserve directly influences the population dynamics of this species. In this study, we conducted a transect-based survey of 275 standardized plots within the Jiulianshan Reserve, Jiangxi Province, to analyze the spatial patterns of Magnoliaceae diversity and the underlying environmental drivers. The results showed that Magnoliaceae α-diversity was predominantly concentrated in evergreen broad-leaved forests and evergreen-deciduous mixed forests, accounting for 82.5% of the total. Elevation gradient ($P \leq 0.001$) and forest age structure ($P \leq 0.001$) were identified as key driving factors. Comparisons among functional zones revealed that the combined "core + buffer" zones exhibited significantly higher α-diversity (1.94) than the experimental zone (0.96). β-diversity analysis indicated that elevation (explaining 22.9% of the variance), spatial distance (20.1%), and mountain orientation (4.8%) collectively contributed to the differentiation of Magnoliaceae diversity. These findings suggest that the habitat suitability of *T. aureus* is closely linked to the diversity and distribution of its host plants. Therefore, current conservation practices should prioritize the protection of host plant communities in mature forests at higher elevations, and establish ecological corridors to mitigate population fragmentation.

Key words: *Teinopalpus aureus*; Magnoliaceae; α-diversity; β-diversity; nature reserve management

寄主植物资源分布是定义蝴蝶生境的关键要素（Wang et al., 2022），其对蝴蝶的影响体现在许多方面，例如寄主植物的叶片化学性质可以影响卵和幼虫的生存（Barros 和 Zucoloto, 1999）。寄主植物本身的年龄也会影响食物资源的产量与质量（Drahovzal et al., 2015）。更重要的是寄主植物的密度是决定蝴蝶种群大小的关键因素（Krauss et al., 2005），其资源可利用性在确定蝴蝶种群丰度方面具有十分重要的地位，并有助于确定生境质量的预测基础（Curtis et al., 2015）。因此，提高以寄主植物资源为基础的现有生境质量是濒危蝴蝶保护策略的一个主要组成部分（Bauerfeind et al., 2009）。

金斑喙凤蝶 *Teinopalpus aureus* Mell 是亚洲珍稀特有蝶种，是各地昆虫多样性保护的旗舰种（Wang et al., 2020）。该物种较早列入 IUCN 红色名录（1986 年）、国家重点保护野生动物名录（1989 年，一级）（Collins 和 Morris, 1985；Gimenez, 1996），保护地位高，备受生物多样性与环境保护关注。金斑喙凤蝶的发生、生存高度依赖木兰科寄主植物，野外调查和室内实验结果均证实其幼虫对木兰科植物具有严格的选择性（Igarashi S, 2001；曾菊平等, 2008, 2014）。然而，各地不同的地理种群，幼虫取食的种类数较少，且种类并非一致。例如，大瑶山种群以光叶拟单性木兰 *Parakmeria nitida* (W. W. Smith) Law 和乐昌含笑 *Michelia chapensis* Dandy 为寄主（曾菊平等, 2008），井冈山种群取食金叶含笑 *M. foveolata*（何桂强等, 2012），屏山种群取食深山含笑 *Michelia maudiae* Dunn（曾菊平等, 2014），九连山种群早期记录为深山含笑 *M. maudiae* 和金叶含笑 *M. foveolata*（林宝珠等, 2017）。但在随后的野外调查过程，首次在木莲属植物乳源木莲 *Manglietia yuyuanensis* Law（现合并到木莲 *Manglietia fordiana* Oliv.）记录到蝴蝶幼虫栖息和取食（曾菊平等, 2023），且其他行为特征均与前期野外资料（曾菊平, 2005；林宝珠等, 2017）相似。因此，推断在专食性驱使下，金斑喙凤蝶野外种群发生可能严重依赖于当地木兰科寄主植物资源条件，如木兰科植物物种多样性、个体丰富度及其分布格局等（曾菊平等，2021）。所以，金斑喙凤蝶保护研究需首先掌握发生地的木兰科植物资源供给状况，如通过研究木兰科植物物种多样性、个体丰富度及其分布格局等内容，掌握可能的寄主资源限制及特征，为后续保护及相关的恢复措施计划提供科学参考。

为此，本次选择金斑喙凤蝶九连山种群（位于江西九连山国家级自然保护区）为研究对象，采用样线法调查当地木兰科植物的物种多样性、丰富度与分布，结合环境因子变化，分析当前木兰科种群资源格局的可能驱使因子及其影响特点，为当地金斑喙凤蝶种群的保护提供重要参考。

1 材料与方法

1.1 调查方法

采用样线法，用定位仪调查记录样线两侧木兰科植物的植株位置、数量、种类等相关信息，分别统计不同小班以及不同海拔梯度和年龄梯度的木兰科植物群落，分析九连山自然保护区中木兰科植物的分布情况。

1.2 多样性指数

对于植物群落多样性的分析可帮助人们认识群落的结构与功能，对物种的保护与监测提供有益的帮助，本文采用α和β多样性指数作为九连山自然保护区内木兰科植物群落多样性的分析指标。α和β多样性是物种多样性研究中的两个常用指标，其中α多样性是对群落物种丰富度和均匀度的评估，β多样性则度量群落的物种组成沿环境梯度的更新速率，其中α多样性采用Shannon-Wiener指数来衡量（Goosem et al.，2016），β多样性指数采用Whittaker指数来衡量（Whittaker，1960）。

1.3 数据分析

为检验地形因子和群落类型等对α多样性的影响，在r语言中进行多元回归和方差分析。为比较不同小班木兰科植物群落β多样性分布格局的驱动因子，采用Mantel和偏Mantel检验分析不同小班的环境因子及空间距离对植物群落β多样性的影响。为进一步探索各环境因子或空间距离对植物群落β多样性影响的强弱，采用RDA分析与方差分解定量分析不同影响因子对九连山自然保护区内木兰科植物群落β多样性格局的重要性和相对强弱关系。

2 结果与分析

2.1 九连山自然保护区木兰科植物分布

调查记录7种木兰科植物（表1），分别为野含笑 *Michelia skinneriana* Dunn、乐昌含笑 *Michelia chapensis* Dandy、乳源木莲 *Manglietia yuyuanensis* Law、木莲 *Manglietia fordiana* Oliv.、观光木 *Michelia odora*、深山含笑 *Michelia maudiae* Dunn、金叶含笑 *Michelia foveolata* Merr. ex Dandy。其中，深山含笑数量最多，其次为木莲与乐昌含笑，而野含笑最少（表1）。从图1可知九连山自然保护区中木兰科植物主要分布于海拔600~900 m，但不同种类分化明显，深山含笑、金叶含笑、木莲在多在800 m以上发生，而其他多在800 m以下发生，尤其，观光木的海拔分布最低，集中在450 m附近。

同样地，深山含笑、金叶含笑、木莲多在斜坡分布，而其他偏于在缓坡分布（图1）。

表1 九连山自然保护区功能区木兰科植物分布情况

功能区	深山含笑/株	乐昌含笑/株	金叶含笑/株	野含笑/株	乳源木莲/株	木莲/株	观光木/株	占比/%
实验区	159	6	1	3	0	22	185	20
缓冲区	31	9	22	0	0	1	23	5
核心区	502	266	171	12	148	301	14	75
合计	692	281	194	15	148	324	222	100

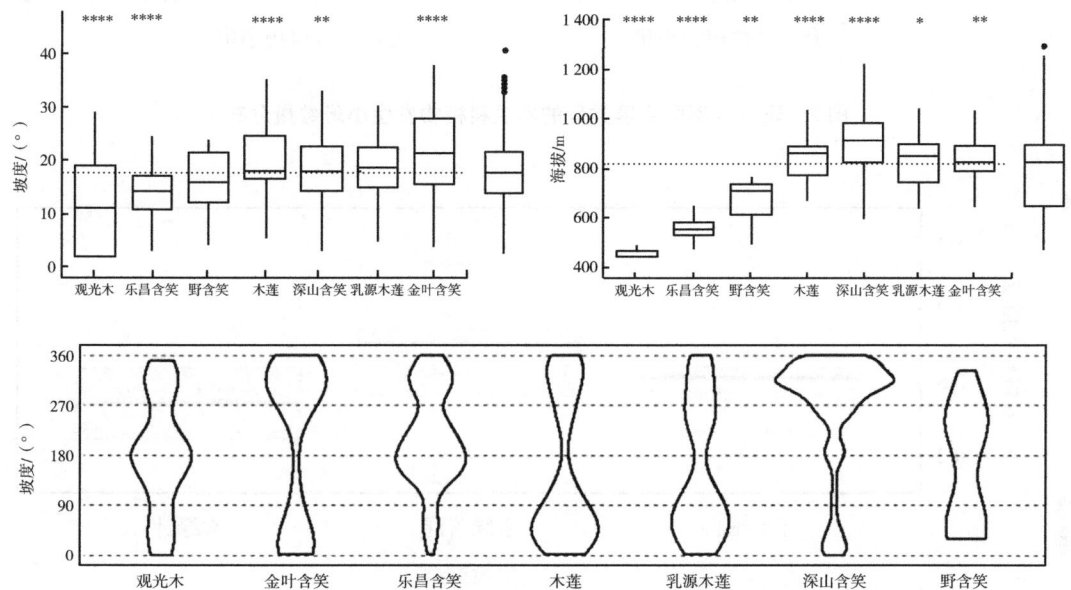

图1 不同环境因子对九连山自然保护区木兰科植物分布的影响

2.2 九连山自然保护区α多样性分布格局

基于275个调查小班的系统分析结果表明，有71个小班（25.8%）记录到木兰科植物分布。从图2可知，木兰科植物空间分布呈现出明显的生境偏好，常绿阔叶林和常绿落叶混交林是木兰科植物的主要发生生境，而常绿针叶林仅有少数植株分布，其他生境类型则为零星分布状态。

对于不同小班的α多样性分析发现（图3），常绿阔叶林和常绿-落叶混交林小班的木兰科植物多样性较高，但不同生境类型间的差异不显著（ANOVA，$P>0.05$）。通过构建广义线性模型（GLM），结果显示（图4），海拔梯度（$P \leqslant 0.001$）和小班平均树龄是影响α多样性的关键因子。其中，海拔对小班的α多样性的影响最大（$P \leqslant 0.001$），表现为α多样性随着海拔的升高而升高。同时，小班平均林龄也显示出显著的正向效应，随着小班平均树龄升高，小班的α多样性也呈升高趋势。

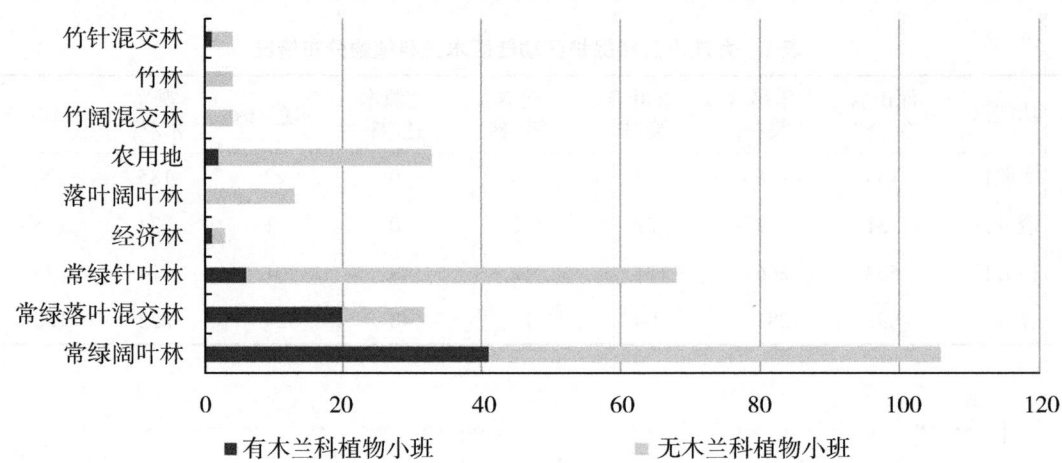

图 2　研究区不同生境类型的木兰科植物发生小班数量分布

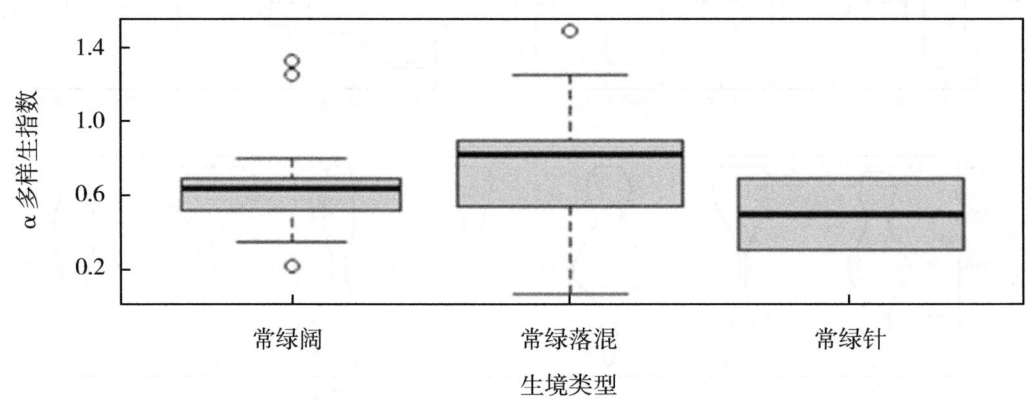

图 3　研究区不同生境类型的小班 α 多样性（$P=0.5373$）

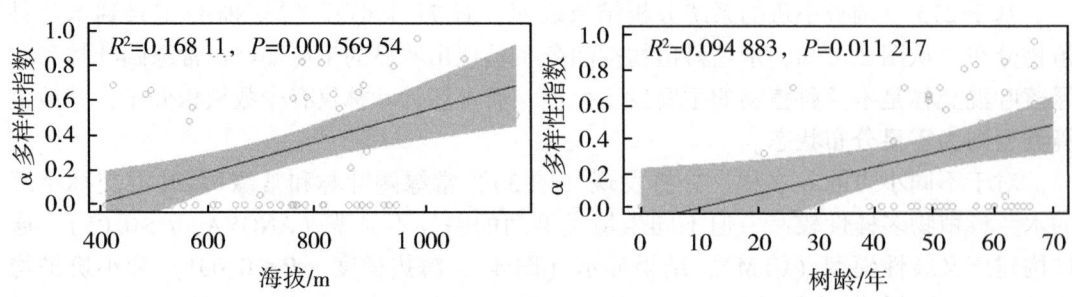

图 4　研究区不同树龄和海拔木兰科植物 α 多样性的变化

2.3 不同功能区的木兰科植物 α 多样性

从表1可知，核心区木兰科资源量最大，占比达75%，区内除了观光木外，其他种类个体丰富度均最高。由于缓冲区的面积较小，将其与核心合并在一起计算 α 多样性，经计算可知，实验区 α 值为0.957 880 5，缓冲区与核心区合并 α 值为1.942 453 8，说明核心区与缓冲区木兰科植物的多样性明显高于实验区木兰科植物的多样性。

2.4 保护区木兰科植物 β 多样性分布格局

经 mantel 检验可知（图5，表2），海拔（$r=0.379\,3$，$P<0.001$）、空间距离（$r=0.470\,1$，$P<0.001$）和两小班连线与山脉的夹角（$r=0.097\,5$，$P<0.001$）均对九连山自然保护区内木兰科植物的 β 多样性具有显著影响，而小班生境类型和小班内的平均树龄影响不显著，而偏 mantel 检验也得到相似结果（海拔本身 $r=0.175\,7$，$P<0.001$）。这些结果说明，保护区内木兰科植物的 β 多样性随海拔、空间距离、两小班连线与山脉的夹角的升高而升高。

采用方差分解方法定量分析3个显著相关因子对保护区内木兰科植物群落 β 多样性的解释度（图6）。结果显示，海拔、空间距离和两小班连线与山脉的夹角共同解释了30.9%的 β 多样性格局，其中，海拔对 β 多样性的解释度最高，达22.9%，其次是空间距离解释度为20.1%，两小班连线与山脉的夹角的解释度最低，仅4.8%。

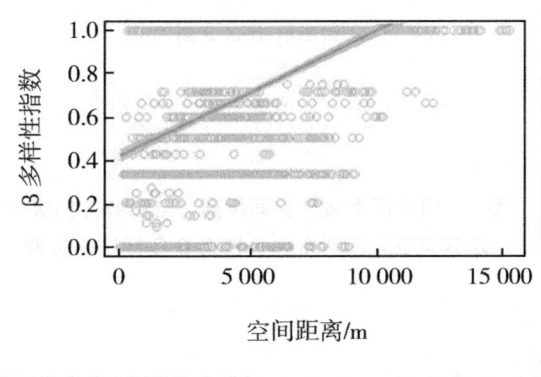

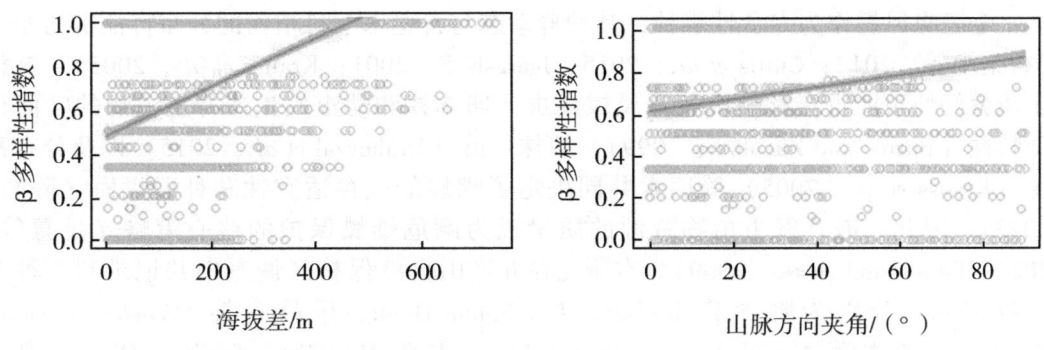

图5 研究区海拔、空间距离和与山脉方向夹角对木兰科植物 β 多样性的影响

表2 环境因子和空间距离对九连山自然保护区内木兰科植物β多样性的显著性检验

环境因子	z	r	P
海拔	1 043.259	0.379 3	0.000 99
小班平均树龄	93.453	−0.012 7	0.152 84
与山脉夹角	380.994	0.097 5	0.000 99
生境类型	38.125	0.015 8	0.836 16
空间距离	978.673	0.470 1	0.000 99

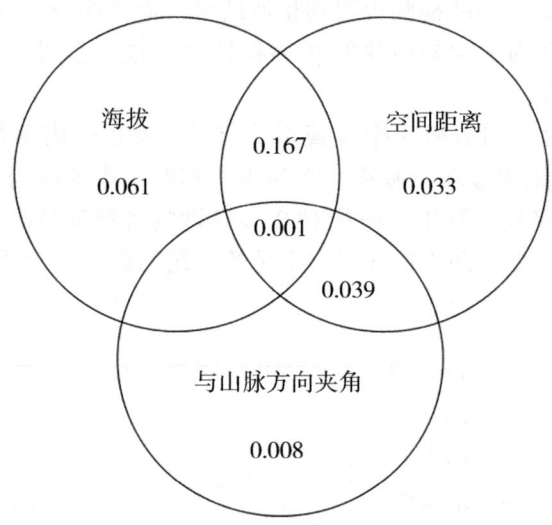

图6 研究区海拔、空间距离、与山脉方向夹角及其交互效应对木兰科植物β多样性的影响

3 讨论

金斑喙凤蝶作为专食性蝶种，其种群动态与寄主木兰科植物的分布特征密切相关（曾菊平等，2012；Curtis *et al.*，2015；Igarashi S，2001；Krauss *et al.*，2005）。这种生境偏好性可能直接影响金斑喙凤蝶成虫产卵选择和幼虫发生。寄主植物的叶面化学特性（Barros and Zucoloto，1999）、植株年龄（Drahovzal *et al.*，2015）以及分布密度（Krauss *et al.*，2005）等因素共同决定了蝴蝶的生存适宜性和种群规模（陈亮，2023）。因此，提升寄主植物资源的质量成为濒危蝴蝶保护的核心策略（吴慧等，2022；Bauerfeind *et al.*，2009）。本研究在九连山自然保护区调查中共记录到7种木兰科植物，分别为野含笑 *Michelia skinneriana* Dunn、乐昌含笑 *Michelia chapensis* Dandy、乳源木莲 *Manglietia yuyuanensis* Law、木莲 *Manglietia fordiana* Oliv.、观光木 *Michelia odora*、深山含笑 *Michelia maudiae* Dunn、金叶含笑 *Michelia foveolata* Merr. ex Dandy。这些寄主主要分布于常绿阔叶林和常绿落叶混交林中，分布受海拔、坡向和林龄的显著影响，说明多种生态因素影响金斑喙凤蝶寄主资源基础生境的适

宜性，这与该珍稀物种的高生境要求特征一致（曾菊平等，2012；Wang et al.，2022）。

海拔梯度对木兰科植物的分布与物种多样性具有主导作用。研究表明，木兰科植物主要集中分布在中高海拔区域，且其垂直分布中心位于 500～2 000 m（范豫，2025）。在九连山自然保护区内，木兰科植物在 800～1 000 m 海拔区间表现出较高的物种丰富度。这一分布特征与金斑喙凤蝶栖息地的适宜性密切相关。金斑喙凤蝶种群已知主要利用深山含笑和金叶含笑作为寄主植物（林宝珠等，2017），这些寄主植物的分布同样可能受到海拔因素的调控。高海拔地区木兰科植物的多样性较高，可能为蝶类提供了更优质的资源基础，但同时也可能面临温度降低等胁迫因素（范豫，2025）。

此外，林分年龄结构和功能分区在多样性维持中发挥着重要作用。九连山保护区中木兰科植物在成熟林区的多样性普遍较高，且随着林龄的增加，多样性呈增强趋势。在核心保护区，这一现象尤为明显，其物种多样性水平远高于受到人类活动干扰更频繁的实验区（1.94 vs 0.96）。成熟林分通常具有复杂的结构和更稳定的生态条件（庞正轰等，2023；王会平等，2024），能够为木兰科植物提供持续的生长空间和生态庇护。因此，保持森林的稳定，减少人类活动干扰强度，对于维持目标物种的多样性至关重要（苏翠花，2022）。

在空间尺度上，植物群落的差异性显著，β 多样性由多个地理与环境因子共同驱动（曲梦君等，2022）。随着海拔、空间距离的增加，以及小班间与山脉走向夹角的扩大，群落间的物种组成呈现不同分布。其中，海拔对 β 多样性的解释度最高，达到了 22.9%，表明垂直梯度对群落分布具有决定性作用（关玉亮等，2024），而空间距离进一步加强了物种更替的过程（20.1%）。这一结果凸显了景观尺度上生态位分化的重要性。

基于以上研究结果，提出以下保护建议：首先，应加强保护中高海拔地区木兰科植物资源的分布，确保其在生态上适宜并可持续生长；其次，保护区内应减少人类活动对自然环境的干扰，维持成熟林区的生态稳定性，促进木兰科植物的多样性和林分结构的健康；最后，考虑到木兰科植物受到分布空间距离和海拔的作用，应确保生态空间连续性和生物群落稳定性，以防止因物理隔离导致局部物种的孤立。通过综合考虑地理和环境因素，为金斑喙凤蝶提供适宜的栖息环境，从而实现物种保护和生物多样性的有效维持。

参考文献

陈亮，2023. 江西桃红岭中华虎凤蝶的种群生态学研究 [D]. 南昌：江西农业大学.

范豫，2024. 中国野生木兰科（Magnoliaceae）植物地理分布格局及其适生区预测 [D]. 贵阳：贵州大学.

关玉亮，甘先华，殷祚云，等，2024. 南岭自然保护区不同海拔梯度植物多样性分布格局 [J]. 生态环境学报，33（6）：877-887.

何桂强，贾凤海，2012. 井冈山金斑喙凤蝶 Teinoplpus aureus Mell 种群数量调查和寄主发现

[J]. 南昌工程学院学报, 31（4）: 68-70.

林宝珠, 朱祥福, 曾菊平, 等, 2017. 九连山金斑喙凤蝶野外生物学特性观测[J]. 林业科学研究, 30（3）: 399-408.

庞正轰, 张泽尧, 2023. 广西防护林质量评价指标体系与评价方法[J]. 林业世界, 12: 61.

曲梦君, 努尔依拉·阿巴拜克, 邹旭阁, 等, 2022. 地理距离和环境因子对阿拉善戈壁植物群落β多样性的影响[J]. 生物多样性, 30（11）: 109-118.

苏翠花, 2022. 森林生态系统健康与野生动植物资源的可持续利用[J]. 山西林业科技, 51（S1）: 69-70.

王会平, 韩新生, 许浩, 等, 2024. 林分结构对森林生态功能影响的研究综述[J]. 宁夏农林科技, 65（11）: 79-83.

吴慧, 徐学红, 2022. 全球视角下的中国生物多样性监测进展与展望[J]. 生物多样性, 30（10）: 22434.

曾菊平, 2005. 金斑喙凤蝶广西亚种生物学研究[D]. 南宁: 广西师范大学.

曾菊平, 林宝珠, 朱祥福, 等, 2014. 发现濒危金斑喙凤蝶寄主植物: 南方广布种深山含笑[J]. 江西农业大学学报, 36（3）: 550-555.

曾菊平, 周善义, 丁健, 等, 2012. 濒危物种金斑喙凤蝶的行为特征及其对生境的适应性[J]. 生态学报, 32（20）: 6527-6534.

曾菊平, 周善义, 罗保庭, 等, 2008. 广西大瑶山濒危物种金斑喙凤蝶（广西亚种）的形态学、生物学特征[J]. 昆虫知识（3）: 457-464, 508.

曾菊平, 金志芳, 陈伏生, 2021. 九连山森林生态研究: 动物昆虫专题[M]. 南昌: 江西科学技术出版社.

曾菊平, 王渌, 陈伏生, 等, 2023. 金斑喙凤蝶寄主植物木莲的发现: 受资源分布驱使[C]//尹新明, 王高平, 席玉强. 华中昆虫研究（第十七卷）. 北京: 中国农业科学技术出版社: 240-241.

BARROS H C H, ZUCOLOTO F S, 1999. Performance and host preference of *Ascia monuste* (lepidoptera, Pieridae) [J]. Journal of Insect Physiology, 45（1）: 7-14.

BAUERFEIND S S, THEISEN A, FISCHER K, 2009. Patch occupancy in the endangered butterfly *Lycaena helle* in a fragmented landscape: Effects of habitat quality, patch size and isolation [J]. Journal of Insect Conservation, 13（3）: 271-277.

COLLINS N M, MORRIS M G, 1985. Threatened swallowtail butterflies of the world [M]. IUCN.

CURTIS R J, BRERETON T M, DENNIS R L H, et al., 2015. Butterfly abundance is determined by food availability and is mediated by species traits [J]. Journal of Applied Ecology, 52（6）: 1676-1684.

DRAHOVZAL S A, LOFTIN C S, RHYMER J, 2015. Environmental predictors of shrubby cinquefoil (*Dasiphora fruticosa*) habitat and quality as host for Maine's endangered Clayton's copper butterfly (*Lycaena dorcas claytoni*) [J]. Wetlands Ecology and Management, 23（5）: 891-908.

GIMENEZ DIXON M, 1996. *Teinopalpus aureus*. The IUCN Red List of Threatened Species [EB]. IUCN.

IGARASHI S, 2001. Life history of *Teinopalpus aureus* in vietnam in comparison with that of *T. imperialis* [J]. Butterflies. (30): 4-24.

KRAUSS J, STEFFAN-DEWENTER I, MÜLLER C B, et al., 2005. Relative importance of resource quantity, isolation and habitat quality for landscape distribution of a monophagous butterfly [J].

Ecography, 28 (4): 465-474.

WANG L, WANG H, ZHA Y, et al., 2022. Forest quality and available hostplant abundance limit the canopy butterfly of *Teinopalpus aureus* [J]. Insects, 13 (12): 1082.

WANG W L, SUMAN D O, ZHANG H H, et al., 2020. Butterfly conservation in China: From science to action [J]. Insects, 11 (10): 661.

5 种杀螨剂对柑橘全爪螨的飞防效果评价*

谢 梵[1]**, 彭广宁[1], 颜健红[2], 刘纯艺[3], 贺 梅[1], 邓 伟[1],
金晨钟[1], 刘 秀[1], 朱倩霞[2], 郭开发[1]***

（1. 湖南人文科技学院农业与生物技术学院，农作物有害生物绿色防控湖南省高校重点实验室，娄底 417000；2. 娄底市农业技术推广中心，娄底 417000；3. 华中农业大学园艺林学学院，武汉 430070）

摘 要：为了比较不同杀螨剂对柑橘全爪螨的飞防效果，本试验选用 15%阿维·乙螨唑悬浮剂、30%乙唑螨腈悬浮剂、43%联苯肼酯悬浮剂、110 g/L 乙螨唑悬浮剂和 1.8%阿维菌素乳油为试验药剂，助剂为翼选®飞防专用增效剂。采用极目 EA-30 X 四旋翼植保无人机，在涟源市龙塘镇珠梅村柑橘园开展飞防喷药，调查分析试验区柑橘全爪螨的螨口数、螨口减退率和防治效果等指标。结果表明，15%阿维·乙螨唑悬浮剂和 30%乙唑螨腈悬浮剂对柑橘全爪螨的飞防效果最好，在药后 14 d，防效仍在 90%以上；其次是 43%联苯肼酯悬浮剂和 110 g/L 乙螨唑悬浮剂，药效持续上升；110 g/L 乙螨唑悬浮剂和 1.8%阿维菌素乳油的药效起效较慢。研究结果可为植保无人机在对柑橘全爪螨螨口减退率防治效果提供一定的数据支撑和参考价值。

关键词：柑橘全爪螨；植保无人机；杀螨剂；飞防效果

Evaluation the Aerial Control Efficacy of Five Acaricides on *Panonychus citri**

Xie Fan[1]**, Peng Guangning[1], Yan Jianhong[2], Liu Chunyi[3], He Mei[1],
Deng Wei[1], Jin Chenzhong[1], Liu Xiu[1], Zhu Qianxia[2], Guo Kaifa[1]***

(1. *College of Agriculture and Biotechnology*, *Hunan University of Humanities*, *Science and Technology/Key Laboratory of Green Prevention and Control of Crop Pests in Hunan Higher Education*, *Loudi* 417000, *China*; 2. *Loudi Institute of Agricultural Science*, *Loudi* 417000, *China*; 3. *College of Horticulture & Forestry*, *Huazhong Agricultural University*, *Wuhan* 430070, *China*)

Abstract: To compare the aerial control efficacy of different acaricides against *Panonychus citri*, five experimental agents were selected, including 15% abamectin · etoxazole SC, 30% cyetpyrafen SC, 43% bifenazate SC, 110 g/L etoxazole SC and 1.8% abamectin EC, supplemented with YiXuan® UAV-specific synergist. Field trials were conducted using JIMY EA-30X quadrotor plant protection UAV in a citrus orchard at Zhumei Village, Longtang Town, Lianyuan City. Investigations focused on mite population density, population reduction rate,

---

* 基金项目：湖南省科技计划项目（2019NK4170）；广东省重点研发计划项目（2019B020217003-04）；湖南省特技特派员项目（2021GK5080）；湖南省大学生创新创业训练项目（S202410553043）

** 第一作者：谢梵，硕士研究生，研究方向为农药毒理学，E-mail:1643387105@qq.com

*** 通信作者：郭开发，副教授，研究方向为植物保护学，E-mail:andygkf@126.com

and control efficacy. It demonstrated that 15% abamectin · etoxazole SC and 30% cyetpyrafen SC exhibited optimal UAV-based control effectiveness, and the control efficacy remained above 90% after 14 days application. Secondary performance was observed in 43% bifenazate SC and 110 g/L etoxazole SC, with increasing efficacy. Notably, 110 g/L etoxazole SC and 1.8% abamectin EC showed slower initial efficacy. This study can provide evidence in supporting UAV-mediated acaricide applications for *P. citri* population management.

Key words: *Panonychus citri*; plant protection unmanned aircraft; acaricide; control effect

柑橘全爪螨（*Panonychus citri*），又名柑橘红蜘蛛、瘤皮红蜘蛛，属蛛形纲 Arachnida 蜱螨目 Acarina 叶螨科 Tetranychidae 全爪螨属 *Panonychus*，是一种全球性的农业害螨，在我国各柑橘产区均有分布（李明玥等，2024）。柑橘全爪螨全年都可造成危害，在春秋两季最为严重，其繁殖能力强，一年可发生 13~16 代，世代交替明显，主要以刺吸式口器吸食寄主叶片和果实汁液，严重时会使叶片出现斑点、退绿，变成灰白色，甚至造成落叶、落果，严重影响柑橘树势、产量和品质，极大地制约柑橘产业可持续健康发展（冯秀杰等，2015；陈慧萍等，2021）。由于化学防治见效快，长期以来，果农主要以人工喷施化学药剂的手段来防控柑橘全爪螨，但是传统人工喷药防治手段效率低，且对环境和人体健康存在潜在风险。近年来，植保无人飞机航空施药不但是大田作物的首选植保作业方式，在果树植保作业领域的应用也发展迅猛（周志艳等，2017；Meng et al.，2020）。随着植保无人机的快速发展及柑橘生产管理人工的匮乏，植保无人机在柑橘生产上的推广应用是必然的选择（陈贵峰等，2018）。采用植保无人机飞防作业不仅具有作业效率高、药液利用率高和作业适应性强等优点，还可以省药节水、减少污染（蒙艳华等，2014；马利等，2023）。目前，植保无人机已经在柑橘木虱（孙胜，2019；唐明丽等，2020）、柑橘潜叶蛾（蒋梦侠等，2023）、柑橘大实蝇（王玉芹等，2023）、柑橘炭疽病和溃疡病（覃展翔等，2022）等病虫害防治上均得到了较好的应用和防效，但是在柑橘全爪螨防治上的研究报道不多。而杀螨剂作为防治柑橘全爪螨的重要手段之一，随着环境条件、种植结构和栽培模式等的改变，杀螨剂对柑橘全爪螨的防治方法也逐渐变化。随着植保无人机飞防在柑橘全爪螨上的推广应用，迫切需要筛选适合植保无人机飞防的杀螨剂，这对柑橘的保产稳产也具有十分重要的意义。

本研究选用 15%阿维·乙螨唑悬浮剂、30%乙唑螨腈悬浮剂、43%联苯肼酯悬浮剂、110 g/L 乙螨唑悬浮剂和 1.8%阿维菌素乳油为试验药剂，利用植保无人机开展不同杀螨剂对柑橘全爪螨的飞防试验，以筛选出最佳的飞防药剂，为柑橘园植保无人机作业防治柑橘全爪螨提供科学依据和技术参考。

1 材料与方法

1.1 试验材料

1.1.1 试验概况

试验于 2024 年 7 月中旬至 8 月中旬在湖南省娄底市涟源市龙塘镇珠梅村（经度为 111°42′48.348″，纬度为 27°45′48.816″）的柑橘园进行。试验区柑橘树为种植时间约为 4 年的脐橙，株高为 1.4~1.7 m，管理水平中等，常年柑橘全爪螨中等偏重发生。试验区域地势平坦，土质松软，排水系统良好，各试验小区土肥水管理条件一致，适合植保无人机作业。

1.1.2　药剂与设备

药剂选用110 g/L乙螨唑悬浮剂（上海生农生化制品股份有限公司）、15%阿维·乙螨唑悬浮剂（河北威远生物化工有限公司）、30%乙唑螨腈悬浮剂（沈阳科创化学品有限公司）、43%联苯肼酯悬浮剂（麦得梅农业解决方案有限公司）和1.8%阿维菌素乳油（济南中科绿色生物工程有限公司），助剂为翼选®飞防专用增效剂（先正达集团中国）。

无人机选用极目EA-30 X四旋翼植保无人机，最大起飞重量67 kg，药箱容量30 L，双峰弥雾喷头，工作压力0.8~1.2 MPa，工作电流<2.5A，喷洒流量5 L/min，最大有效喷幅4.5~8.0 m，雾化粒径20~250 μm，悬停时间空载22.7 min，满载8.3 min。

1.2　试验方法

1.2.1　试验设计

试验共设6个处理组，每个处理重复3次，共分为18小区。药剂处理Ⅰ为30%乙唑螨腈悬浮剂400倍液，药剂处理Ⅱ为43%联苯肼酯悬浮剂1 000倍液，药剂处理Ⅲ为110 g/L乙螨唑悬浮剂500倍液，药剂处理Ⅳ为15%阿维·乙螨唑悬浮剂800倍液，药剂处理Ⅴ为1.8%阿维菌素乳油400倍液，对照组CK为喷施清水，飞防助剂选择翼选®飞防专用增效剂按施药量1.0%施用。每小区处理面积约50 m²。试验前，先调查各区柑橘全爪螨的危害情况。飞防喷药时间为2024年7月30日，喷施时天气为多云天气，微风，最高气温32 ℃，最低气温23 ℃，相对湿度70%。施药时，由专业技术员操作极目EA-30 X四旋翼植保无人机进行喷雾，飞行速度2.5 m/s、飞行高度2.5 m、亩喷液量4.0 L。

1.2.2　防效调查

参照GB/T 17980.11—2000《农药田间药效试验准则（一）　杀螨剂防治桔全爪螨》中的调查取样方法和药效计算方法。共进行5次调查，在开始飞防施药前调查螨口基数，并在施药后1 d、3 d、7 d和14 d各调查1次残虫量，每小区随机调查3棵树，挂上标签纸并标记，选取该树中、上部的东、西、南、北、中5个方位各1个枝梢上的10片叶，共查50片叶，用手持放大镜观察叶面，记录活螨数。螨口减退率和防治效果计算公式如下。

$$螨口减退率 = \frac{施药前螨口数 - 施药后螨口数}{施药前螨口数} \times 100\%$$

$$防治效果 = \frac{处理区螨口减退率 - 对照区螨口减退率}{1 - 对照区螨口减退率} \times 100\%$$

1.2.3　安全性调查

施药后，在调查记录柑橘全爪螨活体数量的同时，观察柑橘植株有无产生药害或生长异常。

1.3　数据处理

试验数据采用Excel与SPSS Statistics 22.0软件进行分析处理，对柑橘全爪螨的防治效果进行差异显著性分析。

2 结果与分析

2.1 不同药剂对柑橘全爪螨的飞防效果

表1和表2结果表明，5种化学药剂对涟源市丘陵柑橘全爪螨产生了一定的防治效果，但是在速效性和持效期方面表现出了显著的差异。药后1 d，15%阿维·乙螨唑悬浮剂、43%联苯肼酯悬浮剂、30%乙唑螨腈悬浮剂处理对柑橘全爪螨的防效效果最好，速效性最佳，防治效果分别是75.81%、70.69%和70.54%，优于其他处理组药；药后3 d，5种药剂对柑橘全爪螨的防治效果都有所提高。其中15%阿维·乙螨唑悬浮剂、43%联苯肼酯悬浮剂、30%乙唑螨腈悬浮剂的防治效果分别为89.63%、81.86%和82.60%；药后7 d，5种药剂的防治效果均维持在80.00%以上。其中，30%乙唑螨腈悬浮剂和15%阿维·乙螨唑悬浮剂的效果最佳，防治效果分别为90.13%和90.06%；药后14 d，110 g/L乙螨唑悬浮剂、30%乙唑螨腈悬浮剂、15%阿维·乙螨唑悬浮剂具有较好的持效性，对柑橘全爪螨的防治效果分别达到90.45%、94.21%和91.24%。而1.8%阿维菌素的防治效果相比施药后7 d有所下降，并与30%乙唑螨腈悬浮剂和15%阿维·乙螨唑悬浮剂存在显著差异。

表1 5种化学药剂对柑橘全爪螨螨口减退率

处理组	施用药剂	药前螨口基数/头	螨口减退率/%			
			药后1 d	药后3 d	药后7 d	药后14 d
Ⅰ	110 g/L乙螨唑悬浮剂	115.67	60.05	72.63	80.85	89.30
Ⅱ	43%联苯肼酯悬浮剂	87.33	71.29	81.41	81.19	87.50
Ⅲ	1.8%阿维菌素乳油	92.33	58.55	75.49	81.47	81.03
Ⅳ	30%乙唑螨腈悬浮剂	74.67	72.15	81.91	89.06	93.66
Ⅴ	15%阿维·乙螨唑悬浮剂	105.33	78.19	89.13	88.67	90.21
CK	清水对照	85.67	1.97	−4.35	−12.36	−17.28

表2 5种化学药剂对柑橘全爪螨防治效果/%

处理组	药后1 d	药后3 d	药后7 d	药后14 d
Ⅰ	55.91 a	73.81 b	82.43 a	90.45 ab
Ⅱ	70.69 a	81.86 ab	84.05 a	89.08 ab
Ⅲ	56.63 a	76.42 b	83.23 a	82.50 b
Ⅳ	70.54 a	82.60 ab	90.13 a	94.21 a
Ⅴ	75.81 a	89.63 a	90.06 a	91.24 a

注：数据为3次处理的平均值。同一列数值后的小写字母表示0.05差异显著水平。

综上所述，不同药剂在防治柑橘全爪螨时表现出了不同的速效性和持效性。在实际应用中，应根据具体情况选择合适的药剂进行防治。

2.2 安全性分析

试验区域在植保无人机施药期间及药后，定期观察，以判断新梢、叶片和果实是否存在生长停滞、出现斑点、发生畸形、枯萎脱落等药害状况。经观测未发现药害症状，柑橘树生长正常，叶片亦安全无异常，这表明上述药剂采用植保无人机进行防治的试验剂量是安全的。

3 讨论

本研究通过植保无人机对柑橘全爪螨的防效研究，探索了高效、环保的柑橘全爪螨防治方法。研究前期我们优化植保无人机在湘中丘陵地区柑橘园的飞防作业参数，通过调整飞行高度、速度、喷雾量等参数，筛选出在湘中丘陵地区柑橘园作业的最优参数：飞行速度 2.5 m/s、飞行高度 2.5 m、亩喷液量 4.0 L（陈功等，2025）。这一结果与前人关于植保无人机作业参数的研究有所不同（高军等，2021），可能是由于地域、气候、作物类型等多种因素的综合影响。因此，本研究为湘中地区柑橘园植保无人机的应用提供了更为精确的数据支持。

在药剂筛选方面，本研究测试了 5 种药剂对柑橘全爪螨的防治效果。其中，15%阿维·乙螨唑悬浮剂和 30%乙唑螨腈悬浮剂的速效性和持效性最佳，药后 14 d 的防效仍在 90%以上。这一结果与前人关于柑橘全爪螨药剂防治的研究相一致，验证了这两种药剂在柑橘全爪螨防治中的有效性（林臻等，2025）。同时，本研究还发现 43%联苯肼酯悬浮剂和 110 g/L 乙螨唑悬浮剂也具有较好的防治效果，药效持续上升。而 1.8%阿维菌素乳油的药效起效较慢，且药后 14 d 的药效有所下降。这一发现为柑橘全爪螨的药剂防治提供了新的选择。试验期间各药剂及用药量处理对柑橘本身的生长情况无不良影响，在喷施药剂后，整棵柑橘树上的梢、叶等都没有出现药害症状，可在实际的柑橘园内用于柑橘全爪螨的药剂防治，试验结果可为柑橘园植保无人机飞防作业提供参考和数据支撑。然而，本研究也存在一些不足之处。首先，由于试验条件和时间的限制，本研究未能对所有可能的作业参数和药剂进行详尽测试和分析。其次研究结果可能受到地域、气候、作物类型等多种因素的影响，因此在实际应用中需要根据具体情况进行调整和优化。最后，研究未对植保无人机防治柑橘全爪螨的机制进行深入探讨，未来需要进一步加强这方面的研究。

综上所述，本研究通过植保无人机对柑橘全爪螨的防效研究，探索了高效、环保的柑橘全爪螨防治方法。在作业参数优化、作业方式比较和药剂筛选方面取得了一些创新性的成果。然而，也存在一些不足之处，需要在未来的研究中进一步完善和深入。建议未来可以进一步探索不同作业方式对防治效果的具体影响，加强对植保无人机防治柑橘全爪螨机制的研究，并考虑将研究结果应用于更广泛的地区和作物类型中。

参考文献

陈功，廖凯，肖畑，等，2025. 植保无人机作业参数对雾滴在柑橘树冠层沉积分布的影响[J]. 中国植保导刊，45（2）：74-79.

陈贵峰，2018. 植保无人机防治柑橘木虱的前景探讨 [J]. 南方园艺，29（5）：27-29.

陈慧萍，丛林，李凤敏，等，2021. 柑橘全爪螨防控研究进展 [J]. 农药科学与管理，42（5）：24-34.

冯秀杰，张国宾，周星洋，等，2015. 黄皮新肉桂酰胺 B 对柑橘全爪螨 Panonychus citri 的生物活性 [J]. 植物保护学报，42（5）：763-769.

高军，李兴钊，吴春娟，等，2021. 多旋翼植保无人机在小麦不同生育期飞防飞行参数优选初探 [J]. 中国植保导刊，41（1）：77-81，101.

蒋梦侠，陈松，冯云斌，等，2023. 不同型号大疆植保无人机防治柑橘潜叶蛾的效果及应用效益 [J]. 四川农业科技（10）：34-38.

李明玥，成禄艳，崔阳阳，等，2024. 联苯肼酯与 2 种杀螨剂复配对柑橘全爪螨的联合毒力 [J]. 植物保护，50（3）：361-364.

林臻，范小龙，邓孔洪，等，2025. 植保无人飞机作业参数、作业方式对防治井冈蜜柚园柑橘全爪螨效果的影响 [J/OL]. 环境昆虫学报：1-13. [2025-03-05].

马利，封传红，郭永旺，等，2023. 四川省植保无人机的应用现状及前景展望 [J]. 中国植保导刊，43（3）：89-91.

蒙艳华，周国强，吴春波，等，2014. 我国农用植保无人机的应用与推广探讨 [J]. 中国植保导刊，34（S1）：33-39.

覃展翔，马修国，何勇强，2022. 植保无人机利用 84% 王铜（皇铜）防治柑橘溃疡病的初探 [J]. 广西农业机械化（5）：40-42.

孙胜，2019. 植保无人机作业参数优化及柑橘木虱防效研究 [D]. 广州：仲恺农业工程学院.

唐明丽，邓明学，门友均，等，2020. 极飞 P20 植保无人机飞防柑橘木虱试验初探 [J]. 广东蚕业，54（11）：72-73，146.

王玉芹，赵希兰，孟祥玉，等，2022. 枝江市柑橘大实蝇无人机防控项目技术方案 [J]. 果农之友（4）：53-55.

周志艳，明锐，臧禹，等，2017. 中国农业航空发展现状及对策建议 [J]. 农业工程学报，33（20）：1-13.

MENG Y H, SU J Y, SONG J L, *et al.*, 2020. Experimental evaluation of UAV spraying for peach trees of different shapes: Effects of operational parameters on droplet distribution [J]. Computers and Electronics in Agriculture, 170: 105282.

白星花金龟幼虫对 9 种植物物料的转化力比较*

王志豪[1]**，李永丽[1,2,3]，周　洲[1,2,3]***，潘鹏亮[1,2,3]，
贾少康[1]，郭旭阳[1]，林　晨[1]

（1. 信阳农林学院农学院，信阳　464000；2. 信阳市农业微生物资源开发与利用重点实验室，信阳　464000；3. 河南省信阳市植保微生物工程技术中心，信阳　464000）

摘　要：本试验选择信阳当地的 9 种植物废弃物，分析白星花金龟幼虫对酵化 30 d 物料的转化力。合适的温度条件下，虫体转化率从高到低依次为 50%玉米秸秆+小蓬草>田菁>50%玉米秸秆+白茅>小蓬草>马唐>狗尾草>50%梧桐树叶+杨树叶>葛>稗。冬季温度低的条件下，虫体平均增重从高到低分别为田菁>葛>马唐>小蓬草>50%玉米秸秆+白茅>50%玉米秸秆+小蓬草>50%梧桐树叶+杨树叶>稗>狗尾草。本研究初步明确了两种温度条件下白星花金龟幼虫对不同物料转化力的差异，可为这些有机废弃物进一步的资源化利用奠定基础。

关键词：白星花金龟；资源昆虫；资源转化；植物废弃物；转化力

Comparison of the Transformation Ability of *Potosia brevitarsis* Larvae to Nine Kinds of Plant Materials*

Wang Zhihao[1]**, Li Yongli[1,2,3], Zhou Zhou[1,2,3]***, Pan Pengliang[1,2,3],
Jia Shaokang[1], Guo Xuyang[1], Lin Chen[1]

(1. College of Agriculture, Xinyang Agriculture and Forestry University, Xinyang 464000, China; 2. Xinyang Key Laboratory of Agricultural Microbial Resources Development and Utilization, Xinyang 464000, China; 3. Xinyang Plant Protection Microorganism Engineering Technology Center, Xinyang 464000, China)

Abstract: In this experiment, based on the local plant waste in Xinyang, the transformation ability of the larvae of *P. brevitarsis* to 9 kinds of materials fermented for 30 days was analyzed. Under appropriate temperature conditions, the insect body conversion rate from high to low was 50% corn straw + *Conyza canadensis*, *Sesbania cannabina*, 50% corn straw + *Imperata cylindrica*, *Conyza canadensis*, *Digitaria sanguinalis*, *Setaria viridis*, 50% sycamore leaves + poplar leaves, *Pueraria lobata*, *Echinochloa crusgalli*. Under the condition of low temperature in winter, the average growth of insects in the materials from high to low were *Sesbania cannabina*, *Pueraria lobata*, *Digitaria sanguinalis*, *Conyza canadensis*, 50% corn

---

* 基金项目：信阳农林学院农学院 2024 年度本科生科研训练项目；信阳市重点研发与推广专项项目（20220061）

** 第一作者：王志豪，本科生，研究方向为植物保护；E-mail：2598497074@qq.com

*** 通信作者：周洲，教授，研究方向为植物病虫害绿色防控；E-mail：zhouzhouhaust@163.com straw + *Imperata cylindrica*, 50% corn straw + *Conyza canadensis*, 50% sycamore leaves + poplar leaves, *Echinochloa crusgalli*, *Setaria viridis*. This study preliminarily clarified the difference in the conversion ability of the larvae to different materials under the two temperature conditions, and laid a foundation for the further resource conversion of these organic wastes.

Key words: white star beetle; resource insects; resource transformation; plant waste; conversion force

农业有机废弃物资源种类繁多、数量大，对其进行资源化利用具有非常大的经济和生态价值（刘娟，2024）。研究表明白星花金龟（*Protaetia brevitarsis*）幼虫可取食畜禽粪便（杨柳等，2019）、作物秸秆（张广杰，2019）和木腐菌糠（杨昊庭，2023）等有机废弃物，将其转化为具有高蛋白的虫体和富含有机质的虫砂（杨诚等，2014）。相关研究分别对玉米秸秆（张广杰等，2019）、竹笋加工废弃物（张瑞姝和张燕如，2024）、食用菌糠（赵正萍等，2024；王志豪等，2023；杨昊庭，2023）进行了转化研究，并计算这些物料的转化利用效率。挖掘白星花金龟幼虫对有机废弃物资源转化潜力，可在更多场景中发挥其积极的生态功能。田菁、马唐、葛、小蓬草、稗、狗尾草、玉米秸秆、杨树叶、梧桐树叶、白茅等均为常见植物废弃物，其资源利用具有重大的现实意义。本文以这些植物废弃物为物料，比较白星花金龟幼虫取食的发育情况和转化能力，为这些废弃物的资源化利用奠定基础。

1 材料与方法

1.1 材料

（1）原料：田菁、马唐、葛、小蓬草、稗、狗尾草、玉米秸秆、杨树叶、梧桐树叶、白茅。

（2）试虫：白星花金龟3龄幼虫。

（3）主要实验仪器或器具：秸秆粉碎机（中国恒威农机厂）、电子天平（松莹精密天平 ZG-TP203）、分离筛（8目、10目、14目、30目）、蓝色塑料收纳框（外径 32 cm×21 cm×10.5 cm）、黑色圆形餐盒（24 cm×19.3 cm×8.5 cm）、塑料膜。

1.2 研究方法

各种物料首先经粉碎机破碎至长度约2 cm，粉碎过后的物料在地面上堆成堆，调节其含水量为50%~60%，置于连栋玻璃温室中加盖塑料膜酵化，每隔3 d进行倒堆。物料发酵周期30 d后，取相同重量的物料分别装入5个塑料盒，设立4个重复和1个不接虫的空白对照组，将15头生长一致的3龄幼虫接入重复组，记录虫体初始重量。定期观察物料将其含水量保持在50%~60%。每隔7 d将虫体拣出称取鲜重，筛取虫砂，称量虫体累计增重量、取食量和排粪量，并计算虫体平均增重量（单位 g/头）。参考文献计算虫体转化率、虫粪转化率、近似消化率（张广杰等，2019）。计算公式为（质量单位为g）：

虫体转化率（LCE）= 虫体累计增重量 /（取食量-排粪量）× 100%

虫粪转化率（FCR）= 排粪量 /（取食量-虫体累计增重量）× 100%

近似消化率（AD）=（取食量-排粪量）/ 取食量 × 100%

1.3 数据处理

运用 IBM SPSS Statistics 25 对试验数据进行统计分析，计算平均值及标准误，对不同处理进行单因素方差分析（One-Way ANOVA），对不同处理间的差异进行 Duncan 多重比较分析（$P<0.05$）。应用 Microsoft Excel 2021 绘制图表。

2 结果与分析

2.1 适宜温度条件下白星花金龟幼虫对不同物料的取食效果及转化率差异

全部 9 种物料的取食量从高到低分别为 50%玉米秸秆+小蓬草>田菁>葛>马唐>小蓬草>狗尾草>50%梧桐树叶+杨树叶>50%玉米秸秆+白茅>稗，如图 1-A 所示。50%玉米秸秆+小蓬草的取食量为最高，每组 7 d 取食量为（205.82±25.65）g，显著高于其他物料；其次为葛和田菁，这两组物料 7 d 的取食量分别为（155.81±8.90）g 和（157.31±4.79）g。

排粪量方面，从高到低依次为 50%梧桐树叶+杨树叶>小蓬草>马唐>田菁>葛>50%玉米秸秆+小蓬草>50%玉米秸秆+白茅>稗>狗尾草，如图 1-B 所示。50%玉米秸秆+小蓬草和小蓬草的排粪量最高，每组 7 d 分别为（35.81±1.41）g 和（31.83±3.10）g；其次为马唐和田菁，这两组物料 7 d 的排粪量分别为（26.27±1.67）g 和（24.51±0.82）g，这四组物料 7 d 的排粪量明显高于其他物料。

虫体平均增重量从高到低依次为 50%玉米秸秆+小蓬草>田菁>50%玉米秸秆+白茅>小蓬草>马唐>狗尾草>50%梧桐树叶+杨树叶>葛>稗，如图 1-C 所示。50%玉米秸秆+小蓬草的虫体平均增重量最高，每组 7 d 的虫体平均增重量为（0.37±0.15）g，显著高于其他物料；其次为田菁和 50%玉米秸秆+白茅，每组 7 d 的虫体平均增重量为（0.19±0.02）g 和（0.10±0.03）g。其中狗尾草、稗、50%玉米秸秆小蓬草、马唐和葛的虫体平均增重量为负值。

虫体转化率从高到低依次为 50%玉米秸秆+小蓬草>田菁>50%玉米秸秆+白茅>小蓬草>马唐>狗尾草>50%梧桐树叶+杨树叶>葛>稗，如图 1-D 所示。50%玉米秸秆+小蓬草的虫体转化率最高，每组 7 d 的虫体转化率为 3.28%±1.06%，显著高于其他物料；其次为田菁和 50%玉米秸秆+白茅，每组 7 d 的虫体平均增重量为 2.17%±0.28% 和 1.66%±0.45%。其中狗尾草、稗、50%玉米秸秆小蓬草、马唐和葛的虫体平均增重量为负值。

虫粪转化率从高到低依次为小蓬草>马唐>50%玉米秸秆+小蓬草>田菁>葛>50%梧桐树叶+杨树叶>50%玉米秸秆+白茅>稗>狗尾草，如图 1-E 所示。小蓬草的虫粪转化率最高，每组 7 d 的虫粪转化率为 27.96%±2.94%，显著高于其他物料；其次为马唐、50%玉米秸秆+小蓬草和田菁，每组 7 d 的虫粪转化率为 20.47%±2.79%、18.73%±2.29% 和 15.89%±0.51%。

近似消化率从高到低依次为狗尾草>稗>50%玉米秸秆+白茅>50%梧桐树叶+杨树叶>葛>田菁>50%玉米秸秆+小蓬草>马唐>小蓬草，如图 1-F 所示。狗尾草的近似消化率最高，每组 7 d 的近似消化率为 90.96%±0.70%；其次为稗，每组 7 d 的近似消化率为 92.35%±0.67%。

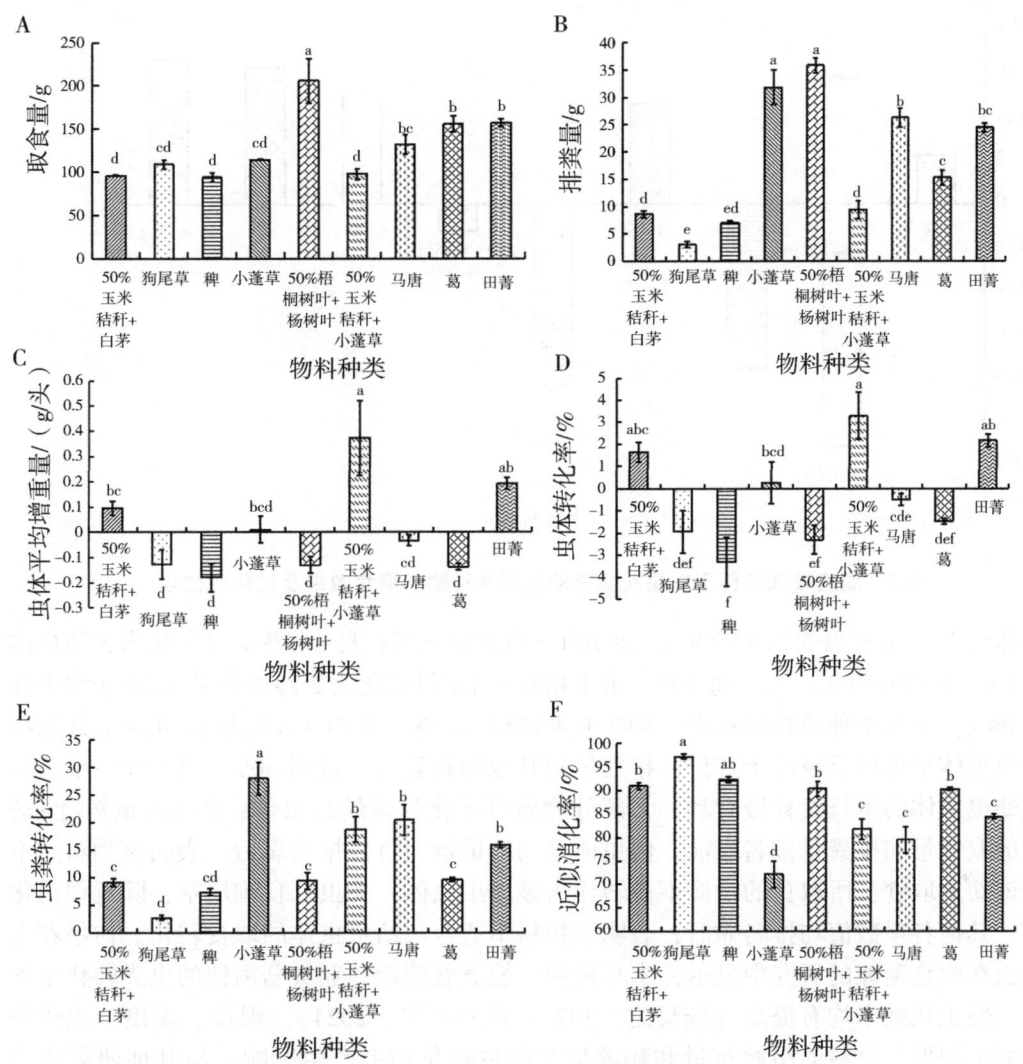

图 1 适宜温度条件下白星花金龟幼虫对九种物料取食效果及转化率比较

2.2 温度较低条件下白星花金龟幼虫对不同物料的取食效果及转化率差异

全部 9 种物料的虫体平均增重量从高到低分别为田菁>葛>马唐>小蓬草>50%玉米秸秆+白茅>50%玉米秸秆+小蓬草>50%梧桐树叶+杨树叶>稗>狗尾草，如图 2 所示。饲喂葛和田菁的虫体平均增重量为最高，每组 7 d 的近似消化率分别为 0.64 g/头和 0.67 g/头；其次为马唐，每组 7 d 的近似消化率为 0.50 g/头。

3 结论与讨论

在本次试验过程中，白星花金龟幼虫取食物料的适宜气温在 16~41.2 ℃。综合比较，植物废弃物转化力较高的依次为田菁、50%玉米秸秆+小蓬草和 50%玉米秸秆+白茅，其他每组物料 7 d 的虫体平均增重量均为负值。经折合，每 100 g 田菁可转化为 3

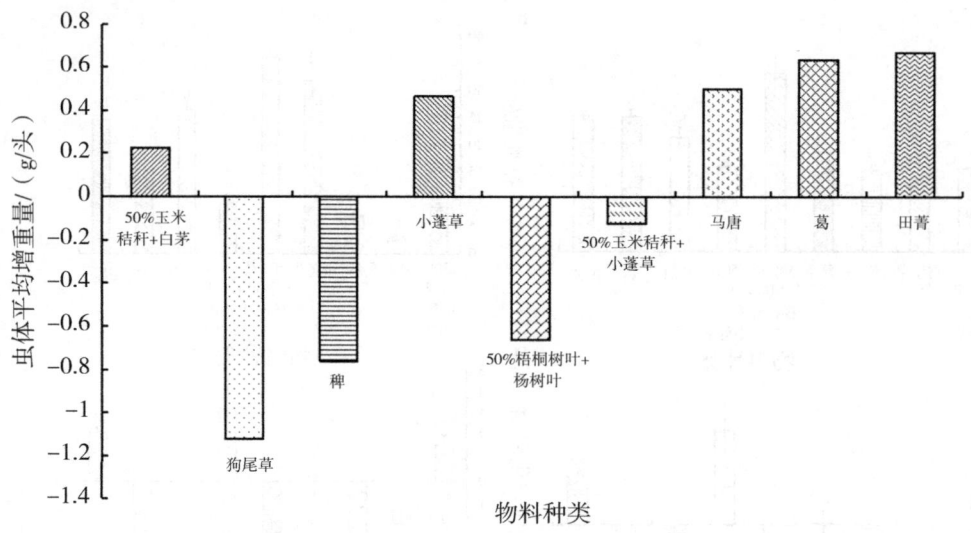

图 2　温度较低条件下白星花金龟幼虫对 9 种物料取食效果及转化率比较

龄虫体约 1.81 g 和虫粪约 15.58 g；每 100 g 的 50%玉米秸秆+小蓬草可转化为 3 龄虫体约 5.68 g 和虫砂约 9.67 g；每 100 g 玉米秸秆+白茅可转化为 3 龄虫体约 1.58 g 和虫粪约 9.04 g。在这 9 种植物物料中，50%玉米秸秆+小蓬草每组 7 d 的取食量少于其他物料，但虫体平均增重量居于首位，排粪量较其他物料靠后，说明 50%玉米秸秆+小蓬草对该幼虫虫体的生长发育最有利，大部分物质可转化为该幼虫虫体；50%梧桐树叶+杨树叶的取食量和排粪量排名靠前，但虫体平均增重量为负值排名靠后，表明该物料并不适合该幼虫取食，所取食的物质不能转化为该幼虫虫体；幼虫取食狗尾草，除近似消化率外，其他各项数值均排名靠后，表明该物料不适合该幼虫虫体的取食转化。白星花金龟幼虫在取食菌糠的研究中显示，木耳菌糠、榆黄蘑菌糠和猴头菇菌糠的虫粪转化率均较高，幼虫化蛹率均有提高（杨昊庭，2023；徐安东等，2024）。温度、湿度、虫体密度、酵解周期、材料的初始重量和粉碎均对幼虫转化物料产生影响，与其他研究比较（张广杰，2019；杨昊庭，2023；张广杰等，2019），在温度适宜条件下本次研究物料转化效率并不高，物料的块较大可能是主要原因，在未来的试验中有必要对物料的粉碎程度展开相关研究。

本次温度较低条件是指气温在 4.7~27.7℃变化，温度低会降低幼虫的活跃度，50%玉米秸秆+小蓬草、狗尾草、稗和 50%梧桐树叶+杨树叶组幼虫增重为负，但取食田菁、马唐、葛、小蓬草和 50%玉米秸秆+白茅的幼虫虫体平均增重为正值，增重值依次减小。本试验表明，温度并不是影响幼虫转化的唯一影响因素，物料的种类和组成成分也是重要影响因素。

参考文献

刘娟，2024. 农业有机废弃物资源化利用对环境保护的影响及策略［J］. 农业灾害研究，14（12）：187-189.

王志豪，李永丽，周洲，等，2023. 白星花金龟幼虫对八种物料转化力初步研究［C］//尹新明，王高平，席玉强. 华中昆虫研究（第十七卷）. 北京：中国农业科学技术出版社：161-165.

徐安东，张广杰，付娆，等，2024. 白星花金龟取食葡萄枝条的高效腐解条件和转化参数优化［J］. 新疆农业科学，61（12）：3067-3077.

杨诚，刘玉升，徐晓燕，等，2014. 白星花金龟幼虫资源成分分析及评价［J］. 山东农业大学学报（自然科学版），45（2）：166-170.

杨昊庭，2023. 白星花金龟幼虫对3种木腐菌糠的转化力研究［J］. 现代园艺，46（21）：28-30.

杨昊庭，2023. 转化不同食用菌菌糠对白星花金龟幼虫生长发育的影响［D］. 呼和浩特：内蒙古农业大学.

杨柳，张广杰，徐韬，等，2019. 白星花金龟幼虫对不同农业有机废弃物的转化力研究［J］. 新疆农业大学学报，42（3）：189-193.

张广杰，2019. 白星花金龟对有机废弃物的转化技术研究［D］. 泰安：山东农业大学.

张广杰，王倩，刘玉升，等，2019. 白星花金龟幼虫对不同酵化周期四种物料的转化力研究［J］. 山东农业大学学报（自然科学版），50（5）：764-767，804.

张瑞姝，张燕如，2024. 取食不同种类有机废弃物对白星花金龟生长发育的影响［J］. 林业调查规划，49（5）：167-171.

赵正萍，颜学武，于婷，等，2024. 白星花金龟对竹笋加工剩余物的转化能力研究［J］. 湖南林业科技，51（1）：97-101，110.

赣州中心城区园林优势天牛调查及生物防治试验[*]

陈元生[1][**]，曾林华[2]，欧阳志兴[2]

（1. 江西环境工程职业学院，赣州 341000；2. 江西省龙南市林业局，赣州 341700）

摘 要：天牛类蛀干害虫是危害城市园林植物且破坏性极强的害虫，为弄清江西赣州中心城区主要天牛的发生危害情况并及时减轻其危害，采用踏查法及定时定点样地详查法，我们系统调查赣州中心城区园林植物主要天牛的种类、分布、发生特点及其危害情况，并据此开展了生物防治试验。结果表明，赣州中心城区园林优势天牛有 5 种：星天牛（Anoplophora chinensis）、光肩星天牛（Anoplophora glabripennis）、云斑天牛（Batocera horsfieldi）、桑天牛（Apriona germari）和桃红颈天牛（Aromia bungii），其中发生危害频次最高的是星天牛和光肩星天牛。不同树种受天牛危害程度不同，受害最严重的是垂柳（Salix babylonica），有虫株率达 64.36%，其次是西府海棠（Malus micromalus）和红叶石楠（Photinia × fraseri），有虫株率分别为 46.00%和 42.41%，危害程度均达到严重程度。野外释放花绒寄甲（Dastarcus helophoroides）试验表明，经过 2 年的释放，防治效果良好，对这 5 种优势天牛的虫口减退率可达到 82.42%。综上所述，赣州中心城区主要园林植物受天牛危害比较严重（有虫株率达 12%以上），而"以虫治虫"是一种防治园林天牛较理想的生态友好型防控措施。

关键词：星天牛；光肩星天牛；云斑天牛；桑天牛；桃红颈天牛；花绒寄甲；生物防治；园林植物；危害情况

Investigation and Biological Control Experiment on Dominant Longhorn Beetle in the Central Urban Area of Ganzhou City[*]

Chen Yuansheng[1][**]，Zeng Linhua[2]，Ouyang Zhixing[2]

(1. Jiangxi Environmental Engineering Vocational College, Ganzhou 341000, China;
2. Longnan Forestry Bureau of Jiangxi Province, Ganzhou 341700, China)

Abstract: The longhorn beetle is a highly destructive pest that harms urban garden plants. In order to clarify the occurrence and harm situation of the main longhorn beetles in the central urban area of Ganzhou, Jiangxi, and to timely reduce their harm, we used the methods of field survey and detailed investigation of designated sampling sites. We systematically investigated the types, distribution, occurrence characteristics, and harm situation of the main longhorn beetles in the garden plants in the central urban area of Ganzhou, and conducted biological control experiments based on the survey results. The results showed that there are five types of advantageous longhorn beetles in the central urban area of Ganzhou: Anoplophora chinensis, Anoplophora

---

[*] 基金项目：江西省教育厅科技计划项目（GJJ204411）
[**] 第一作者：陈元生，教授，从事昆虫生物学和森林病虫害防治研究；E-mail:cys0061@163.com

glabripennis, *Batocera horsfieldi*, *Apriena germari*, and *Aromia bungii*. Among them, the most frequently endangered longhorn beetles are *A. chinensis* and *A. glabripennis*. Different tree species are affected to varying degrees by longhorn beetles. *Salix babylonica* is the most severely affected by longhorn beetles, with a pest infestation rate of 64.36%, followed by *Malus micromalus* and *Photinia* × *fraseri*, with pest infestation rates of 46.00% and 42.41%, respectively. Both species have reached a severe level of harm. The field release exper-iment of *Dastarcus helophoroides* showed that good control effects could be achieved after 2 years of release, and the insect population reduction rate of these 5 dominant longhorn beetles could reach 82.42%. It can be seen that the main garden plants in the central urban area of Ganzhou are seriously affected by longhorn beetles (with a pest rate of over 12%), and "using insects to control insects" is an ideal eco-friendly prevention and control measure for garden longhorn beetles.

Key words: *Anophora chinensis*; *Anophora glabripennis*; *Batocera horsfieldi*; *Apriena germari*; *Aromia bungii*; *Dastarcus helophoroides*; biological control; garden plants; hazard situation

赣州作为江西省的第二大城市,近年来随着城市化进程的加速,城区的绿地园林建设也在不断发展,对生态功能与生态资源的利用也日益重视。然而,园林植物在生长过程中常常受到各种病虫害的侵害,其中天牛是鞘翅目天牛科昆虫的总称,是一种常见的且对园林植物具有严重破坏性的害虫。天牛的寄主植物种类多,主要危害柳、红叶石楠、栾树、柑橘、海棠、桃、樱花和合欢等木本植物,天牛以其幼虫不断蛀食园林植物枝、干及根部,影响植物正常生长发育,严重时还会导致植株衰弱,甚至枯死,造成园林损失,失去绿化和观赏价值(武三安,2007;闫闯等,2003),而且被害植株容易造成断枝、树木倒伏,极易引发安全事故(徐冰等,2016)。

目前,关于园林天牛的研究主要集中在生物学特性、危害特点以及防控措施等方面(闫闯等,2003;徐冰等,2016;骆启权等,2013;陈少彬,2014;孙明哲等,2015)。据报道,目前我国园林树木的天牛优势种主要有光肩星天牛(*Anoplophora glabripennis*)、星天牛(*Anoplophora chinensis*)、云斑天牛(*Batocera horsfieldi*)、桑天牛(*Apriona germari*)、桃红颈天牛(*Aromia bungii Faldermann*)(闫闯等,2003;徐冰等,2016;邓福海,2013;庞静等,2014)。然而,针对赣州中心城区绿地这一特定地域,其优势天牛的调查研究尚未见报道。因此,开展赣州中心城区绿地园林优势天牛调查研究,对于深入了解该区域优势天牛的分布状况、种群数量、危害程度等特性,探索"以虫治虫"的生态友好型的防控技术和方法,减少化学农药的使用,进而制定有效的防控措施,这对于保护生态环境,生物多样性具有十分重要的现实意义。

1 材料与方法

1.1 调查地点及时间

调查地点:赣州市中心城区,重点是指章贡区全境,地处北纬25°40′16″~25°58′56″、东经114°46′44″~115°03′40″,东、南、北与赣县区接壤,西与南康区、赣州经济技术开发区相邻,总面积591 km²,属亚热带季风湿润气候区,气候温和,四季分明,雨量充沛，光照充足，年均气温19.4℃，无霜期286 d，年均降水量1 494.8 mm，年均日照1 888.5 h；冬盛行偏北风，夏盛行偏南风，适宜各种生物繁衍生长。园林天牛的危害调查，选择绿地面积较大的区域（包括章江足球公园、八镜公园、龟角尾公园、郁孤台公园、宋城公园、杨梅渡公园、武龙公园、章江国家湿地公园、红旗大道、赣州公园、城市中央公园、黄金广场、樱花公园、客家公园、火车站广场、涌金门等）公园（绿地）。

调查时间：2023年3月至2024年11月。

1.2 调查方法

2023—2024年，结合赣州市章贡区气候情况对各大公园、市政道路（绿地）的主要绿化乔木、灌木进行天牛虫害调查，在每年9月8：00—18：00进行，通过人工观察虫洞（产卵刻槽、虫粪情况及危害部位）、受害树干取样，系统地调查并统计各类寄主植物的种类和数量，详细记录受害部位的具体信息。在调查过程中，结合产卵刻槽、危害部位以及虫粪特征（表3）鉴别天牛的种类，将观察以及采集到的天牛害虫种类以及数量进行统计，记录有虫株数，统计有虫株率。

1.3 生物防治试验

防治试验选择在优势天牛多、危害比较严重的章江国家湿地公园，将公园分成4个试验区即4个处理，每个处理的受害植物（垂柳、栾树、红叶石楠、桃、梅、构树等）约220株，每个处理间的距离约330 m，其中3个处理释放花绒寄甲，另1个处理为对照，即不防治）。

野外释放的花绒寄甲成虫均来源于江西永福源农林科技有限公司，源自光肩星天牛的花绒寄甲种群种源为江西省赣州市、吉安市园林垂柳上寄生光肩星天牛种群繁殖出的后代（为$F_1 \sim F_2$代）。

释放方式：参照前期试验结果，于2022—2023年连续释放2年，每年于4月初释放，按每个虫孔释放4头花绒寄甲成虫的量进行释放。

释放花绒寄甲成虫后的第2年（即2023年、2024年），分别调查每株蛀孔虫粪木屑情况，若无新鲜虫粪排出则可判断为天牛幼虫已被花绒寄甲寄生，若继续出现新鲜虫粪则确定为未被寄生，即天牛幼虫仍活着，若有新鲜羽化孔则确定为天牛成虫已羽化，即未被寄生，分树体部位及虫粪情况，分别记录受害植物不同天牛的死亡数量、活虫数量，计算释放花绒寄甲后天牛幼虫的死亡率（虫口减退率）及校正死亡率（校正虫口减退率，即防治效果），公式如下：

减退率＝［（防治前总虫数-防治后总虫数）/防治前总虫数］×100%

校正减退率＝［（防治区减退率-对照区减退率）/（100-对照区减退率）］×100%

1.4 数据统计分析及危害程度分级

调查数据的差异性统计分析采用SPSS25.0统计软件进行方差分析（one-way ANOVA）和线性回归分析（Linear regression）。

同时依据LY/T 2011—2012《林业主要有害生物调查总则》的标准，对园林植物天牛危害程度进行分级，分为轻度（+）、中度（++）、重度（+++）三级，判断依据见表1。

表 1　天牛类蛀干害虫危害程度分级标准

树干或木材受害株率（y）/%	受害程度	程度等级
$0<y\leq10$	轻度	+
$10<y\leq20$	中度	++
$y>20$	重度	+++

2　结果与分析

2.1　赣州中心城区各公园（绿地）主要天牛危害情况及优势种

项目组于 2023 年 1 月至 2024 年 12 月，采用线路踏查、设置样地、标准地调查、现场观察、座谈访问、采集标本、拍照摄像等方法，通过对赣州市章贡区中心城区各大公园（绿地）的系统调查，全区先后共踏查 16 个公园（绿地），调查面积约 1 948.91 hm²，摸清了赣州中心城区（绿地）园林天牛类蛀干害虫的种类，结果显示，章江足球公园、章江国家湿地公园、八镜公园、龟角尾公园、郁孤台公园、宋城公园、黄金广场、樱花公园、火车站、涌金门及城市中央公园等处的垂柳、红叶石楠、栾树、樱花、女贞、合欢、紫叶李、桃、梅等植物的蛀干害虫尤其是天牛比较严重。各公园（绿地）园林植物天牛种类及危害情况调查结果见表 2。

表 2　赣州中心城区园林天牛种类及其危害情况

调查地点	受害较重的植物	主要天牛种类*	危害程度**	优势天牛
章江足球公园	红叶石楠、垂柳、紫叶李	光肩星天牛（37）、星天牛（53）	+++	星天牛
八镜公园	红叶石楠、樱花	光肩星天牛（31）、星天牛（58）	+++	星天牛
龟角尾公园	栾树、红叶石楠、悬铃木	桃红颈天牛（22）、光肩星天牛（30）、星天牛（48）	+++	星天牛
郁孤台公园	红叶石楠、栾树、桃	光肩星天牛（24）、星天牛（39）、桃红颈天牛（37）	+++	星天牛、桃红颈天牛
宋城公园	栾树、紫叶李	桃红颈天牛（34）、星天牛（57）	+++	星天牛
杨梅渡公园	日本晚樱、梅花、乌桕	光肩星天牛（35）、星天牛（49）	++	星天牛
武龙公园	红叶石楠、樱花	星天牛（83）	++	星天牛
章江国家湿地公园	栾树、红叶石楠、垂柳、桃、梅花、紫荆	星天牛（44）、云斑天牛（11）、桑天牛（13）、桃红颈天牛（31）	+++	星天牛、桃红颈天牛

(续表)

调查地点	受害较重的植物	主要天牛种类*	危害程度**	优势天牛
红旗大道	西府海棠、红叶李	桑天牛（46）、光肩星天牛（33）、星天牛（15）	+	桑天牛
赣州公园	西府海棠、蔷薇	光肩星天牛（92）	+	光肩星天牛
城市中央公园	垂丝海棠、垂柳、柴叶李	光肩星天牛（41）、云斑天牛（13）、桑天牛（12）、星天牛（34）	+++	光肩星天牛
黄金广场	红叶石楠、栾树、含笑、紫叶李、海棠	桃红颈天牛（43）、星天牛（47）	++	星天牛、桃红颈天牛
樱花公园	樱花	桃红颈天牛（67）、星天牛（27）	++	桃红颈天牛
客家公园	女贞、合欢、悬铃木	光肩星天牛（53）、星天牛（34）	+	光肩星天牛
涌金门	栾树	桃红颈天牛（31）、星天牛（49）	+	星天牛
赣州火车站广场	栾树、合欢、红叶石楠	桃红颈天牛（25）、星天牛（58）	++	星天牛

注：*表中括号内数字是该天牛数量占该公园（绿地）调查天牛总数量的百分数（%），**表中"+"表示轻度危害，"++"表示中度危害，"+++"表示重度危害。

由表 2 可见，危害赣州中心城区各大公园（绿地）的优势天牛有 5 种，分别是星天牛、光肩星天牛、云斑天牛、桑天牛和桃红颈天牛。这 5 种天牛的发生数量见图 1，

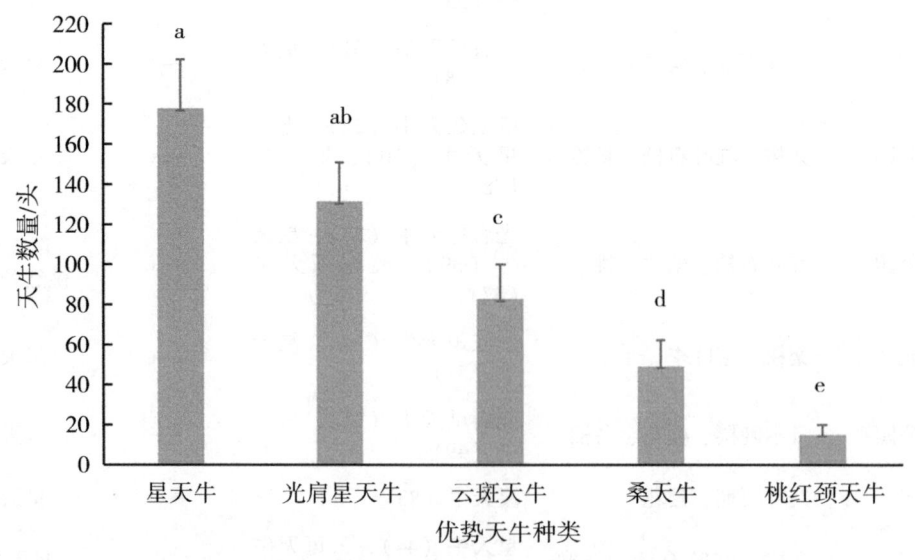

图 1 赣州中心城区园林优势天牛发生危害数量对比

注：图中不同小写字母表示差异达显著水平（$P<0.05$）（one-way ANOVA）。

其中发生危害数量最多的是星天牛，占优势天牛总数的38.98%，其次是光肩星天牛（占28.83%），但二者差异未达显著水平（$P<0.05$），两者之和占比超67%，显著高于其余3种优势天牛，说明危害赣州中心城区各大公园（绿地）园林植物的优势天牛是星天牛和光肩星天牛。

2.2 危害赣州中心城区园林植物的优势天牛发生危害特点

这5种优势天牛在赣州中心城区危害的主要园林植物、危害植物的枝干部位、年发生代数及天牛鉴别特征（产卵刻槽、虫粪形状）等见表3。由表3可见，星天牛、光肩星天牛、桑天牛和桃红颈天牛均为1年发生1代，云斑天牛为1~2年发生1代。光肩星天牛主要分布在主干与侧枝的分杈处以及主干部，云斑天牛则主要分布在主干部，在分杈处及根基部也有极少分布，星天牛和桑天牛则相反，星天牛幼虫绝大部分在根基部蛀食，而桑天牛幼虫则主要分布在小枝内取食危害，桃红颈天牛一般在根颈部蛀食。此外，一个树种上极可能有多种天牛危害。多种天牛成虫均有嗜食的植物，成虫产卵前，需啃食植物补充能量，可利用此特点对天牛进行诱捕防治（徐冰等，2016）。

表3 赣州中心城区园林优势天牛发生危害特点

种类	寄主植物	成虫嗜食的植物	产卵刻槽形态	危害枝干主要部位	虫粪形状	年发生代数
星天牛	复叶槭、美国红枫、杨树、柳树、栾树、合欢等	糖槭、苦楝、红枫	"T"形或"L"形	主干基部上下蛀食	细锯木屑状虫粪	1
光肩星天牛	垂柳、杨树、桑树、刺槐、悬铃木等	复叶槭、糖槭	椭圆形	大分枝下部至主干上部		1
云斑天牛	桑树、柳树等	蔷薇、月季	"一"字形	树干中部至分杈处	条索状木丝虫粪	0.5~1
桑天牛	桑树科植物、柳树、榆树等	桑树、构树	长方形或"U"形	1~2年生枝条，1级分杈处至主干	从上至下每隔一段距离就会有一个排粪孔	1
桃红颈天牛	桃树、樱花、海棠、紫叶李、栾树等	榆树、桃树	圆形或椭圆形	在根茎部上下蛀食	红褐色虫粪	1

2.3 不同树种的优势天牛危害情况

就树种而言（表4），受天牛蛀干危害最重的是垂柳，有虫株率达64.36%，与其他树种的虫株率的差异达显著水平（$P<0.05$）。其次是西府海棠和红叶石楠，虫株率分别为46.00%和42.41%，与其他树种的虫株率的差异也达显著水平（$P<0.05$）。西府海棠的被害部位多为树干中部，优势天牛为光肩星天牛，而红叶石楠的被害部位多为树干基部和表土裸露的树根处，优势天牛为星天牛。此外，调查中还发现，红枫和榕树没有受到优势天牛的危害。

表 4 赣州中心城区主要园林植物受优势天牛危害情况

植物种类	调查总数/株	虫株率/%	危害的主要公园（绿地）	优势天牛
垂柳	322	64.36±37.64 a	章江足球公园、章江国家湿地公园、赣州城市中央公园	光肩星天牛
西府海棠	60	46.00±38.49 b	章江国家湿地公园、赣州公园、黄金广场	光肩星天牛
红叶石楠	378	42.41±27.51 b	章江足球公园、章江国家湿地公园、八镜公园、郁孤台、武龙公园、火车站、黄金广场	星天牛
桃	39	32.50±7.50 bc	郁孤台、章江国家湿地公园、杨梅渡公园	桃红颈天牛
栾树	696	27.07±26.37 c	龟角尾公园、郁孤台、宋城公园、章江国家湿地公园、涌金门、火车站	星天牛
梅	42	23.81±2.10 c	杨梅渡公园、章江国家湿地公园	星天牛
日本晚樱	438	14.48±8.60 c	樱花公园、杨梅渡公园、武龙公园	桃红颈天牛
构树	42	14.29±1.71 c	章江国家湿地公园	云斑天牛
垂丝海棠	246	13.00±4.69 c	赣州城市中央公园	光肩星天牛
紫叶李	330	12.71±18.23 c	宋城公园、章江国家湿地公园、黄金广场	星天牛

注：同列均值后不同小写字母表示差异显著（$P<0.05$）（one-way ANOVA）。

2.4 释放花绒寄甲的防治效果

通过野外释放花绒寄甲成虫，根据蛀孔内天牛排粪情况判断其对园林植物 5 种优势天牛的寄生致死率（虫口减退率），结果见表 5。从表 5 可见，野外释放花绒寄甲对降低园林公园（绿地）的天牛虫口密度具有显著的效果。其中释放 2 次的防治效果（2024 年平均校正减退率 82.42%）显著高于释放 1 次的防治效果（平均校正减退率 62.19%）（$df=1, 28, F=37.72, P=0.000<0.01$），且对光肩星天牛和星天牛的防治效果好于桑天牛（$P<0.05$）。

表 5 释放花绒寄甲对园林优势天牛的防治效果

种类	防治前总虫数	释放 1 次后			释放 2 次后		
		总虫数	虫口减退率/%	校正减退率/%	总虫数	虫口减退率/%	校正减退率/%
星天牛	238	72	69.74±3.20 a	68.64±3.32 a	31	86.99±1.43 a	85.75±1.57 a
桃红颈天牛	199	65	67.54±3.69 a	66.36±3.83 a	31	84.57±2.12 ab	83.10±2.32 ab
光肩星天牛	141	41	71.14±2.38 a	70.10±2.47 a	15	89.51±2.91 a	88.51±3.19 a

(续表)

种类	防治前总虫数	释放 1 次后			释放 2 次后		
		总虫数	虫口减退率/%	校正减退率/%	总虫数	虫口减退率/%	校正减退率/%
云斑天牛	77	33	57.53±5.05 a	55.99±5.23 a	13	83.42±3.86 ab	81.84±4.22 ab
桑天牛	46	22	51.61±16.01 a	49.86±16.59 a	11	75.29±8.78 b	72.93±9.62 b
CK	229	221	3.49		209	8.73	
平均				62.19±10.71 A			82.42±6.94 B

注：同列均值后不同小写字母表示差异显著（$P<0.05$），同行均值后不同大写字母表示差异极显著（$P<0.01$）（one-way ANOVA）。

3 结论与讨论

在城市绿化管理中，园林天牛作为一种常见的蛀干害虫，对赣州中心城区公园（绿地）园林植物生长、生态环境与景观造成了一定的威胁与影响。本研究采用人工踏查法以及定时定点实地抽样调查法，全面系统调查了赣州中心城区 16 个主要公园（绿地）的垂柳、紫叶李、栾树、红叶石楠、桃、梅、樱花、海棠等 17 种园林植物的主要天牛种类、分布以及对植物的危害情况，通过 2 年对 2 593 株植物的详细调查，受害较重的 10 种园林植物（表 4）平均有虫株率达 29.06%，其中受天牛危害最严重的是垂柳，虫株率为 64.36%，其次是西府海棠和红叶石楠，虫株率分别为 46.00% 和 42.41%，危害程度均达到严重程度。

根据本调查，赣州中心城区园林植物发生频次比较高、危害比较严重的天牛即优势天牛有 5 种：星天牛、光肩星天牛、桑天牛、云斑天牛和桃红颈天牛，其中发生危害频次最高的是星天牛（占优势天牛总数的 38.98%），其次是光肩星天牛（占 28.83%）。在调查的赣州中心城区公园绿地中，危害垂柳的优势天牛为光肩星天牛和云斑天牛，危害垂丝海棠和红叶石楠的优势天牛为光肩星天牛，危害日本晚樱和栾树的优势天牛为星天牛，危害桃树的优势天牛种类为桃红颈天牛。

目前，赣州市城市园林对蛀干天牛一般采用幼虫期人工捕杀注药、成虫期喷洒微胶囊药物防治。但由于天牛幼虫危害具有很强的隐蔽性，再加上园林树体高大，发现和施药难度都很大，给防治带来极大困难，造成防治效果极差。况且，由于多年不间断的单一化学防治措施，加大了害虫的抗药性，不仅加大防治成本、使天敌系统十分脆弱，缺乏天然制约，而且严重影响城市生态环境和公共卫生安全，结果进入越防治越严重的恶性循环之中。相较于传统方法，利用花绒寄甲等天敌（"以虫治虫"）开展生物防治，可大大减少农药的使用量，不污染环境，也不影响其他昆虫的生存，对游客行人安全，也不会影响树木美观，较适合城市公园。近年来，花绒寄甲已广泛应用于国内重大林业天牛防治中（周嘉熹等，1985；张翌楠，2006；杨忠岐等，2012；陈元生等，2019），也有园林天牛防治方面的案例（杨忠岐等，2011；赵龙，2016；姜嫄等，2019；闫闯等，2023），且均取得较好的防治效果（严巍等，2017；刘皎华等，2019；闫闯等，2023）。本试验也得到相似的结果，经过 2 年的园林释放，取得较好的防治效果，对 5 种优势天牛虫口减退率即平均防治效果达到 82.42%，说明运用花绒寄甲来控制园林天牛是一种较理想的防治措施，值得进一步大力推广和研究。

赣州中心城区 5 种园林优势天牛成虫均有嗜食的植物，可利用天牛的这种特性对其进行诱集并人工捕捉（庞静等，2014；徐冰等，2016）。据顾叶（2010）报道，利用桑天牛嗜食桑树及星天牛嗜食苦楝作为补充营养的生活习性，通过在上海高科路段内每间隔 10 m 种植桑树和苦楝各 1 株，结果显示，诱树上诱集到的天牛数量是垂柳上的 1 倍左右，说明天牛对诱树的趋性远大于柳树。许晓明等（2023）报道，释放花绒坚甲虫+喷施 20%氯虫苯甲酰胺+移植糖槭树作为引诱树的方法能够有效防治光肩星天牛，起到保护园林中其他树木的作用（许晓明等，2023）。可见，根据当地优势天牛的种类，适当种植嗜食植物诱集天牛，进行成虫发生期及发生量预测，开展人工适时捕捉天牛成虫，并辅助喷施白僵菌防治天牛成虫，同时在受害程度轻度以上的园林植物上释放花绒寄甲防治天牛幼虫，4 种绿色防控手段结合进行，可达到大量捕杀天牛成虫和幼虫的目的，从而大大压低天牛种群密度、减轻其危害，是一种环保、生态、有效、可持续的防治手段，值得深入研究和推广应用。

参考文献

陈少彬，2014. 杨树天牛的生物学特性及防治措施 [J]. 安徽农学通报，20（10）：25-26.
陈元生，李新远，于海萍，等，2019. 松材线虫病疫木生物除害技术研究 [J]. 中国植保导刊，39（2）：82-87.
邓福海，2013. 南京市绿色通道柳树天牛为害现状及对策 [J]. 农业与技术，33（9）：81-82，38.
顾叶，2010. 上海地区绿化带主要天牛无公害防治技术应用研究 [J]. 上海农业科技（2）：102-104.
姜嫄，张翌楠，李志强，等，2019. 花绒寄甲防治旱柳光肩星天牛研究 [J]. 北京农业职业学院学报.36（6）：12-19.
刘皎华，朱振，姜嫄，等，2019. 常州市垂柳三种天牛的无公害防治技术试验 [J]. 中国森林病虫，38（6）：32-36.
骆启权，苏远达，2013. 桑天牛成虫生物学特性及林间动态 [J]. 安徽农业科学，41（35）：13572-13574.
庞静，王宗喜，肖景义，2014. 鲁南园林主要天牛防治要点 [J]. 植物医生，27（5）：19-20.
孙明哲，王佩星，徐华潮，2015. 两种药剂对光肩星天牛化学防治试验 [J]. 浙江林业科技（4）：74-76.
武三安，2007. 园林植物病虫害防治 [M]. 北京：中国林业出版社.
徐冰，莫烨犇，金晨莺，2016. 杭州地区危害园林植物的主要天牛种类及防治技术 [J]. 现代农业科技（10）：111-113.
许晓明，郝佳，邓小芳，等，2023. 糖槭树作为引诱树在园林上防治光肩星天牛的效果分析［J］.江西农业学报，35（2）：116-120.

闫闯，陈元生，罗致迪，等，2023.花绒寄甲对垂柳主要天牛防效的评价［J］.中国植保导刊，43（11）：53-59.

严巍，朱春刚，陈东旭，等，2017.花绒寄甲对垂柳天牛的防治效果［J］.中国植保导刊，37（2）：28-30.

杨忠岐，李建庆，梅增霞，等，2011.释放花绒寄甲防治危害白蜡的云斑天牛［J］.林业科学，47（12）：78-84.

杨忠岐，王小艺，张翌楠，等，2012.释放花绒寄甲和设置诱木防治松褐天牛对松材线虫病的控制作用研究［J］.中国生物防治学报，28（4）：490-495.

张翌楠，2006.松褐天牛的天敌昆虫调查及生物防治技术研究［D］.北京：中国林业科学研究院.

赵龙，2016.漯河地区释放花绒寄甲防治云斑天牛效果评价［J］.现代园艺（5）：5-6.

周嘉熹，鲁新政，逯玉中，1985.引进花绒寄甲防治黄斑星天牛试验报告［J］.昆虫知识，22（2）：84-86.

湖北省太子山林场森林病虫害调查和防治建议

林 虎[1]**，张子一[2]，胡 云[1]，夏剑萍[2]，刘印茹[2]，
徐小文[2]，查玉平[2]，徐春永[1]***

（1. 湖北省太子山林场，荆门 431822；2. 湖北省林业科学研究院，武汉 430075）

摘 要：湖北省太子山林场是一个重要的林业基地，森林覆盖率高，生态环境优美。然而受2024—2025年暖冬和降水偏少的气候影响，林场面临病虫害暴发的风险，可能对森林资源造成经济损失和景观破坏。本研究旨在通过系统调查和分析，评估主要树种的病虫害风险，并提出科学的防控措施，以保障森林资源的可持续利用。研究采用标准地调查法，在太子山林场选取代表性林分设立标准地，涵盖马尾松、杉木、柏木、楠木等主要树种。记录病虫害种类、发生株数、危害部位及程度。调查重点包括松材线虫病、马尾松毛虫、黑翅土白蚁、星天牛等常见森林病虫害，并对新发或潜在危险性病虫害（如紫薇绒蚧、楠木黑斑病）进行监测。调查发现，马尾松林普遍存在黑翅土白蚁危害，部分样地松材线虫病仍未完全控制。杉木林黄化病严重，可能与环境因素有关；楠木林枝干病害普遍，并发现古毒蛾危害。观赏树木中，星天牛对月季等园林树木危害严重，危害率超过50%。此外，林场存在松材线虫病疫木处理不彻底、森林质量下降及病虫害防治意识不足等问题。针对调查结果，建议加强松材线虫病疫木的规范处理，严格执行"即死即清"原则。同时，优化林分结构，培育混交林以提高生态系统稳定性。此外，建立固定监测样地，定期调查病虫害动态，及时发现并防治暴发性病虫害。这些措施将有助于降低病虫害风险，保障太子山林场的森林健康和可持续发展。

关键词：太子山林场；病虫害调查；松材线虫病；防治措施

Investigation and Control Suggestions for Forest Pests and Diseases in Taizishan Forest Farm of Hubei Province

Lin Hu[1]*, Zhang Ziyi[2], Hu Yun[1], Xia Jianping[2], Liu Yinru[2],
Xu Xiaowen[2], Zha Yuping[2], Xu Chunyong[1]**

（1. *Taizishan Forest Farm Hubei*, *Jingmen* 431822, *China*；
2. *Academy of Forestry*, *Whuhan* 430075, *China*）

Abstract：The Taizishan Forest Farm in Hubei Province is a vital forestry base with high forest coverage and a pristine ecological environment. However, due to the warm winter and reduced precipitation during 2024–2025, the forest farm faces an increased risk of pest and disease

---

* 基金项目：2024中央财政林业科技推广示范项目：松褐天牛生物防治关键技术应用（鄂〔2024〕TG32号）
** 第一作者：林虎，工程师，主要研究方向为森林经营与森林生态修复；E-mail:2930176579@qq.com
*** 通信作者：徐春永，副研究员，主要研究方向为森林经营与管理

outbreaks, which could lead to economic losses and landscape degradation. This study aims to systematically assess the pest and disease risks affecting major tree species and propose scientifically grounded control measures to ensure the sustainable utilization of forest resources. The research employed the standard plot survey method, selecting representative forest stands within Taizi Mountain Forest Farm to establish sample plots covering key species such as Masson pine (*Pinus massoniana*), Chinese fir (*Cunninghamia lanceolata*), cypress (*Cupressus spp.*), and nanmu (*Phoebe zhennan*). Data were collected on pest and disease types, incidence rates, affected plant parts, and severity levels. The survey focused on common threats like pine wilt disease (*Bursaphelenchus xylophilus*), *Dendrolimus punctatus*, *Odontotermes formosanus*, and *Anoplophora chinensis*, while also monitoring emerging or potentially hazardous pests and diseases (e.g., *Eriococcus lagerstroemiae* and nanmu black spot disease). Findings revealed widespread damage from black-winged subterranean termites in Masson pine stands, with pine wilt disease persisting in some areas. Chinese fir plantations exhibited severe chlorosis, likely linked to environmental stressors, while nanmu stands showed prevalent stem and branch diseases, alongside infestations of *Orgya antiqua*. Among ornamental trees, *Anoplophora chinensis* inflicted significant damage (exceeding 50% infestation rates) to species such as Rosa chinensis *Rosa chinensis*. Additionally, issues included inadequate disposal of pine wilt disease-infected wood, declining forest quality, and insufficient pest control awareness. To address these findings, the study recommends strict adherence to standardized protocols for disposing of infected wood, enforcing the "remove immediately upon detection" principle for pine wilt disease. Furthermore, optimizing stand structure by promoting mixed-species plantations could enhance ecosystem resilience. Establishing permanent monitoring plots for regular pest and disease surveys would enable early detection and control of outbreaks. These measures are critical for mitigating risks and safeguarding the health and sustainable development of Taizishan Forest farm.

Key words: Taizishan forest farm; pest and disease survey; pine wilt disease; control measures

湖北太子山林场位于湖北省京山市西南部，是一个集森林资源培育、林业科研实践、森林康养和森林生态旅游于一体的省直属实验林场。林场总面积约为75.3km^2，森林覆盖率高达85%（郭国志等，2022）。生态环境优美，是江汉平原北麓重要森林生态屏障。分布有400种植物和200多种野生动物，其中包括10余种国家级和省级重点保护动物（贾秀红等，2020）。林场2002年被评定为国家级森林公园，建有国家4A级风景区1个，2011年被授予"国家生态文明教育基地"，是湖北省重要的林业基地之一。

2024—2025年湖北省展现出冬季气温偏高和降水偏少的气候特点，这类极端天气容易造成森林结构受损，病虫害暴发等不利于森林健康的问题（黄长江等，2022），对森林造成的潜在经济损失和景观破坏影响。研判太子山林场主要树种病虫害的未来暴发风险上升。本研究主要目标是摸清太子山林场主要树种的病虫害发生情况，有针对性地提出科学、可行的防控措施，降低病虫害暴发风险，确保森林资源的可持续发展和利用。为湖北省森林健康保护工作提供技术示范和实践参考，助力全省森林生态系统的稳定与可持续发展。

1 调查区概况及调查方法

1.1 调查范围及调查对象

湖北省太子山林场管理局下辖的 4 个林场，主要分布有马尾松 *Pinus massoniana*、杉木 *Cunninghamia lanceolata*、柏木 *Cupressus funebris* 和楠木 *Phoebe zhennan* 等树种，同时包含观赏植物、苗圃及其他森林资源分布区。调查对象为林场中重要树木的主要病虫害。主要树种包括马尾松、杉木、柏树、栎木等乔木林树种，红果冬青、三角枫等乡土树种，楠木、对节白蜡等珍贵林木，以及月季、紫薇、樱花、梅花等观赏树种。重点关注松材线虫病、马尾松毛虫、黑翅土白蚁、星天牛、栎纷舟蛾等常见病虫害，同时对新发或潜在危险性病虫害（如紫薇绒蚧、楠木黑斑病等）进行监测调查。

1.2 调查方法

调查主要采用标准地调查法，在前期调查的基础上，选择具有代表性的林分设立标准地，进行调查。标准地的设置应涵盖松、杉、柏等主要树种、林龄、林相等，每块标准地面积为 1 亩，包括不少于 100 株目标树。在标准地内，随机选择调查样树 20 株，记录病虫害的种类、发生株数、危害部位、危害程度等数据，并计算病虫害的发病率和严重度。病虫害严重程度的判断标准参相关文献（方中达，1979；吴可嘉，2018），结合林场病虫害实际情况制定标准（表1）。调查时间为 2025 年 2 月 15—28 日。以下是具体树种的调查方法。

表 1 森林病虫害危害程度评估表

分级标准	代表符号	侵害部位	判断标准
偶发	偶发	叶	受害叶片百分率3%以下
		枝	受害枝条占总枝条3%以下
		系统性病虫害	受害株占总样株3%以下
轻微	+	叶	受害叶片百分率3%~25%
		枝	受害枝条占总枝条3%~25%
		系统性病虫害	受害株占总样株3%~20%
中等	++	叶	受害叶片百分率26%~50%
		枝	受害枝条占总枝条26%~50%
		系统性病虫害	受害株占总样株21%~40%
严重	+++	叶	受害叶片百分率50%以上
		枝	受害枝条占总枝条50%以上
		系统性病虫害	受害株占总样株40%以上

（1）马尾松 *Pinus massoniana*，选择具有代表性的林分，包括不同林龄、立地条件

和经营措施的林分。马尾松林主要调查的越冬虫害包括：食叶害虫（马尾松毛虫 *Dendrolimus punctatus*、松茸毒蛾 *Dasychira axutha*），钻蛀类害虫（松褐天牛 *Monochamus alternatus*、松瘤象 *Sipalus gigas* 等）；病害主要为松材线虫病。共选取 5 块样地，每块样地间至少间隔 1 km。每个样地面积约为 1 亩（667 m²），确保样地内包含至少 100 株马尾松。在标准地内采用对角线取样法选取 20 个样株。针对虫害调查，每株样树需按以下步骤操作：将标准株 1.0~1.5 m 高度的树干翘皮剥开，统计该区分段上的马尾松毛虫幼虫数量并记录。除松毛虫外，还需留意马尾松林内松材线虫的发生情况，重点检查样地内的被压木、变色木、雪折木等情况，检查其树干上松褐天牛的发生情况，是否存在大量木屑、流脂、打孔等情况，对疑似松材线虫病的样株需取样进行室内检测。同时检查样地内的伐桩处理情况以及枯枝清理情况。

（2）栎树，在太子山林场主要是麻栎 *Quercus acutissima*，栓皮栎 *Quercus variabilis* 林，选择具有代表性的栎树林分，包括不同林龄、立地条件和经营措施的林分的样地共 3 块。栎树主要食叶害虫、蛀干害虫、枝梢害虫，如栎粉舟蛾 *Fentonia ocypete*、栎旋木柄天牛 *Aphrodisium sauteri*、栎大蚜 *Lachnus roboris* 等。栎树主要叶部病害、枝干病害、根部病害，如栎树白粉病、栎树炭疽病、栎树溃疡病等。针对虫害每株样树需要调查以下步骤：树干调查时，检查树干基部、树皮裂缝、翘皮下等处的越冬虫态（卵、幼虫、蛹、成虫）；枝条调查时，剪取样株上不同方位的 1 年生枝条，检查枝条上的越冬虫态；地面调查时，收集样株树冠投影范围内的枯枝落叶并挖取 5 cm 以内的浅表土层，检查其中的越冬虫态。统计每株样株上的越冬虫口数量，样地的有虫株率和平均虫口密度。针对病害需要进行以下步骤：枝条调查时，观察样株上枝条病斑类型、颜色、大小、数量等，必要时进行切片镜检；根部调查时，挖取有明显症状的样株根系，观察根部病斑类型、颜色、大小、数量等。统计样地内病虫害的发生率和发生严重程度。

（3）柏树，太子山林场内柏树的主要树种为侧柏 *Platycladus orientalis*，选择具有代表性的栎树林分，包括不同林龄、立地条件和经营措施的林分样地共 3 块。主要调查虫害包括：双条杉天牛 *Semanotus bifasciatus*、侧柏毒蛾 *Parocneria orienta*、柏肤小蠹 *Phloeosinus perlatus* 等。主要调查病害为侧柏叶枯病以及侧柏溃疡病。针对虫害，树干调查时，检查树干基部、树皮裂缝、翘皮下等处的越冬虫态（卵、幼虫、蛹、成虫），重点检查柏树树干的流脂情况和蛀孔情况，留意树下是否有木屑和虫粪的残留；枝条调查时，剪取样株上不同方位的 1 年生枝条，检查枝条上的越冬虫态。针对病害需要进行以下步骤：叶片调查时，观察样株上叶片病斑类型、颜色、大小、数量等；枝条调查时，观察样株上枝条病斑类型、颜色、大小、数量等，必要时进行切片镜检；根部调查时，挖取有明显症状的样株根系，观察根部病斑类型、颜色、大小、数量等。统计样地内病虫害的发生率和发生严重程度。

（4）杉木 *Cunninghamia lanceolata*：在林场选取具有代表性的杉木林样地两块。主要调查对象包括虫害：双条杉天牛 *Semanotus bifasciatus*、杉梢小卷蛾 *Polychrosis cunninghamiacola* 及白蚁和病害杉木炭疽病、杉木赤枯病、杉木黄化病等。杉木的调查方法参照柏树调查方案，需重点注意以下事项：选择存在成片枯死现象的杉木林分进行调查；对完全枯死的杉木，应伐倒后采集树干与根部样本，于实验室内进行病原分离以鉴定病害种类。

（5）楠木，太子山林场主要楠木种类为桢楠 *Phoebe zhennan*、闽楠 *Phoebe bournei* 和浙江楠 *Phoebe chekiangensis*，树龄主要在 8～10 年以及大量的 3 年生以下的苗木。样地共选择 5 块（其中成林样地选择 3 块苗圃样地选择 2 块）。楠木越冬虫害主要调查对象：食叶害虫，如古毒蛾 *Orgyia antiqua*，钻蛀类害虫，如乌桕长足象 *Alcidodes erro*、黑星天牛 *Anoplophora leechi*；植物病害，如楠木炭疽病，楠木黄叶病等。

针对虫害每株样树需要调查以下步骤：树干调查时，检查树干基部、树皮裂缝、翘皮下等处的越冬虫态（卵、幼虫、蛹、成虫）；枝条调查时，剪取样株上不同方位的 1 年生枝条，检查枝条上的越冬虫态；地面调查时，收集样株树冠投影范围内的枯枝落叶，检查其中的越冬虫态。统计每株样株上的越冬虫口数量，样地的有虫株率和平均虫口密度。针对病害需要进行以下步骤：叶片调查时，观察样株上叶片病斑类型、颜色、大小、数量等；枝条调查时，观察样株上枝条病斑类型、颜色、大小、数量等，必要时进行切片镜检；根部调查时，挖取有明显症状的样株根系，观察根部病斑类型、颜色、大小、数量等。统计样地内病虫害的发生率和发生严重程度。

（6）其他经济林木，除主要树种外，本次调查还覆盖了样地周边面积较小的其他经济林木，包括月季、枫香、泡桐、三角枫、红果冬青、红叶石楠、樱花等。调查以地面踏查为主要方法，根据辖区目标林分和历年病虫害发生情况设置踏查路线，并组织开展巡查。在踏查过程中，每个树种至少调查 20 株，记录发现的病虫害种类、分布范围及发生面积等信息，并填写踏查病虫害调查表。若现场无法鉴定病虫害种类，可采集标本带回实验室进行鉴定。

2 调查结果与分析

2.1 马尾松

调查结果见表 2，由表可知，在选择的 5 块样地内的 100 棵马尾松，均未发现马尾松毛虫越冬幼虫。但在所有样地均发现了白蚁的危害，且石龙林场的两个样地内危害率都超过了 30%。在石龙林场王莽洞的马尾松样地和王岭林场样地由于还未完成松材线虫病疫木处治，都发现了受到松材线虫感染的样树。在所有松树样地内均发现了未处理的伐桩和大量散落的马尾松树枝，存在松材线虫传播的风险。在石龙林场王莽洞林场的样地内取样的少量松针上发现了松树枯梢病和松树针枯病，但是发病轻微暂不构成危害。

表 2 太子山林场马尾松林样地病虫害调查结果

调查样地	所在林场	马尾松毛虫危害	松材线虫危害	白蚁危害
牛尾巴桥附近	石龙林场	未发现	未发现	++
王莽洞景区	石龙林场	未发现	++	++
仙女紫薇园	仙女林场	未发现	未发现	+
上寺门	王岭林场	未发现	+	+
侯集山	雁门林场	未发现	未发现	+

2.2 柏树、栎树

柏树及栎木的样地集中在石龙林场和仙女林场内，2个树种均选择样地3块，每个树种分别调查样树60棵。柏木林内未发现明显的病虫害发生。在栎木林内仅在落叶部分落果内发现少量的钻蛀类害虫的越冬幼虫。此外未发现其他病虫害的发生。

2.3 杉木

调查了2个杉木林样地，调查结果见表3，由表可知，2块样地内调查的杉木均发现超过50%的杉木树叶出现枯叶从树冠下向上，从冠里向外渐渐退绿变黄，失去光泽，渐渐变为红褐色直至整株枯萎死亡。在收集的杉木叶片、枝干及根部标本中分离出了几种致病真菌，但均不能证明是病原菌，现初步判断为由环境因素造成的杉木黄化病。在仙女林场的杉木样地内发现了少量小蠹虫的羽化孔但未发现越冬成虫。

表3 太子山林场杉木林样地病虫害调查结果

调查样地	所在林场	杉木小蠹危害	杉木黄化危害
林泉冲	王岭林场	未发现	+++
磨吉观	仙女林场	+	+++

2.4 楠木

调查结果见表4，由表可知，在样地内所有的楠木枝干和叶片上均发现了症状，具体表现为末端茎干上发现黑斑或黑点，部分比较严重的表现为树冠下部的枝干枯死。在叶片表现为新生叶片发黄枯死。采样分离了葡萄座腔菌属、叶点霉属和间座壳属的真菌，这些真菌寄主广泛，能引起多种植物病害，造成枝干坏死、枯萎等，但目前没有证据表明它们是楠木上的病原菌。另外在两个楠木成林样地中均在叶片阴面发现了毒蛾的茧，初步判断为古毒蛾。且样树上发现了大量的叶片缺刻暗示存在鳞翅目幼虫的危害，但没有发现越冬态的卵。另外在王岭林场的杉木样地内发现栽种的楠木苗没有拆除营养钵，影响了楠木的正常生长。

表4 太子山林场楠木林样地病虫害调查结果

调查样地	所在林场	样地种类	毒蛾危害	楠木枝干及叶部病害
牛尾巴桥	石龙林场	苗圃	未发现	+++
东马管护站	仙女林场	成林	++	+++
仙女林场苗圃	仙女林场	苗圃	未发现	+++
团山	王岭林场	成林	+	+++

2.5 其他观赏园林树木

观赏园林树木的调查主要集中在石龙林场的月季园周围，主要发现了星天牛的危害，其中月季星天牛危害率超过50%，月季园周围的黄山栾、枫香、红果冬青、三角枫均受到星天牛危害，其中黄山栾树危害概率接近100%。在仙女林场支部委员会附近的46株对节白蜡均发现白蚁危害。

3 讨论及防治措施建议

总体来说，太子山林场的森林健康程度较高，主要乔木林分如松树、柏树、栎树没有严重的病虫害发生，松材线虫也得到了控制。但依然存在如下病虫害问题：①松材线虫的防治存在执行质量问题，防治过的马尾松林内依然普遍存在未处理伐桩和残余的松树枝条。需要加强松树疫木的砍伐监管，严格执行相关标准保证防治效果。②森林质量有待加强，主要的林木林龄偏大，松树和柏树的林龄均超过50岁。楠木林和杉木林均存在郁闭度过大株距过小的问题。③森林病虫害防治意识不足，月季园内的星天牛危害发生多年但未实施有效防治，导致虫口积累扩散，月季园周边苗圃均受星天牛危害。④在调查中还发现了如松树枯梢病和杉木小蠹虫等发生不严重的病虫害，虽现不造成严重危害，但是如结合极端天气、不利的生长条件以及其他病虫害发生等因素的发生仍可能造成严重经济损失（甘玉英，2006；廖太林等，2006），需要保持监测。

防治措施建议：①严格执行松材线虫病疫木处治规范，采用"即死即清"原则，发现病死木/衰弱木立即伐除疫木，必须就地粉碎/削片（颗粒≤1cm）或焚烧，伐桩采用钢丝网全覆盖或覆膜处理。②加强森林经营，对林龄较高郁闭度较高的林分，调整林分结构，培育天然异龄林和混交林，提高森林生态系统的稳定性和多样性。③建立林场森林病虫害监测制度，对于主要树种，重点树种病虫害建立固定样地，并按固定时间进行调查。发现有病虫害暴发迹象，及时防治避免造成重大经济损失。④有针对性地使用生物防治技术，如松材线虫病的媒介松褐天牛可以使用花绒寄甲进行控制，调查中发生比较严重的古毒蛾和星天牛可使用 Bt 或者白僵菌等生物农药进行防治，降低使用化学药剂对森林生态的影响。

参考文献

方中达，1979. 植病研究方法［M］. 北京：农业出版社.
甘玉英，2006. 溧水杉木频繁枯死原因及治理对策调查研究［J］. 江苏林业科技，33（1）：3.
郭国志，袁传武，刘多，2022. 太子山国有林场森林康养基地建设及思考［J］. 湖北林业科技，51（6）：81-84.
黄长江，何杨辉，周灵燕，等，2022. 极端气候影响华中和东南地区森林生态系统结构与功能的研究进展［J］. 陆地生态系统与保护学报，2（5）：71-83.
贾秀红，汪文涛，胡云，等，2020. 基于生态足迹成分法的太子山国家森林公园旅游承载力［J］. 华中农业大学学报，39（4）：57-62.
廖太林，叶建仁，2006. 中国南方松树枯梢病地域分布的气候分区［J］. 林业科学研究，19（5）：643-646.
吴可嘉，2018. 杭州市校园园林植物病虫害调查研究［D］. 杭州：浙江大学.

海南省黎母山自然保护区天蛾科昆虫多样性调查

王和旺[1,2]**，黎春慧[1]，王 星[1]***

（1. 琼台师范学院，海口 571100；2. 湖南农业大学植物保护学院，长沙 410128）

摘 要：本研究于2023年2—8月每月中下旬定期定点利用灯诱法对海南黎母山自然保护区热带雨林生态系统中的天蛾科Sphingidae昆虫进行采集。共获得标本358个，涵盖3亚科22属39种，其中长喙天蛾亚科21种，占总数的68.74%；天蛾亚科2种，占总数的1.96%；目天蛾亚科16种，占总数的29.30%；有17属为保护区新记录属，较历史记录实现属级分类单元倍增，填补了区域类群分布空白。通过对天蛾科昆虫多样性特征［包括Margalef丰富度指数（6.46）、Shannon-Wiener指数（2.71）、香农均匀度（0.738）、Simpson指数（0.884）、辛普森均匀度（0.989）和等级-多度曲线］进行分析，黎母山自然保护区天蛾科群落并未由单一广适种主导，而属于少量广适种与大量偶见种共存状态，偶见种丰富度高。时间动态分析表明，6—7月为物种数及个体量同步高峰期，与热带雨季蜜源植物物候期高度吻合。本研究为黎母山自然保护区天蛾科多样性保护提供了基线数据，突显了热带雨林昆虫群落的复杂性，同时，也为热带岛屿生物多样性保护与生态系统管理提供了科学依据。

关键词：海南省；黎母山自然保护区；天蛾科；昆虫多样性；时间动态

Investigation on the Diversity of Sphingidae in Limu Mountain Nature Reserve, Hainan Province*

Wang Hewang[1,2]**, Li Chunhui[1], Wang Xing[1]***

(1. Qiongtai Normal University, Haikou 571100, China; 2. College of Plant Protection, Hunan Agricultural University, Changsha 410128, China)

Abstract: In this study, we collected Sphingidae insects in the tropical rainforest ecosystem of Limu Mountain Nature Reserve from February to August 2023 by lamp trapping at regular intervals in the middle and late parts of each month, and obtained a total of 358 specimens covering 39 species in 22 genera of 3 subfamilies. Among them, 21 species of Sphinginae, accounting for 68.74% of the total; 2 species of Sphinginae, accounting for 1.96% of the total; and 16 species of Smerinthinae, accounting for 29.30% of the total. 17 genera are newly recorded in the reserve, which is a multiplication of taxonomic units at the genus level compared with the historical records and fills in the gaps of the distribution of taxa in the region. Characterization of the diversity of Sphingidae showed that the Sphingidae community in Limu Mountain Nature Reserve was not

---

* 基金项目：琼台师范学院校级重点课题（qtky202402）；琼台师范学院度校级名师工作室项目（qtjg2024-15）
** 第一作者：王和旺，本科生，主要从事生物多样性研究；E-mail:2787998634@qq.com
*** 通信作者：王星，教授，主要从事生物多样性与保育研究；E-mail:xingwanghjt@163.com

dominated by a single broadly adapted species, but rather by a single broadly adapted species, and the Sphingidae community in Limu Mountain Nature Reserve was not dominated by a single broadly adapted species. dominated by a single broadly adapted species, but a small number of broadly adapted species coexisted with a large number of occasional species, the broadly adapted species did not form an absolute monopoly, and the richness of occasional species was high. Temporal dynamic analysis showed that the number of species and the number of individuals peaked from June to July, which was highly consistent with the climatic period of tropical rainy season honey plants. This study provides baseline data for the conservation of Sphingidae diversity in Limu Mountain Nature Reserve, highlights the complexity of tropical rainforest insect communities, and, at the same time, provides a scientific basis for biodiversity conservation and ecosystem management in tropical islands.

Key words: Hainan province; Limu mountain nature reserve; Sphingidae; insect diversity; time dynamics

天蛾科（Sphingidae）作为鳞翅目昆虫中体型较大的类群（Donahue，1995），在生态系统中扮演着重要角色。该科成虫长喙取食花蜜的特性使其成为热带生态系统中关键的传粉者（Ollerton et al.，2011）。研究表明，天蛾科昆虫尤其偏爱于夜间开放、花冠深且芳香浓郁的植物类群（Pittaway，1993；杜家纬，2001），高效的长喙结构结合远距离迁移习性，不仅促进了宿主植物间的基因交流，还为热带植物群落遗传多样性的维持（张颖铎等，2024；毛志斌等，2011；陈燕等，2021）及生态系统的长期稳定提供了关键驱动力。此外，天蛾幼虫对特定寄主植物专一性取食行为，可敏感指示和评估植被完整性和环境变化（Scoble，1995）。在热带生态系统中，天蛾科的物种丰富度与复杂的生境异质性密切相关，其群落结构的组成可有效反映生态系统的稳定性与演替状态（Kitching et al.，2002）。

海南岛作为东洋界向古北界过渡的典型岛屿生态系统（Procheş et al.，2012），其独特的生物地理隔离效应和复杂山地雨林生境，塑造了独特的岛屿生物多样性特征。作为热带生物多样性热点区域，海南岛昆虫群落组成兼具两界过渡属性，拥有特殊的天蛾群落组成与互作网络。然而，现有文献多聚焦于海南蝶类资源（陈天鹏，2021），对天蛾科的系统性调查与功能研究仍存在显著空白。本研究以黎母山自然保护区天蛾科昆虫为对象，通过标准化灯诱调查，首次系统揭示海南热带山地雨林天蛾科物种多样性，以期为热带岛屿生物多样性保护与生态系统管理提供科学依据。

1 材料与方法

1.1 试验材料

高压汞灯（450 W）、白色幕布、电线、插头、灯头、针管、标本盒、酒精、尼龙绳、记号笔、灯诱固定架、昆虫针、尖头镊子、硫酸纸、烘箱、白乳胶、标本盒、樟脑丸、卫生纸、相机（Canon EOS 5D Mark IV）、针管、展翅版、标签纸、泡沫箱、鉴定书籍等。

1.2 试验方法

1.2.1 灯诱采集

每月中下旬定期前往黎母山自然保护区。选取远离道路、光源及人类活动频繁、地形开阔且周边植被丰富的地区，利用高压汞灯进行灯诱。每次灯诱2个晚上，遇不良天气则顺延。采集停留在幕布上或幕布附近的天蛾，使用一次性针筒向其胸部注射酒精致死。死亡后30 min内完成针插，保存在标本盒内。

1.2.2 标本还软

针对存放时间较久、躯体僵硬的天蛾标本进行还软后展翅。将标本针插于密闭性好的泡沫箱中，往箱中加适量热水，静置6~24 h。以镊子轻触翅基部，若翅片可轻微活动且无断裂风险，即达到软化标准。若水蒸气软化后标本仍处于僵硬状态，可将标本利用昆虫针固定，以注射器向标本胸部侧板与腹部节间膜处注入50~60℃蒸馏水，分2~3次缓慢推进，也可达到还软效果。

1.2.3 标本制作

根据虫体大小选用对应型号昆虫针（天蛾推荐3号、4号针）。将针体垂直刺入成虫中胸背板中央，通过三级台校准虫体高度后转移至展翅板凹槽，同步调整穿刺深度使翅基部与展翅板平面完全贴合。覆盖硫酸纸于翅面，使用5号昆虫针替代专用拨针。拨动翅基使前翅后缘与胸腹中线垂直（大型后翅可适度提升前翅角度），调整后翅使其顶角展开大约90°的位置。翅间隙及后翅外缘等关键位点斜插固定针（45°±5°），确保双侧翅脉对称（允许±0.3 mm偏差）。触角采用倒八字固定；调整虫体，用昆虫针调整使胸腹部处于同一高度；写好标签（包括时间/地点/采集者），置于室内自然干燥或用干燥箱烘干。

1.2.4 外生殖器解剖与保存

取5 mL指形管进行编号标记，注入适量的10% NaOH溶液，将取下的标本腹部完全浸没在10% NaOH溶液中。将指形管插入漂浮板中，置于沸水中水浴加热，没过指形管装有腹部的部分，不同虫体大小水浴时间不等（5~20 min）。将煮好的腹部置于深孔载玻片上，加入75%酒精在解剖镜下去除杂质。沿腹侧面背板与腹板连接处用解剖针拨开，取出外生殖器和第八节腹板、背板。颜色较浅时使用染料染色，染好后用75%酒精清洗后，移至滴有甘油的干净载玻片上，整姿，盖上盖玻片，在体视镜下拍摄。拍好后，将外生殖器与第八节腹板、背板同置于一小离心管中甘油保存，插在虫体下方，一起放入标本盒保存。

1.2.5 标本拍照与保存

待标本完全干燥后，下板后需将采集标签插在虫体下方。对轻度损伤的标本，可蘸取微量白乳胶将其精准黏合修补，固化24 h。拍照时，将采集标签与虫体合拍，尽可能保证标尺与虫体在同一高度。拍照后，采集标签跟随标本置于标本盒中，每个标本盒中放置樟脑丸2~3粒（用昆虫针固定于盒角）。

1.2.6 标本鉴定

主要参照《中国经济昆虫志 第二十二册 鳞翅目：天蛾科》（朱弘复等，1980）、《中国动物志（昆虫纲）第十一卷 鳞翅目：天蛾科》（朱弘复等，1997）、《中国蛾类图鉴Ⅰ、Ⅱ、Ⅲ、Ⅳ》（中国科学院动物研究所，1981）等参考书及文献。依据参考资料观察核对蛾类的翅面斑纹、体色、体形、触角、口器、翅脉、足等外部形态特征，进行种类鉴定。对于未能鉴定或模糊鉴定的标本，解剖生殖器鉴定。

1.3 数据统计与分析

采用 Excel 2021 软件和 WPS Office 2024 进行数据分析。

（1）Margalef 物种丰富度指数（D_{Mg}）

$$D_{Mg} = \frac{S-1}{\ln N}$$

式中，S 为样点内天蛾科物种总数；N 为所有物种的个体总数，用于消除采样量差异对物种丰富度评估的影响（Magurran，2004）。

（2）香农-韦弗多样性指数（Shannon-Wiener Index，H'）

$$H' = -\sum_{i=1}^{S} p_i \ln p_i$$

式中，P_i 为第 i 个物种的个体数占总个体数的比例，反映群落物种多样性及信息熵（Begon et al.，2020）。

（3）香农均匀度指数（J'）

$$J' = \frac{H'}{H'_{max}} = \frac{H'}{\ln S}$$

通过标准化处理消除物种数（S）对多样性值的干扰，表征物种个体数分布的均匀程度。

（4）辛普森多样性指数（Simpson Index，D）

$$D = 1 - \sum_{i=1}^{S} p_i^2$$

强调优势种对群落结构的控制作用，对常见物种敏感（Whittaker，1972）。

（5）辛普森均匀度指数（E_D）

$$E_D = \frac{D}{D_{max}} = \frac{D}{1 - \frac{1}{S}}$$

评估群落中物种相对多度的均衡性，值域为 0（完全不均）至 1（绝对均匀）。

2 结果与分析

2.1 黎母山天蛾科物种构成

由表 1 可知，共采集 358 头天蛾标本，隶属于 3 亚科 22 属 39 种。其中，灰天蛾最多（物种数占比 28.49%），其次为黄点缺角天蛾（物种数占比 10.06%）、鹰翅天蛾（物种数占比 9.50%）、缺角天蛾（物种数占比 5.87%）、斜纹天蛾（物种数占比 5.87%）和条背天蛾（物种数占比 5.03%）等。数量达到 15 头以上的物种有 8 种，共 266 头，总物种数占比 74.30%，数量在 10~15 头的物种有 2 种，共 25 头，总物种数占比 6.98%，数量在 10 头以下的物种有 29 种，共 67 头，总物种数占比 18.72%。

2.2 黎母山天蛾科昆虫多样性指数分析

通过数据分析（表2），Margalef 指数（6.462）表示黎母山自然保护区内天蛾科物种数较多；Shannon-Wiener 指数（2.705）在热带雨林昆虫群落属于中等偏上梯度水平；香农均匀度指数（0.738）显示天蛾群落的物种分布处于中等均匀水平，表明群落中未出现绝对优势种；Simpson 指数（0.884）群落多样性较高；辛普森均匀度指数（0.989）接近理论最大值1。

表 1 黎母山自然保护区天蛾科物种构成

亚科	属	种	数量/头	占总比例/%
长喙天蛾亚科 Macroglossinae	背线天蛾属 Cechetra	条背天蛾 C. lineosa	18	5.03
		平背天蛾 C. minor	1	0.28
		粗纹背线天蛾 C. scotti	1	0.28
		泛绿背线天蛾 C. subangustata	1	0.28
	斜绿天蛾属 Pergesa	斜绿天蛾 P. acteus	5	1.40
	白肩天蛾属 Rhagastis	锯线白肩天蛾 R. acuta	1	0.28
		滇白线天蛾 R. lunata	1	0.28
	斜纹天蛾属 Theretra	斜纹天蛾 T. clotho	21	5.87
		赭斜纹天蛾 T. pallicosta	1	0.28
		土色斜纹天蛾 T. latreillii	2	0.56
	拟缺角天蛾属 Acosmerycoides	灰天蛾 A. harterti	102	28.49
		姬缺角天蛾 A. anceus	4	1.12
	缺角天蛾属 Acosmeryx	缺角天蛾 A. anceus	21	5.87
		伪葡萄缺角天蛾 A. pseudonaga	11	3.07
		黄点缺角天蛾 A. miskini	36	10.06
		斜带缺角天蛾 A. shervillii	14	3.91
	长喙天蛾属 Macroglossum	玉带长喙天蛾 M. mediovitta	2	0.56
		佛瑞兹长喙天蛾 M. fritzei	1	0.28
	葡萄天蛾属 Ampelophaga	葡萄天蛾 A. rubiginosa	1	0.28
	中线天蛾属 Elibia	背线天蛾 E. dolichus	1	0.28
	鸟嘴天蛾属 Eupanacra	鸟嘴绿天蛾 E. busiris	1	0.28
天蛾亚科 Sphinginae	霜天蛾属 Psilogramma	丁香天蛾 P. increta	2	0.56
	猿面天蛾属 Megacorma	猿面天蛾 M. obliqua	5	1.40

(续表)

亚科	属	种	数量/头	占总比例/%
短吻天蛾亚科 Smerinthinae	鹰翅天蛾属 Ambulyx	鹰翅天蛾 A. ochracea	34	9.50
		栎鹰翅天蛾 A. liturata	6	1.68
		核桃鹰翅天蛾 A. schauffelbergeri	3	0.84
		圆斑鹰翅天蛾 A. semiplacida	1	0.28
		橄榄鹰翅天蛾 A. subocellata	1	0.28
	六点天蛾属 Marumba	缺六点天蛾 M. cristata	1	0.28
		椴六点天蛾 M. dyras	9	2.51
		枇杷六点天蛾 M. spectabilis	17	4.75
	斗斑天蛾属 Daphnusa	粉褐斗斑天蛾 D. ocellaris	5	1.39
	豆天蛾属 Clanis	豆天蛾 C. bilineata tsingtauiica	4	1.12
	绿天蛾属 Callambulyx	绿带闭目天蛾 C. rubricosa	1	0.28
	芒果天蛾属 Compsogene	芒果天蛾 C. panopus	1	0.28
	赭带天蛾 Anambulyx	赭带天蛾 A. elwesi	1	0.28
	三线天蛾属 Polyptychua	齿翅三线天蛾 P. dentatus	1	0.28
	月天蛾属 Parum	构月天蛾 P. coligata	3	0.84
	直缘天蛾属 Craspedortha	月天蛾 C. porphyria	17	4.75
总计			358	100

结合等级-多度曲线（图1）分析，得出辛普森均匀度的高值是大量偶见种（20种占总体的6.44%）稀释效应导致，而非个体分布真正均衡，表明存在少量轻度优势种（灰天蛾占比28.49%）与大量偶见种共存。最终，结合多指数协同解析表明，黎母山自然保护区内，天蛾科广适种未形成绝对垄断，偶见种多样性高，整体符合生物多样性保护优选区域的特征。

表2 黎母山自然保护区天蛾科多样性指数

各种指数	指数值
Margalef 指数	6.462
香农-韦弗多样性指数	2.705
香农均匀度指数	0.738
辛普森多样性指数	0.884
辛普森均匀度指数	0.989

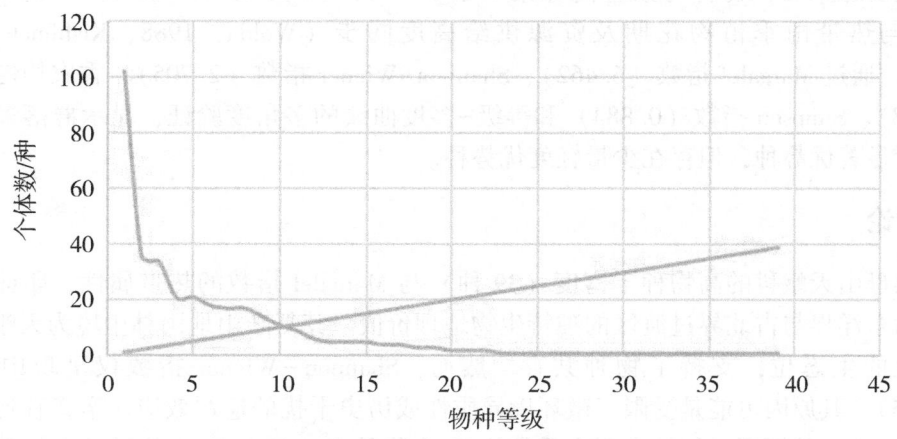

图 1　黎母山自然保护区天蛾科等级-多度曲线

2.3　黎母山天蛾科的物种和数量的时间动态变化

由图 2 可以看出，随着月份的变化，天蛾群落的分布规律存在差异。海南省黎母山天蛾科昆虫的物种在 6 月和 7 月达到最多值。数量最多则是在 6 月，其后分别为 7 月>4 月>8 月>3 月>5 月。

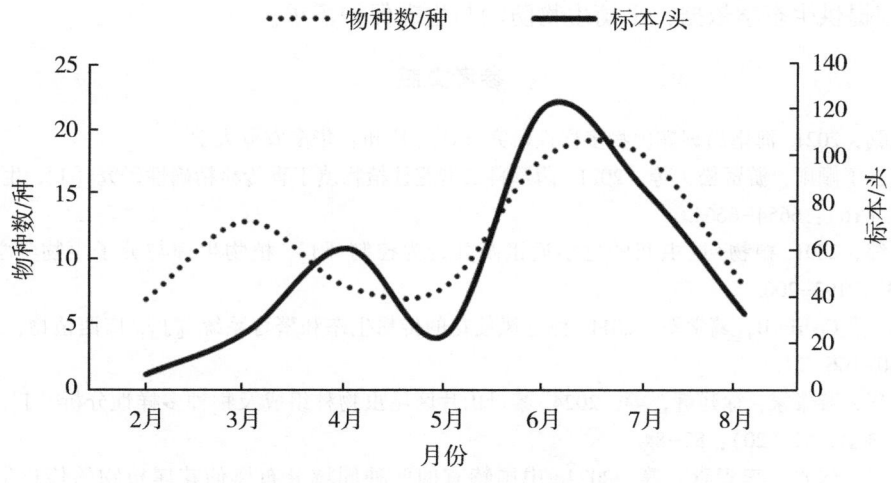

图 2　黎母山自然保护区天蛾科的物种和数量的时间动态变化

3　结论

本研究通过连续 7 个月的系统调查，较系统地揭示了海南黎母山自然保护区天蛾科昆虫的多样性特征。共采集标本 358 头，隶属 3 亚科 22 属 39 种，较黎母山历史记录（5 属）新增 17 属（沙林华等，2024），显著增加了黎母山自然保护区天蛾昆虫多样性。其中，灰天蛾占比 28.49%，黄点缺角天蛾占比 10.06%、鹰翅天蛾占比 9.50%。从时间发生动态来看，物种与数量高峰集中于6—7月（6月19种123头；7月19种86头），与热带雨季植物花期及资源供给高度同步（Wolda，1988；Kishimoto et al.，2015）。通过Margalef指数（6.462）、Shannon-Wiener指数（2.705）、香农均匀度指数（0.738）、Simpson指数（0.884）和等级-多度曲线的多角度验证，显示群落多样性良好且无显著优势种，但存在少量轻度优势种。

4 讨论

黎母山天蛾科的高物种丰富度（39种）与Margalef指数的热带属性，印证了海南岛作为东洋界与古北界过渡区的独特生物地理价值。其复杂山地雨林生境为天蛾提供了多样化的生态位，支持了物种共存。然而，Shannon-Wiener指数仅呈现中等水平（2.705），其原因可能是受限于微环境异质性或历史干扰的遗留效应。辛普森均匀度过高（0.989）的原因可能是，因为采集的39个物种中，其中20个物种的个体数分布高度均匀（为1~2头）。在后续阶段，增加不同生境的采集样地，全面解析群落动态，获取更全面的天蛾科生物多样性数据。

本次调查受限于时长、样点单一及人力设备不足，数据覆盖范围有限。此外，海南天蛾科历史资料匮乏且图像模糊，增加了鉴定难度。天蛾作为植物遗传多样性的传粉者与生态指示类群，其多样性格局可指导核心生境保护，如优先维护6—7月关键资源期等，同时加强对低丰度物种的动态关注，避免生物多样性丧失。此外，研究成果为农业害虫防控提供生态学依据，平衡生物防治与生态保护需求。

参考文献

陈天鹏，2021. 海南岛蝴蝶生物多样性研究［D］. 广州：华南农业大学.

陈燕，王顺雨，游贤松，等，2021. 茜草科二型花柱植物滇丁香传粉精确性研究［J］. 生态学报，41（16）：6654-6664.

杜家纬，2001. 植物-昆虫间的化学通讯及其行为控制［J］. 植物生理与分子生物学学报，27（3）：193-200.

毛志斌，Cedric B，葛学军，2011. 侧穗凤仙花的传粉生态和繁育系统［J］. 广西植物，31（2）：160-166.

沙林华，黎肇家，徐建辉，等，2024. 黎母山片区昆虫物种组成及物种多样性分析［J］. 安徽农业科学，52（20）：82-84.

张颖铎，朱永，李青青，等，2024. 中国特有的两种同域分布凤仙花属植物的传粉生物学研究［J］. 广西植物，44（4）：741-755.

中国科学院动物研究所，1981. 中国蛾类图鉴（Ⅰ、Ⅱ、Ⅲ、Ⅳ共4册）［M］. 北京：科学出版社.

朱弘复，王林瑶，1980. 中国经济昆虫志（第二十二册 鳞翅目：天蛾科）［M］. 北京：科学出版社.

朱弘复，王林瑶，1997. 中国动物志：昆虫纲 第十一卷（鳞翅目：天蛾科）［M］. 北京：科学出版社.

BEGON M，TOWNSEND C R，HARPER J L，2020. Ecology：From Individuals to Ecosystems［M］. Oxford：Wiley-Blackwell.

DONAHUE J P, 1995. The Lepidoptera: Form, Function and Diversity [J]. Annals of the Entomological Society of America, 88 (4): 590.

KISHIMOTOY K, ITIOKA T, 2015. How much have we learned about seasonality in tropical insect abundance since Wolda (1988)? [J]. Entomological Science, 18 (4): 407-419.

KITCHING R L, ORR A G, THALIB L, et al., 2002. Moth assemblages as indicators of environmental quality in remnants of upland Australian rain forest [J]. Journal of Applied Ecology, 37: 284-297.

MAGURRAN A E, 2004. Measuring Biological Diversity [M]. Oxford: Blackwell Publishing.

OLLERTON J, WINFREE R, TARRANT S, 2011. How many flowering plants are pollinated by animals? [J]. Oikos, 120 (3): 321-326.

PITTAWAY A R, 1993. The Hawkmoths of the Western Palaearctic [M]. London: Harley Books & Natural History Museum.

PROCHE, RAMDHANI S, 2012. The World's Zoogeographical Regions Confirmed by Cross-Taxon Analyses [J]. BioScience, 62 (3): 260-270.

SCOBLE M J, 1995. The Lepidoptera: Form, Function and Diversity (Natural History Museum Publications) [M]. London: Natural History Museum.

WHITTAKER R H, 1972. Evolution and measurement of species diversity [J]. Taxon, 21 (2/3): 213-251.

WOLDA H, 1988. Insect Seasonality: Why? [J]. Annual Review of Ecology and Systematics, 19 (1): 1-18.

5种杀虫剂对设施西甜瓜烟粉虱的田间药效评价*

田永恒**,段爱菊,王淑枝,王利霞,韩瑞华,刘长营,张自启***

(洛阳市农林科学院,洛阳 471023)

摘 要:为有效防治设施西甜瓜上的烟粉虱,本研究从双酰胺类、新烟碱类、苯醚类、吡啶酰胺类等4类杀虫剂中选取5种药剂对设施小果型西瓜和厚皮甜瓜上的烟粉虱进行田间药效评价。结果表明,溴氰虫酰胺对设施小果型西瓜和厚皮甜瓜上的烟粉虱防治效果较好,设施小果型西瓜上施药后1~5 d内的防控效果为74.16%~91.98%,设施厚皮甜瓜上施药后1~5 d内的防控效果为65.45%~83.98%,均优于其他供试药剂。本研究筛选出的溴氰虫酰胺是在设施西甜瓜烟粉虱上防治效果较好的杀虫剂,为有效防治设施西瓜、甜瓜烟粉虱提供科学依据。

关键词:烟粉虱;设施栽培;小果型西瓜;厚皮甜瓜;杀虫剂;药效评价

Contrel Efficacy Evaluation of Five Insecticides Against *Bemisia tabaci* of Muskmelons and Small Fruit Watermelons in Facilities*

Tian Yongheng**, Duan Aiju, Wang Shuzhi, Wang Lixia, Han Ruihua,
Liu Changying, Zhang Ziqi***

(*Luoyang Academy of Agricultural and Forestry Sciences*, *Luoyang* 471023, *China*)

Abstract: To effectively control *Bemisia tabaci* on facility muskmelons and small fruit watermelons, in this study, five pesticides were selected from four types of insecticides, namely diamides, neonicotinoids, phenyl ethers and pyridinides, to conduct field efficacy evaluations on *Bemisia tabaci* on facility muskmelons and small fruit watermelons. The results show that cyantraniliprole showed good control effects on *Bemisia tabaci* on small fruit watermelons and muskmelons in this area. The control effect on small fruit watermelons within 1 to 5 days after application was between 74.16% and 91.98%, and on muskmelons within 1 to 5 days after application was between 65.45% and 83.98%. All are superior to other tested reagents. This study screened out that cyantraniliprole is a relatively effective insecticide for the control of *Bemisia tabaci* in facility muskmelons and small fruit watermelons, providing a scientific basis for the effective control of *Bemisia tabaci* in facility watermelons and melons.

Key words: *Bemisia tabaci*; facility cultivation; small fruit watermelon; muskmelon; insecticide; pharmacodynamic evaluation

---

* 基金项目:河南省西甜瓜产业技术体系洛阳综合试验站项目资助(HARS-22-10-Z1)
** 第一作者:田永恒,硕士研究生,主要从事植物病虫害研究;E-mail:2695524318@qq.com
*** 通信作者:张自启,副研究员,现主要从事西甜瓜栽培和病虫害防治研究工作;E-mail:lynkyzzq@126.com

烟粉虱（*Bemisia tabaci*）是一种危害巨大的农业害虫，通过刺吸作物叶片等部位汁液、排泄蜜露造成煤污病、传播病毒病等方式进行危害（何振华等，2022）。烟粉虱寄主广泛，能够在棉花、烟草、番茄、黄瓜、辣椒、西瓜、甜瓜等多种农作物上发生危害（吴青君等，2004）。烟粉虱是设施栽培西甜瓜上的重要害虫之一，大量发生时，在叶片上造成煤污病会降低光合作用减少产量，在果实上造成煤污病会降低外观品质，传播病毒病造成花叶、叶片卷曲、果面凹凸不平、果实畸形等症状影响西甜瓜产量和品质（毛亮等，2020）。

化学防治是目前防治烟粉虱的重要手段，但烟粉虱虫体小，卵、若虫、成虫多着生于叶背面，触杀类药剂不易充分触及，药效难以完全发挥；繁殖速度快，世代重叠，使得烟粉虱更容易反复暴发，并迅速产生抗药性（蔡美艳等，2014）。在烟粉虱零星发生时综合使用尽早喷药防控、轮换使用不同类型药剂等防控策略能有效提高化学防治效果（沈斌斌等，2005）。目前登记在西瓜、甜瓜上的防治烟粉虱的药剂较少，仅有美国富美实公司的10%溴氰虫酰胺可分散油悬浮剂防治西瓜烟粉虱、拜尔股份公司的22%螺虫·噻虫啉悬浮剂防治西瓜和甜瓜烟粉虱等两种农药登记记录。

本研究从双酰胺类、新烟碱类、苯醚类、吡啶酰胺类、新烟碱类等杀虫剂中选取5种药剂分别在设施小果型西瓜和厚皮甜瓜上进行烟粉虱防治试验，筛选防治效果较好的药剂，为有效防治设施西瓜、甜瓜烟粉虱提供科学依据。

1 材料与方法

1.1 供试药剂

选用4类5种杀虫剂对大棚小果型西瓜和厚皮甜瓜上的烟粉虱进行药效评价试验（表1）。

表1 供试药剂信息

处理	药剂	生产厂家	农药登记证号
1	10%溴氰虫酰胺 OD	美国富美实公司	PD20140322
2	25%噻虫嗪 WG	沾化国昌精细化工有限公司	PD20171923
3	100g/L 吡丙醚 EC	上海生农生化制品股份有限公司	PD20131935
4	20%氟啶虫酰胺 WG	江苏省盐城利民农化有限公司	PD20183026
5	17%氟吡呋喃酮 SL	拜耳股份公司	PD20184006

1.2 试验地概况

试验地设在洛阳市农林科学院小果型西瓜和厚皮甜瓜塑料大棚，于河南省西部（E112°26′，N34°40′），处于暖温带南缘向北亚热带过渡地带。多年连续种植小果型西瓜和厚皮甜瓜，烟粉虱发生严重。

1.3 试验方法

试验于2025年8月10日分别在小果型西瓜和厚皮甜瓜塑料大棚内的幼苗期进行。

小果型西瓜、厚皮甜瓜，均起垄种植，一垄双行，种子直播，一穴一株。烟粉虱发生时处于初期，高、低龄若虫及成虫并存。试验设10%溴氰虫酰胺OD 630 mL/hm²、25%噻虫嗪WG 270 g/hm²、100 g/L吡丙醚EC 720 mL/hm²、20%氟啶虫酰胺WG 450 g/hm²、17%氟吡呋喃酮SL 270 mL/hm²以及清水对照共计6个处理，每个处理3次重复，随机排列，共18个小区，每个小区20 m²。试验采用背负式电动喷雾器喷施的施药方式，按不同处理对植株上下均匀喷雾，整个试验期间仅喷施一次药剂。其他管理措施相同。试验期间分别在药前、药后1 d、药后3 d、药后7 d各调查1次虫口数。调查时每个小区随机取样调查4个点，每点调查5株，每株选择上中下3片叶片，做标记，调查施药前后虫口数量。分别计算药后1 d、3 d、7 d时的虫口减退率和防治效果。

$$虫口减退率 = \frac{处理前虫口基数 - 处理后虫口基数}{处理前虫口基数} \times 100\%$$

$$防治效果 = \frac{试验区虫口减退率 - 对照区虫口减退率}{1 - 对照区虫口减退率} \times 100\%$$

同时在试验过程中，记录药剂喷施对小果型西瓜和厚皮甜瓜产生的影响，观察是否有药害发生及其他异常现象出现。

1.4 数据统计与分析

利用Office2016对试验数据进行处理，用SPSS软件进行差异显著性分析。

2 结果分析

2.1 不同药剂处理对小果型西瓜烟粉虱的防治效果

小果型西瓜上烟粉虱防治试验中，供试的5种药剂对烟粉虱均有一定的防治效果（表2）。其中，溴氰虫酰胺防治效果好，持效性强，施药后1 d虫口减退率能达到79.96%，施药后3 d虫口减退率最高达到87.83%，施药后5 d的虫口减退率仍能保持在53.02%，施药后1~5 d内的防治效果在74.16%~91.98%。其余4种杀虫剂施药后5 d后虫口减退率均低于29.19%，显著低于溴氰虫酰胺。

表2 不同药剂处理对小果型西瓜烟粉虱的防控效果

药剂	剂量/ (mL/hm²、 g/hm²)	虫口减退率/%			防治效果/%		
		药后1 d	药后3 d	药后5 d	药后1 d	药后3 d	药后5 d
10%溴氰虫酰胺OD	630	79.96± 8.75a	87.83± 9.23a	53.02± 6.99a	82.20± 7.88a	91.98± 5.98a	74.16± 6.06a
25%噻虫嗪WG	270	71.73± 4.75ab	32.30± 47.27b	14.25± 38.50bc	75.44± 3.19ab	54.92± 31.66b	51.68± 27.75b
100 g/L吡丙醚EC	720	68.29± 3.12ab	40.45± 6.12b	29.19± 13.27b	71.95± 5.87ab	60.56± 3.20b	51.43± 7.54b
20%氟啶虫酰胺WG	450	44.90± 13.34c	12.38± 18.85c	-9.90± 12.95c	52.09± 11.48c	41.87± 12.19c	40.48± 4.06b

（续表）

药剂	剂量/(mL/hm²、g/hm²)	虫口减退率/%			防治效果/%		
		药后 1 d	药后 3 d	药后 5 d	药后 1 d	药后 3 d	药后 5 d
17%氟吡呋喃酮 SL	270	63.56±9.14b	35.54±18.77b	8.19±26.00bc	68.42±7.52b	57.27±11.99b	49.74±15.06b
CK	0	−15.26±14.03d	−50.82±5.52d	−84.65±17.53d	—	—	—

注：同列不同小写字母表示在 5%显著性水平差异显著。

2.2 不同药剂处理对厚皮甜瓜烟粉虱的防治效果

厚皮甜瓜上烟粉虱防治试验中，供试 5 种药剂对烟粉虱均有一定的防治效果（表3）。其中，溴氰虫酰胺防治效果好，持效性强，施药后 1 d 虫口减退率能达到 79.20%，施药后 3 天虫口减退率最高达到 81.28%，施药后 5 d 的虫口减退率仍能保持在 49.98%，施药后 1~5 d 内的防治效果在 65.45%~83.98%。其余 4 种杀虫剂施药后 5 d 后虫口减退率均低于 18.21%，显著低于溴氰虫酰胺。

表3 不同药剂处理对厚皮甜瓜烟粉虱的防控效果

药剂	剂量/(mL/hm²、g/hm²)	虫口减退率/%			防治效果/%		
		药后 1 d	药后 3 d	药后 5 d	药后 1 d	药后 3 d	药后 5 d
10%溴氰虫酰胺 OD	630	79.20±1.89ab	81.28±3.64a	49.98±1.69a	80.63±2.45ab	83.98±4.93a	65.45±11.66a
25%噻虫嗪 WG	270	55.62±18.91c	8.79±8.44d	−9.16±13.27c	58.29±19.16c	22.64±15.37d	24.79±27.36c
100 g/L 吡丙醚 EC	720	63.27±6.88bc	34.92±8.22bcd	13.35±9.69b	65.69±7.75bc	45.01±11.23bc	39.23±25.02b
20%氟啶虫酰胺 WG	450	64.12±20.28bc	28.97±7.45cd	18.21±10.23b	66.15±19.75bc	40.51±6.80bc	45.42±11.17b
17%氟吡呋喃酮 SL	270	88.24±4.08a	59.41±13.20ab	12.02±40.32b	89.20±3.27a	66.79±7.53ab	38.47±34.47b
CK	0	−7.76±5.19d	−20.71±20.68e	−57.69±52.76d	—	—	—

注：同列不同小写字母表示在 5%显著性水平差异显著。

2.3 不同药剂处理对西甜瓜生长的影响

试验期间田间观察结果显示，5 种供试药剂分别施药后 1 d、3 d、5 d 时，小果型西瓜和厚皮甜瓜均正常生长，没有发生药害。后期小果型西瓜和厚皮甜瓜长势良好。本次试验中，5 种供试药剂的剂量和药物本身对小果型西瓜和厚皮甜瓜生长不存在不良影响，对环境和作物比较安全。

3 结论与讨论

烟粉虱是一种世界性的农业害虫，具有个体小、繁殖速度快、世代重叠等特点。烟粉虱生物种群组成繁杂，其分类地位有包含多个生物型的种和包含多个隐种的物种复合体两种说法（梁林，2020；Brown et al.，1995；Brown et al.，2007）。生物型说法主要从地理分布、寄主范围、含有共生菌类型、传毒获毒能力、抗药性等方面对烟粉虱种群进行分类；隐种复合体说法主要从行为观察、杂交实验、系统发育分析等方面进行分类，将烟粉虱种群分成遗传结构差异明显的不同隐种，不同生物型之间、不同隐种之间均无法从外部形态上进行区分（De Barro et al.，2011；Xu et al.，2010；卢少华，2019；柳洋，2015）。众多生物型中，MEAM1 型（Middle East-Asia Minor 1，中东-小亚细亚 1 生物型，即 B 型烟粉虱）和 MED 型（Mediterranean，地中海生物型，即 Q 型烟粉虱）是在我国发生范围广泛、危害比较严重的两种烟粉虱生物型，河南省也有 MEAM1 型烟粉虱和 MED 型烟粉虱发生的报道，且 MED 型种群有逐步取代 MEAM1 型种群成为主要发生的烟粉虱生物型（柳洋，2015；Chu et al.，2007）。有关研究认为 MED 型种群相比于 MEAM1 型种群拥有更强的抗药性、耐热性等特性，使得 MED 型种群逐渐成为我国主要的烟粉虱生物型种群（王佳，2012；谈星，2021）。

烟粉虱刺吸植株汁液、分泌蜜露引发煤污病、传播病毒病，是影响设施西瓜和甜瓜种植业健康可持续发展的重要害虫（喻晚之等，2014）。烟粉虱防控应注重早发现、早施药、早防治，在虫害发生前期及时进行有效防控，降低受害情况，减少损失（谢飞军等，2025）。烟粉虱具有趋黄性，悬挂黄板可以有效监测虫情，并起到一定的防控效果（洪星等，2008）。程永等（2014）研究表明科学适期施用合适浓度的溴氰虫酰胺能有效防控西瓜烟粉虱成虫和若虫，且对西瓜长势、伸蔓等有一定促进作用。烟粉虱繁殖速度快、世代重叠，卵、若虫、成虫可同时存在，一茬作物生长期内可能需要多次药剂喷施药剂进行防治，根据烟粉虱发生情况，合理设置喷药间隔期、合理轮换、混配使用不同作用机制杀虫剂可以有效提高药剂防治效果，延缓烟粉虱抗药性的产生。

试验结果表明，溴氰虫酰胺对设施小果型西瓜和厚皮甜瓜上的烟粉虱均表现出较好的防治效果，其余 4 种供试药剂在小果型西瓜和厚皮甜瓜两种作物上施药 5 d 后的虫口减退率均显著低于溴氰虫酰胺。本研究筛选出对设施西甜瓜烟粉虱防治效果较好的杀虫剂溴氰虫酰胺，为有效防治设施西瓜、甜瓜烟粉虱提供了科学依据。

参考文献

蔡美艳，冯永斌，陈海波，2014. 螺虫乙酯·噻虫啉 240SC 等药剂防治西瓜烟粉虱田间药效试验 [J]. 上海农业科技（4）：149-150.

程永，宋晓磊，王海红，等，2014.10%溴氰虫酰胺悬浮剂对西瓜烟粉虱的田间防治研究 [J]. 长江蔬菜（2）：60-63.

何振华，许佩，刘阳华，2022.7 种药剂对 Q 型烟粉虱的田间防效试验 [J]. 上海蔬菜（3）：40-41，53.

洪星，杨力武，冯新军，2008. 大棚秋西瓜烟粉虱的控制试验［J］. 浙江农业科学（4）：481-482.

梁林，2020. *GCN5*、*MOF* 在烟粉虱 MED 隐种和 AsiaⅡ1 隐种耐温性差异中的功能分析［D］. 重庆：西南大学.

卢少华，2019. 烟粉虱 *Bemisia tabaci* B 和 Q 生物型竞争能力影响因素研究［D］. 郑州：河南农业大学.

柳洋，2015. 中国烟粉虱生物型分布、带毒率及抗药性监测［D］. 北京：中国农业科学院.

毛亮，潘卫萍，刘萍，等，2020. 呋虫胺和啶虫脒对哈密瓜烟粉虱的防治效果［J］. 蔬菜（7）：50-53.

沈斌斌，任顺祥，P. D. Musa，等，2005. 烟粉虱成虫空间分布型的研究［J］. 昆虫知识（5）：544-546.

谈星，2021. 我国田间烟粉虱生物型分布、带毒率及抗药性监测［D］. 长沙：湖南农业大学.

王佳，2012. 中国番茄黄曲叶病毒-MEAM1 烟粉虱-烟草互作的营养相关机制［D］. 杭州：浙江大学.

吴青君，徐宝云，朱国仁，等，2004. B 型烟粉虱对不同蔬菜品种趋性的评价［J］. 昆虫知识（2）：152-154.

谢飞军，俞冬红，邵泱峰，等，2025. 温室辣椒烟粉虱隐种鉴定及其杀虫剂筛选［J］. 福建农业科技，56（2）：15-19.

喻晚之，桂卫星，洪香娇，等，2014. 江西地区蔬菜烟粉虱发生规律及防治措施［J］. 上海蔬菜（4）：50.

BROWN J K, FROHLICH D, ROSELL R, 1995. The sweetpotato or silverleaf whiteflies: biotypes of *Bemisia tabaci* or a species complex［J］. Annual Review of Entomology, 40（1）：511-534.

BROWN J K, 2007. The *Bemisia tabaci* complex: genetic and phenotypic variability drives begomovirus spread and virus diversification［J］. Plant Disease, 1：25-56.

CHU D, JIANG T, LIU G X, et al., 2007. Biotype status and distribution of *Bemisia tabaci* (Hemiptera: Aleyrodidae) in Shandong province of China based on mitochondrial DNA markers［J］. Environmental Entomology, 36（5）：1290-1295.

DE BARRO P J, LIU S S, BOYKIN L M, et al., 2011. *Bemisia tabaci*: a statement of species status［J］. Annual Review of Entomology, 56：1-19.

XU J, DE BARRO P, LIU S S, 2010. Reproductive incompatibility among genetic groups of *Bemisia tabaci* supports the proposition that the whitefly is a cryptic species complex［J］. Bulletin of Entomological Research, 100（3）：359-366.

6 种杀虫剂对烟粉虱的室内毒力测定*

曾 林**，黄辉阳，凌心仪，曹利霞，张万娜，彭英传***

（江西农业大学昆虫研究所，南昌 330045）

摘 要：烟粉虱 Bemisia tabaci（Gennadius）是我国辣椒、番茄等经济作物的重大入侵害虫。长期依赖化学防治导致其抗药性持续发展，显著增加了防控难度。为筛选高效速效且环境友好型杀虫剂，本研究选取 6 种新型杀虫剂，系统评估其对烟粉虱成虫的致死效果和毒力水平。采用室内叶片浸渍法测定不同杀虫剂处理烟粉虱成虫后 24 h 和 48 h 的存活率。毒力测定结果显示：溴氰虫酰胺 LC_{50} 为 12.946 mg/L，毒力最强；吡丙醚（15.888 mg/L）、噻虫嗪（21.062 mg/L）、螺虫乙酯（22.997 mg/L）和噻虫胺（26.558 mg/L）依次递减；氟啶虫酰胺毒力最低（LC_{50} = 39.566 mg/L）。时效性分析表明，溴氰虫酰胺速效性最佳，噻虫嗪其次，氟啶虫酰胺、噻虫胺和吡丙醚的速效性一般，螺虫乙酯见效最缓。综上，建议优先选用溴氰虫酰胺进行防控，并与不同作用机理的杀虫剂科学轮用，以延缓抗药性发展，提升可持续治理效果。

关键词：烟粉虱；杀虫剂；速效；毒力测定

Determination of the Indoor Virulence of Six Insecticides Against *Bemisia tabaci**

Zeng Lin**, Huang Huiyang, Ling Xinyi, Cao Lixia, Zhang Wanna, Peng Yingchuan***

（*Institute of Entomology, Jiangxi Agricultural University, Nanchang 330045, China*）

Abstract：*Bemisia tabaci*（Gennadius）is a major invasive pest infesting economic crops such as peppers and tomatoes in China. Prolonged chemical control practices have driven continuous development of insecticide resistance, substantially exacerbating management challenges. To identify environmentally compatible insecticides with high efficacy and rapid action, this study systematically evaluated the lethal effects and virulence levels of six novel insecticides against *B. tabaci* adults. A controlled laboratory leaf-dip bioassay was conducted, incorporating untreated controls, to determine *B. tabaci* adult survival rates at 24 h and 48 h post-treatment. Virulence assessments revealed cyantraniliprole as the most potent compound（LC_{50} = 12.946 mg/L）, followed sequentially by pyriproxyfen（15.888 mg/L）, thiamethoxam（21.062 mg/L）, spirotetramat（22.997 mg/L）, and clothianidin（26.558 mg/L）, with flonicamid exhibiting the lowest toxicity（LC_{50} = 39.566 mg/L）. Time-efficacy analysis demonstrated optimal rapid action in cyantraniliprole and thiamethoxam, moderate efficacy in

---

* 基金项目：江西省重点研发计划"揭榜挂帅"项目（20223BBF61017）；江西省自然科学基金（20224BAB215019）
** 第一作者：曾林，硕士研究生，主要从事昆虫学相关研究；E-mail:15281628785@163.com
*** 通信作者：彭英传，副教授，主要从事昆虫学相关研究；E-mail:ycpeng@jxau.edu.cn

flonicamid, clothianidin, and pyriproxyfen, while spirotetramat showed the slowest onset. These findings recommend prioritizing cyantraniliprole for field applications combined with scientifically planned rotation of insecticides possessing distinct modes of action. This integrated strategy could effectively delay resistance evolution and enhance sustainable pest management outcomes.

Key words: *Bemisia tabaci*; insecticide; quick results; toxicology

烟粉虱 *Bemisia tabaci* (Gennadius) 又称棉粉虱或甘薯粉虱, 属半翅目 Hemiptera 粉虱科 Aleyrodidae。烟粉虱是渐变态昆虫, 发育的整个过程历经了卵、若虫 (第 4 龄若虫也称伪蛹)、成虫 3 个阶段 (罗宏伟, 2001)。烟粉虱的成虫个体小, 前翅的翅脉不分叉, 双翅呈现脊状, 露出腹部, 是区别于白粉虱的形态特征 (薛延韬, 2018)。近年来, 烟粉虱在我国多地暴发成灾, 已成为农作物和园艺作物生产安全的严重阻碍。烟粉虱通过口针刺吸植物韧皮部, 取食维管束中的营养物质, 导致植株生长受阻、代谢异常及发育不良; 同时还会分泌大量蜜露在植物的叶片上, 诱发叶片煤污病, 造成植物光合作用效率下降 (王强, 2017)。其危害植物最严重的途径是传播植物病毒, 这一危害在蔬菜、花卉以及棉花等作物上造成了巨大的经济损失 (薛延韬, 2018)。烟粉虱在取食植物时, 会从已经感染病毒的植株中携带出植物病毒, 再通过吸食将携带的植物病毒传播到健康的植株, 从而导致大面积病害暴发, 造成农业经济作物的减产, 甚至绝产。烟粉虱可以传播很多常见的植物病毒, 包括番茄黄化曲叶病毒 (tomato yellow leaf curl virus, TYLCV) 和番茄褪绿病毒 (tomato chlorosis virus, ToCV) 等双生病毒科在内的 200 多种植物病毒 (王雨蒙等, 2020)。

目前, 烟粉虱的防治手段主要是针对其不同发育阶段使用化学杀虫剂 (Kim *et al.*, 2014)。虽然理化诱控在烟粉虱的防治上有着巨大潜在的应用前景, 具有降低环境污染风险的优点, 但为了快速有效地控制烟粉虱侵害农作物, 降低经济损失, 杀虫剂依然是最为常用且高效的防治手段 (Estrada-Hernández *et al.*, 2009)。据何玉仙和黄建 (2005) 研究表明, 烟粉虱种群对常见的杀虫剂 (有机磷、拟除虫菊酯和新烟碱类杀虫剂) 已发展到极高水平的抗药性。烟粉虱种类多样, 而且不同生物型在一些生物学特性和化学药剂的抗药性水平方面存在明显差异, 给烟粉虱的防治带来巨大困难。现如今防治烟粉虱侵害的治理策略主要还是规范使用杀虫剂, 控制使用次数, 在作物的不同生长期使用不同类型的杀虫剂或轮换使用效果好的杀虫剂 (褚栋等, 2018)。为了避免抗药性泛滥, 还需要定期监测田间害虫种群的抗药性, 调查田间虫害发展的规律水平, 达到虫害综合防治的目的 (Miller *et al.*, 2010)。

烟粉虱的综合防控措施越来越专业, 抗药性治理与防控的措施也在创新和改变, 但是依靠杀虫剂的现状并没有完全改变 (邓业成等, 2004)。而烟粉虱的抗药性与耕作系统上针对害虫种群的药剂选择也有直接的关系, 因此合理使用杀虫剂至关重要 (Sabry *et al.*, 2013)。为了帮助当地受害作物预防和治理烟粉虱, 本实验选择了 5 类针对烟粉虱常见的杀虫剂 (第二代双酰胺类的溴氰虫酰胺、新烟碱类的噻虫胺和噻虫嗪、吡啶类的氟啶虫酰胺、昆虫生长调节剂类的吡丙醚、季酮酸类的螺虫乙酯), 研究测定它们对烟粉虱成虫的室内毒力, 旨在筛选出适用的杀虫剂, 用于可持续地防治烟粉虱, 延缓抗药性产生，减少农作物经济损失。

1 材料与方法

1.1 供试昆虫与药剂

烟粉虱采集自南昌大棚栽培的辣椒上。将烟粉虱成虫接入株高 10 cm 左右的辣椒苗上，在培养箱中扩繁培养。设置温度为 25℃，相对湿度为 75%，光周期为 L∶D = 14 h∶10 h，随机挑选供试烟粉虱。

药剂分别为 95% 溴氰虫酰胺原药（美国杜邦公司），99.7% 吡丙醚原药（江苏如东众意化工有限公司），98% 噻虫嗪原药（江苏中旗科技股份有限公司），95% 螺虫乙酯原药（拜耳作物科学有限公司），98% 噻虫胺原药（江苏中旗科技股份有限公司），97.2% 氟啶虫酰胺原药（深圳诺普信农化股份有限公司），表面活性剂 TX-100（北京索莱宝科技有限公司），二甲基甲酰胺（西陇化工有限公司）。

1.2 试验材料

试验材料包括移液枪、平底玻璃管、镊子、棉塞、量筒、试管、恒温恒湿箱、培养皿、防护手套、饲养笼、棉花、保鲜膜、2 mL 塑料离心管。

1.3 毒力测定

1.3.1 药剂配制

以二甲基甲酰胺为溶剂，预先配制好 10 000 mg/L 的杀虫剂贮存液；根据预实验结果，按照等比的方法配制 6 个系列浓度。每个质量浓度药液量不少于 30 mL。

1.3.2 药剂处理

室内采用叶片浸渍法进行毒力测定（Cahill et al., 1995），具体操作如下：挑选与平底玻璃管大小合适的干净、新鲜的辣椒叶片，保留叶柄一定程度（2 cm 左右）；用脱脂棉包裹叶柄，再外裹一层保鲜膜，用注射器向棉花内注入蒸馏水，达到叶片保湿的作用；用镊子将叶片浸入制备好的药剂中 15 s 左右，取出叶片平铺晾干，用镊子将叶片正面叶柄朝下置于平底玻璃管中，叶片与管口须保留一定空隙。每种处理重复 3 组，并设含表面活性剂的蒸馏水作对照。

1.3.3 接虫与计数

将装有烟粉虱的方形饲养笼置于暗处，利用烟粉虱的正向趋光性（Kim et al., 2019）。将烟粉虱集中在饲养笼的一面，用平底玻璃管接种进行实验。将玻璃管伸入饲养笼内，口端向网，用手轻压网面将烟粉虱成虫弹入平底玻璃管中，待烟粉虱进入管内迅速用拇指按住，并用棉塞塞住，将平底玻璃管按顺序放置，每个玻璃管中的烟粉虱数量尽量控制在 20~30 头；试虫接入约 10 min 后，逐一检查并记录每管内的活虫数。

1.3.4 饲养与观察

处理后分别在 24 h、48 h 两个时间段检查并记录每管内的死虫数（记录时间一般较长，应在适宜条件下记录），试虫不动或不能正常行动即认定为死亡。

1.4 数据分析

采用 SPSS 25.0 和 GraphPad Prism9 软件进行数据统计分析，计算每组杀虫剂处理对烟粉虱的 LC_{50} 值、毒力回归方程、95% 置信区间、相对毒力及相关参数。

2 结果与分析

2.1 几种杀虫剂对烟粉虱成虫的速效性比较

结果如图 1 所示。接虫 24 h 后，20 mg/L 溴氰虫酰胺与 30 mg/L 噻虫嗪对试虫的致死水平较高（50%~55%），且死亡率随浓度上升而提高；100 mg/L 氟啶虫酰胺、40 mg/L 噻虫胺和 50 mg/L 吡丙醚对试虫的致死水平次之（30%~45%），且各浓度死亡率最高值均未超过 50%；而螺虫乙酯各浓度对试虫的致死率均低于 5%。接虫 48 h 后，溴氰虫酰胺各浓度对试虫致死率提升幅度最小；噻虫嗪各浓度对试虫致死率提升幅度次之；氟啶虫酰胺、噻虫胺和吡丙醚各浓度对试虫致死率提升幅度相似；螺虫乙酯各浓度

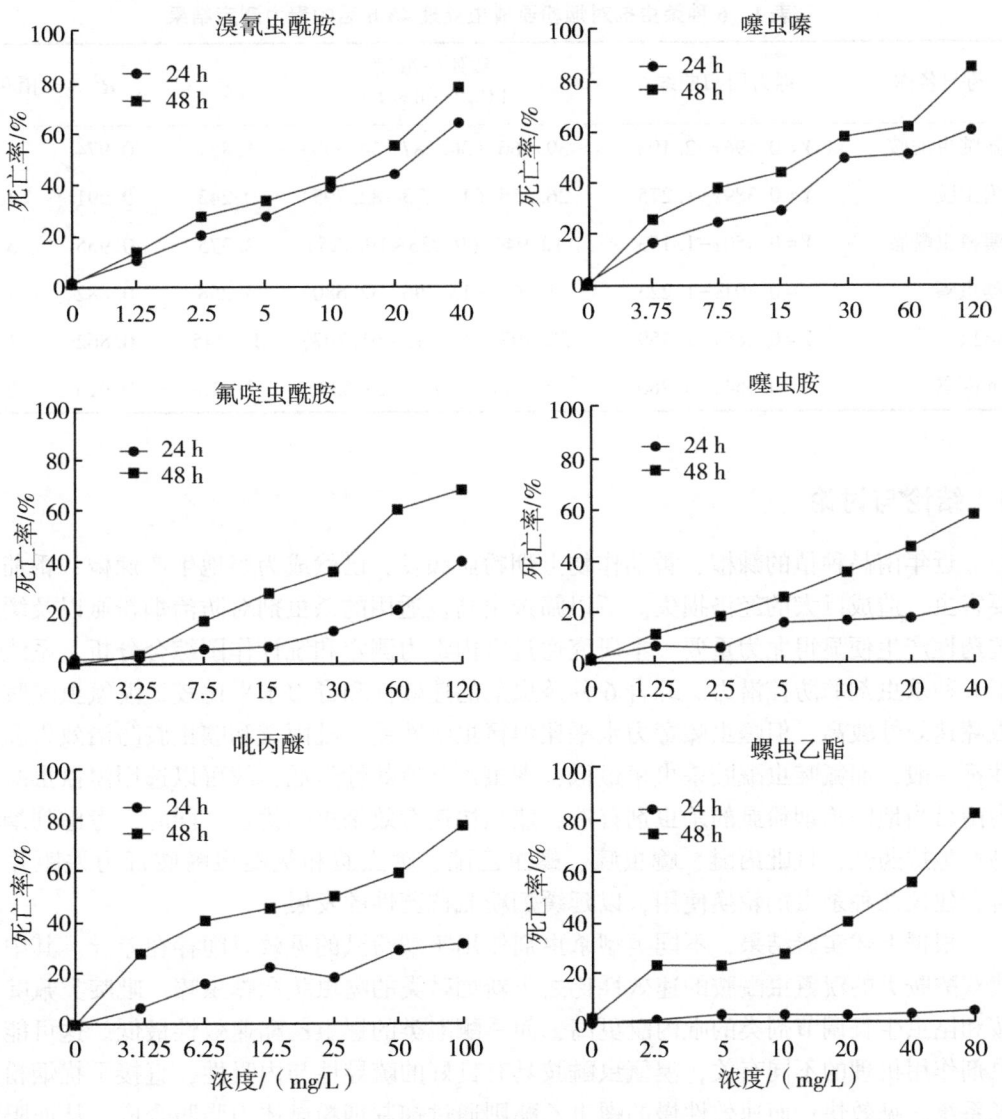

图 1　6 种杀虫剂对烟粉虱成虫的致死率

对试虫致死率提高幅度最大。由此可见，溴氰虫酰胺在这几种杀虫剂中速效性最好，噻虫嗪其次，氟啶虫酰胺、噻虫胺和吡丙醚的速效性一般，螺虫乙酯速效性最差。

2.2 几种杀虫剂对烟粉虱成虫的毒力测定结果

各杀虫剂对烟粉虱成虫毒力测定结果见表1。溴氰虫酰胺的毒力最高，其LC_{50}值为12.946 mg/L；其次是吡丙醚、噻虫嗪、螺虫乙酯和噻虫胺，LC_{50}值分别为15.888 mg/L、21.062 mg/L、22.997 mg/L、26.558 mg/L；氟啶虫酰胺毒力最低，其LC_{50}值为39.566 mg/L。溴氰虫酰胺、吡丙醚、噻虫嗪、螺虫乙酯和噻虫胺相对毒力分别是氟啶虫酰胺的3.06倍、2.49倍、1.88倍、1.72倍、1.49倍。

表1 6种杀虫剂对烟粉虱成虫处理48 h后的毒力测定结果

药剂名称	毒力回归曲线	致死中浓度 LC_{50}/（mg/L）	χ^2	R^2	相对毒力
氟啶虫酰胺	$Y = 0.596x - 2.193$	39.566（30.187~54.590）	1.851	0.974	1.00
噻虫胺	$Y = 0.389x - 1.275$	26.558（15.173~82.795）	0.243	0.991	1.49
溴氰虫酰胺	$Y = 0.450x - 1.153$	12.946（9.233~19.925）	2.375	0.955	3.06
噻虫嗪	$Y = 0.401x - 1.223$	21.062（13.496~32.680）	3.258	0.882	1.88
螺虫乙酯	$Y = 0.465x - 1.459$	22.997（11.795~61.707）	13.445	0.862	1.72
吡丙醚	$Y = 0.354x - 0.980$	15.888（8.785~25.639）	2.115	0.916	2.49

3 结论与讨论

近年南昌种植的辣椒、番茄作物上烟粉虱频发，已然成为当地生产辣椒、番茄的主要害虫，造成巨大的经济损失。所以筛选出高效适用的杀虫剂对防治烟粉虱以及缓解其抗药性产生便显得尤为重要。本研究通过室内毒力测定和统计作图综合分析，系统评估了6种杀虫剂的防控潜力。综合6种杀虫剂的速效性和毒力水平比较，溴氰虫酰胺与噻虫嗪速效性较高，但噻虫嗪毒力水平比溴氰虫酰胺差，吡丙醚和噻虫胺防治效果和速效性都一般，而氟啶虫酰胺杀虫率最低，螺虫乙酯速效性最低，故可以选用溴氰虫酰胺作为南昌当地防治烟粉虱的杀虫剂首选，兼顾快速有效杀虫的优点。同时，考虑到烟粉虱易产生抗药性，且吡丙醚、噻虫嗪、螺虫乙酯、噻虫胺和氟啶虫酰胺毒力差距并不显著，建议几种杀虫剂轮换使用，以延缓烟粉虱抗药性的发展。

根据上述实验结果，不同类型杀虫剂作用于烟粉虱的见效时间存在差异。其中第二代双酰胺类的溴氰虫酰胺的速效性比之于新烟碱类的噻虫胺和噻虫嗪、吡啶类氟啶虫酰胺和昆虫生长调节剂类的吡丙醚更高，而季酮酸类的螺虫乙酯速效性最低。这可能与杀虫剂作用机理的不同有关，溴氰虫酰胺具有良好的疏导性与内吸性，直接干扰烟粉虱神经系统，见效快；而速效性慢的螺虫乙酯则通过抑制烟粉虱体内脂肪合成，从而阻断其正常能量代谢，见效慢；也可能与辣椒叶片长势不同和对药剂的吸附能力存在差异有关

（杨桂秋等，2012）。螺虫乙酯虽然速效性较差但与 Biopower（助剂）混用的防治效果优于螺虫乙酯单剂使用（谢文等，2011）。由此可见，速效性较差的杀虫剂也能通过与速效性较好的杀虫剂或者助剂复配来弥补作用效果慢的缺点。

本试验对 6 种杀虫剂的毒杀效果统计得出溴氰虫酰胺的毒力最强，其相对毒力是毒力最弱氟啶虫酰胺的 3.06 倍。溴氰虫酰胺不仅对烟粉虱毒杀效果好，而且还对干扰烟粉虱身上所携带的番茄黄曲叶病毒（TYLCV）也起到作用，其使用被证明是管理番茄生产中抵抗 TYLCV 的一种有前途的策略（Caballero et al.，2015）。这进一步体现出溴氰虫酰胺是作为治理烟粉虱虫害较好的选择，推测将来会成为防治烟粉虱的重要杀虫剂。氟啶虫酰胺单剂的毒杀效果虽不如另外几种单剂，但 24%阿维·氟啶 SC 混用助剂是一种理想的烟粉虱防治方案（冯辉等，2024）。不仅是氟啶虫酰胺，噻虫嗪与其他农药混配使用也能达到更好的杀虫效果（宋思思等，2016），这不仅降低了用药成本，还能够延缓害虫对单一杀虫剂的抗药性，从而更好防治烟粉虱。综上所述，本研究测定了 6 种杀虫剂对烟粉虱的致死效果和毒力水平，为当地农作物用药提供参考。随着对烟粉虱研究的深入，未来这几种杀虫剂应用方法将会更加多样、应用范围将更加广泛。

参考文献

褚栋，张友军，2018. 近 10 年我国烟粉虱发生为害及防治研究进展［J］. 植物保护，44（5）：51-55.

邓业成，徐汉虹，雷玲，2004. 烟粉虱的化学防治及抗药性［J］. 农药（1）：10-15.

冯辉，马海芹，李真峰，2024. 氟啶虫酰胺复配剂对烟粉虱田间防治方案探索［J］. 浙江农业科学，65（1）：166-169.

何玉仙，黄建，2005. 烟粉虱抗药性的研究进展［J］. 华东昆虫学报，14（4）：336-342.

罗宏伟，2001. 甘薯粉虱（Bemisia tabaci Gennadius）生物、生态学及其人工繁育的研究［D］. 福州：福建农林大学.

宋思思，夏娇，王宁，等，2016. 噻虫嗪-高效氯氰菊酯复配农药微胶囊的制备与性能［J］. 农药，55（1）：22-25.

王强，2017. 新疆烟粉虱吡虫啉抗性相关 P450 基因的筛选及其功能研究［D］. 南京：南京农业大学.

王雨蒙，何亚洲，刘树生，等，2020. 烟粉虱传播植物病毒特性及机制研究进展［J］. 科学通报，65（15）：13.

谢文，吴青君，徐宝云，等，2011. 螺虫乙酯对烟粉虱的防治效果评价［J］. 中国蔬菜（14）：69-73.

薛延韬，2018. 中国烟粉虱地理分布、种群遗传结构及其次生内共生菌多样性研究［D］. 重庆：西南大学.

杨桂秋，黄琦，陈霖，等，2012. 新型杀虫剂溴氰虫酰胺研究概述［J］. 世界农药，34（6）：19-21.

虞国跃，田丽霞，2022. 烟粉虱的识别与防治［J］. 蔬菜（4）：82-85.

CABALLERO R，SCHUSTER D J，PERES N A，et al.，2015. Effectiveness of cyantraniliprole for managing Bemisia tabaci（Hemiptera：Aleyrodidae）and interfering with transmission of tomato yellow leaf curl virus on tomato［J］. Journal of Economic Entomology，108（3）：894-903.

CAHILL M, BYRNE F J, GORMAN K, et al., 1995. Pyrethroid and organophosphate resistance in the tobacco whitefly *Bemisia tabaci* (Homoptera: Aleyrodidae) [J]. Bulletin of Entomological Research, 85 (2): 181-187.

DE BARRO P J, LIU S S, BOYKIN L M, et al., 2011. *Bemisia tabaci*: a statement of species status [J]. Annual Review of Entomology, 56: 1-19.

ESTRADA-HERNÁNDEZ M G, VALENZUELA-SOTO J H, IBARRA-LACLETTE E, et al., 2009. Differential gene expression in whitefly *Bemisia tabaci* - infested tomato (*Solanum lycopersicum*) plants at progressing developmental stages of the insect's life cycle [J]. Physiologia Plantarum, 137 (1): 44-60.

HOGENDOUT S A, AMMAR E D, WHITFIELD A E, et al., 2008. Insect vector interactions with persistently transmitted viruses [J]. Annual Review of Phytopathology, 46: 327-359.

KIM C S, LEE J B, KIM B S, et al., 2014. A technique for the prevention of greenhouse whitefly (*Trialeurodes vaporariorum*) using the entomopathogenic fungus *Beauveria bassiana* M130 [J]. Journal of Microbiology and Biotechnology, 24 (1): 1-7.

KIM K N, HUANG Q Y, LEI C L, 2019. Advances in insect phototaxis and application to pest management: a review [J]. Pest Management Science, 75 (12): 3135-3143.

MILLER A L E, TINDALL K, LEONARD B R, 2010. Bioassays for monitoring insecticide resistance [J]. JoVE (Journal of Visualized Experiments), (46): 2129.

SABRY A K H, 2013. Resistance and enzyme assessment of the pink bollworm, *Pectinophora gossypiella* (Saunders) to spirotetramat [J]. Journal of Animal and Plant Sciences, 23 (1): 136-142.

五倍子害虫栗黄枯叶蛾的生物学特性及防控*

查玉平[1,2]**，张子一[1,2]，洪承昊[1,2]，陈 亮[3]，张品德[2,4]，彭 宇[5]

（1. 湖北省林业科学研究院，武汉 430075；2. 五倍子高效培育与精深加工工程技术研究中心，五峰 443413；3. 湖北林业有害生物防治检疫总站，武汉 430079；4. 五峰赤诚生物科技股份有限公司，五峰 443400；5. 湖北大学，武汉 430062）

摘 要：栗黄枯叶蛾是湖北五倍子林中常见的食叶害虫。本文对栗黄枯叶蛾的生物学习性进行了描述，并对其综合防治措施进行了综述。

关键词：五倍子；粉筒胸叶甲；生物学特性；防治

The Biological Characteristics and Control on *Trabala vishnou* (Lefebvre) *

Zha Yuping[1,2]**, Zhang Ziyi[1,2], Hong Chenghao[1,2],
Chen Liang[3], Zhang Pinde[2,4], Peng Yu[5]

(1. Hubei Academy of Forestry, Wuhan 430075, China; 2. Engineering Technology Research Center for High-Efficiency Cultivation and Deep Processing of Galla Chinensis, Wufeng 443400, China; 3. Hubei Forestry Pest Control and Quarantine Station, Wuhan 430079, China; 4. Wufeng Chicheng Biotech Co., Ltd., Wufeng 443400, China; 5. Hubei University, Wuhan 430062, China)

Abstract: *Trabala vishnou* (Lefebvre) is one of the common leaf pests in Galla chinensis forest in Hubei. The authors described the biological characteristics of *T. vishnou vishnou* and reviewed the intergrated control measures for this pest in the paper.

Key words: Chinses gallnuts; *Trabala vishnou* (Lefebvre); biological characteristics; control

五倍子是我国传统的林特产品和出口创汇商品，广泛应用于医药、化工、矿冶、电子、食品和饲料等行业（杨子祥，2011）。五倍子产业随着生产和加工技术的研发和应用，已发展成为诸多山区县域的特色产业和富民产业（张品德等，2019）。但是，随着五倍子产业大规模发展，人工林面积不断扩大，病虫害问题也愈来愈严重，影响了五倍子产业的高质量发展（查玉平等，2016）。

近两年，栗黄枯叶蛾 *Trabala vishnou* (Lefebvre) 在湖北五峰县五倍子人工林中发生

---

* 基金项目：林草国家创新联盟自筹研发项目（GLM〔2020〕23号）；湖北省林业科学研究院青年科技基金项目（2020YQNJJ10）

** 第一作者：查玉平，副研究员，主要研究方向为森林昆虫研究与利用；E-mail: zhayuping@163.com

严重，造成五倍子树花叶甚至光杆，从而影响五倍子的产量。栗黄枯叶蛾属鳞翅目Lepidoptera枯叶蛾科Lasiocampidae黄枯叶蛾属*Trabala*（姚小华等，2017），是五倍子寄主树盐肤木常见食叶害虫。有学者对宽肩象甲*Ectatorrhinus adamsi* Pascoe、缀叶丛螟*Locastra muscosalis* Walker、银杏大蚕蛾*Dictyoplaoca japonica* Butler和粉筒叶甲*Lypesthes ater*（Motshulsky）等五倍子林主要害虫的生物学特性及防治技术进行了阐述（查玉平等，2016；吴波等，2018；查玉平等，2020），但关于五倍子林间栗黄枯叶蛾的防治尚未有报道。本文对栗黄枯叶蛾的生物学特性进行了描述，并提出了综合防治技术措施。

1 生物学特性

1.1 形态特征

雌雄异型，雄成虫翅展52~60 mm，雌成虫翅展55~90 mm。雄成虫头部绿色，触角深黄色长双栉齿状，前后翅均为淡绿色。雌成虫有黄绿色和橙黄色两种类型，头部黄绿色，触角深黄色短双栉齿型。卵为灰白色球形，上被黄白色长绒毛。老熟幼虫体长50~60 mm，头壳紫红色具黄色纹。额部2条纹粗长，纵向平行。胸、腹部第1节两侧各具1束黑色长毛，体被浓密毒毛。背纵带黄白色相间。蛹长椭圆形，赤褐色（姚小华等，2017）。

1.2 生活史

在五峰县一年发生2代，以卵的形态越冬，卵期约200 d。翌年5月卵孵化，幼虫于5月中下旬在枝头活动，取食叶片，较易被观察到。栗黄枯叶蛾经历5~6次蜕皮，至6月中下旬幼虫进入老熟状态，6月下旬至7月中旬结茧化蛹，蛹体外包裹灰白色或黄褐色茧，茧侧面观为马鞍形，表面附有幼虫体表的毒毛，有保护作用。7月下旬至8月中旬成蛾陆续羽化，并很快就交配产卵。届时温度较高，卵孵化速度快。8月上、中旬陆续有幼虫出现。幼虫活动期直至10月中旬，9月中旬时陆续开始化蛹结茧。10月中下旬至11月上旬成虫羽化并迅速交配，产卵于树干或小枝上，以卵越冬。第三年5月卵开始孵化，进入新一轮的生命活动。

1.3 危害

栗黄枯叶蛾数量多，食量大，幼虫活动期长。5月中上旬至7月中旬、8月上旬至10月中旬均有幼虫活动，历期4个多月。第一代幼虫活动期是两次挂袋结雏倍关键期，5月上旬第一批挂袋的雏倍刚形成、5月中下旬进行第二批挂袋，干母上树和致瘿集中均在此时期。幼虫喜食新生嫩枝复叶的叶翅部分，且幼龄期幼虫有群集取食现象，从而造成叶翅缺失或直接破坏刚形成的雏倍，导致五倍子减产。

2 综合防治措施

2.1 防治原则

栗黄枯叶蛾幼虫危害时期和五倍子生产挂袋结倍时期较为一致，因此，其防治原则是"预防为主，精准防治"。以营林措施为基础，绿色防治为主导，准确把握防治时机，将有虫株率控制在经济阈值之下，实现可持续控制。

2.2 防治措施

人工防治：秋冬季，清除树枝干上的越冬卵。在低龄幼虫期，可利用幼虫群集现象，人工摘除幼虫聚集的枝叶。

生物防治：卵期，可在倍林释放赤眼蜂、周氏啮小蜂等卵寄生天敌。8月上旬至10月中旬，可在倍林喷洒白僵菌、苏云金杆菌等生物农药或灭幼脲Ⅲ号等仿生药剂防治幼虫。

物理防治：成虫发生盛期，可利用成虫的趋光性，应用灯光诱杀成虫。

参考文献

杨子祥，2011. 五倍子高产培育技术［M］. 北京：中国林业出版社.

张品德，查玉平，陈京元，等，2019. 湖北省五倍子产业发展调研报告［J］. 湖北林业科技，48（5）：31-33，53.

查玉平，陈京元，王义勋，等，2016. 湖北五倍子主要病虫害防治技术［J］. 湖北林业科技，45（1）：89-90.

姚小华，郭正福，丁冬荪，等，2017. 栗黄枯叶蛾的形态学及雌雄嵌合体、生物学特性［J］. 南方林业科学，45（1）：53-55.

吴波，查玉平，戴丽，等，2018. 五倍子食叶害虫核桃缀叶螟的综合防治［C］//王满囷，雷朝亮，朱芬. 华中昆虫研究（第十四卷）. 北京：中国农业科学技术出版社.

查玉平，陶丽，张子一，等，2020. 五峰县五倍子害虫粉筒胸叶甲的生物学特性与防治［C］//魏洪义，曾菊平，夏斌. 华中昆虫研究（第十六卷）. 杨凌：西北农林科技大学出版社.

45%联肼·乙螨唑防治柑橘红蜘蛛田间药效试验

张龙杰[1]*，舒会生[1]，孟 鑫[2]，李 琴[3]，梁 艳[1]**

(1. 怀化市农业综合服务中心，怀化 418000；2. 鹤城区植保植检站，鹤城 418000；
3. 鹤城区河西街道办事处农业综合服务中心，鹤城 418000)

摘 要：柑橘红蜘蛛是柑橘类果树的主要害虫之一，本试验通过使用不同剂量45%联肼·乙螨唑乳油防治柑橘红蜘蛛，试验结果表明，45%联肼·乙螨唑乳油对柑橘红蜘蛛有很好的防效，具有防效高、持效期长的特点，推广应用时，应以2 000倍液为宜。

关键词：联肼·乙螨唑；柑橘红蜘蛛；田间药效试验

柑橘红蜘蛛是柑橘类果树的主要害虫之一。其繁殖力强、世代重叠严重，年发生16代以上。对叶片、枝梢及果实造成显著危害，导致叶片失绿、脱落，严重影响树势和果实产量（段志坤，2014）。由于果农长期依赖单一化学药剂或随意提高用药浓度，红蜘蛛已对多种杀螨剂产生抗药性（黄振东等，2010）。传统防治手段效果逐年下降，亟需筛选高效、持效且低抗性的新型药剂或优化用药方案。联肼·乙螨唑悬浮剂是一种复配杀螨剂，联苯肼脂可抑制螨类神经传导系统γ-氨基丁酸受体，主要为触杀作用，具有杀卵效果，并对各种发育状态的幼螨、若螨均有良好防效，对成螨无效，但能阻止成螨产卵。由于红蜘蛛世代重叠严重要求药剂需兼具速效与长效特性。基于此，本研究通过田间药效试验，系统评价45%联肼·乙螨唑悬浮剂对柑橘红蜘蛛的防治效果，并结合其作用特点提出合理用药策略，为优化红蜘蛛综合防控体系提供理论依据。

1 试验材料和方法

1.1 供试药剂及来源

45%联肼·乙螨唑悬浮剂，上海沪联生物药业生产，市场购买；30%阿维·螺螨酯，广东泽丰生物技术股份有限公司生产，市场购买。

1.2 试验地基本情况

试验设在鹤城区凉亭坳乡凉亭坳村一组梁厚明柑橘园内，供试柑橘品种为官川，供试面积约1亩，树龄12年，树势及其他管理条件基本一致，柑橘红蜘蛛发生较严重。

1.3 试验设计

试验设5个处理：①45%联肼·乙螨唑悬浮剂1 500倍液；②45%联肼·乙螨唑悬浮剂2 000倍液；③45%联肼·乙螨唑悬浮剂2 500倍液；④30%阿维·螺螨酯悬浮剂2 000倍液；⑤空白对照。采用随机区组排列，重复3次（空白对照不设重复），共13个小区，每小区3株树（表1）。

---

* 第一作者：张龙杰，正高级农艺师，主要从事农作物病虫害防控研究；E-mail：hhzlj0326@126.com
** 通信作者：梁艳，农艺师，主要从事农作物病虫害监测研究；E-mail：liangyan14@163.com

表1　45%联肼·乙螨唑悬浮剂防治红蜘蛛田间防治效果

处理项目	稀释倍数	施药日期	施药前百芽叶害螨数/头	施药后百芽叶害螨数、虫口减退率									
				1 d		3 d		10 d		15 d		20 d		30 d	
				活虫数/头	减退率/%	活虫数/头	减退率/%	活虫数/头	减退率/%	活虫数/头	减退率/%	活虫数/头	减退率/%	活虫数/头	减退率/%
45%联肼·乙螨唑	1 500	6月9日	4 756	1 083	78.8	196	96.3	67	98.5	75	97.9	8	99.5	14	99.1
	2 000	6月9日	3 463	858	79.6	138	96.4	67	97.9	88	96.8	13	98.9	16	98.4
	2 500	6月9日	5 413	1 338	77.0	542	91.0	167	96.6	141	96.6	46	97.9	52	96.0
30%阿维·螺螨酯	2 000	6月9日	5 913	2 600	51.5	1 217	78.2	300	93.4	150	96.1	58	96.8	76	96.8
空白对照			2 400	2 575		2 675		2 175		1 858		900		756	95.2

1.4 施药时期、次数和方法

于6月9日（当每叶有红蜘蛛2头以上时）施药，只施一次药。采用手动压缩式喷雾器喷雾，将药液均匀喷布于叶片正反面，亩喷药液150 kg，施药后7 d内的日平均气温为24.2℃，日平均最高温度28.5℃，日平均最低气温19.4℃，雨日3 d，降水量为123.6 mm。

1.5 药效调查时间、次数和方法

施药前调查虫口基数，施药后1 d、3 d、10 d、15 d、20 d、30 d调查防治效果，共查7次。每小区在试验柑橘树的外围定8个嫩梢并用红色塑料带标记，每个嫩梢的顶端留4片叶，用手持扩大镜进行检查，计数害螨数，计算害螨减退率和校正害螨减退率。

2 试验结果及评价

2.1 试验结果

45%联肼·乙螨唑悬浮剂1 500倍液、2 000倍液、2 500倍液对柑橘红蜘蛛有很好的防效。为了比较各处理间防效的差异，将药后10 d的防效数据经反正弦转换后进行方差分析，结果（$F=3.18>F_{0.05}=2.72$）差异显著（表2）。

表2 方差分析表

变异来源	DF	SS	MS	F	$F_{0.05}$	$F_{0.01}$
处理间	3	455.4	151.8	3.18	2.72	4.04
处理间	92	4 386.4	47.7			
总变异	95	4 841.8				

2.2 试验评价

试验结果表明，45%联肼·乙螨唑悬浮剂是一种新型选择性叶面喷雾用杀螨剂。对柑橘红蜘蛛卵、幼螨、若螨、成螨均有效，不受温度影响，高温、低温均可用，全生育期使用无药害，耐雨水冲刷，24 h红蜘蛛灭杀干净，药效持效期长达30~40 d，具有比对照药剂30%阿维·螺螨酯悬浮剂药效快、防效高、持效期长的特点，同时，在试验中观测到该药剂对锈壁虱也有较好的防效，是目前防治柑橘螨类较理想的药剂之一。推广应用45%联肼·乙螨唑悬浮剂时，应以2 000倍液为宜。

参考文献

段志坤，2014. 防治柑橘红蜘蛛要讲究方法 [J]. 果农之友（6）：26-27.

黄振东，蒲占湑，林荷芳，等，2010.25%螺螨酯SC防治柑橘红蜘蛛的田间试验效果 [J]. 浙江柑橘，27（4）：21-23.

叶潜蛾潜食对钩藤叶片细菌群落结构及多样性的影响*

安 京[1]**，李 维[1]，郭青云[1,2]***，徐家生[1]，戴小华[1,2]，廖承清[1]

(1. 赣南师范大学 生命科学学院，赣州 341000；
2. 江西省特色园艺植物病虫害防控重点实验室，赣州 341000)

摘 要：植物叶片稳定的微生物群落结构和多样性与植物健康密切相关。为揭示昆虫取食对植物叶片细菌群落稳定性的影响，采用 16S rDNA 基因高通量测序对叶潜蛾潜食钩藤叶片与未取食叶片细菌群落结构及多样性变化进行分析。结果显示：①取食与未取食叶片叶际细菌 OTUs 分别为 2 670 个和 1 446 个，内生细菌 OTUs 分别为 733 个和 187 个，叶潜蛾潜食叶片细菌物种丰度、多样性指数和覆盖度指数均高于未取食叶片，且细菌群落结构存在显著差异；②钩藤叶际和内生细菌的优势门均为变形菌门，占比 92% 以上，且在取食叶片中的相对丰度显著高于未取食叶片；优势属甲基杆菌属和鞘氨醇单胞菌属的相对丰度与叶潜蛾取食呈正相关，而 1174-901-12 菌属则相反；③取食与未取食叶片细菌群的代谢功能及相对丰度基本类似，主要隶属于生物合成、生物降解与利用、解毒、代谢产物前体和能量的产生等。该结果表明昆虫取食可重塑植物微生物组，改变细菌群落结构和多样性组成。研究结果可为森林保育提供理论依据，深化对植物-微生物-昆虫互作的认识。

关键词：钩藤；叶潜蛾；高通量测序；细菌；群落结构；多样性

The Influence on the Bacterial Communities and Diversity of *Uncaria rhynchophylla* Leaves with Herbivory by *Phyllocnistis* sp. *

An Jing[1]**, Li Wei[1], Guo Qingyun[1,2]***, Xu Jiasheng[1], Dai Xiaohua[1,2], Liao Chengqing[1]

(1. *College of Life Sciences, Gannan Normal University, Ganzhou* 341000, *China*;
2. *Jiangxi Provincial Key Laboratory of Pest and Disease Control of Featured Horticultural Plants, Ganzhou* 341000, *China*)

Abstract: The stable structure and diversity of microbial communities on plant leaves are closely related to plant health. To reveal the impact of insect herbivory on plant-associated microbes, the community structures and diversities of phyllosphere and endophytic bacteria on *Uncaria rhynchophylla* leaves with and without herbivory by leaf-mining insect *Phyllocnistis* sp. were analyzed using the high-throughput sequencing based on the 16S rDNA. The results showed: ①The number of operational taxonomic units (OTUs) of phyllosphere bacteria with and without herbivory leaves were 2 670 and 1 446, respectively. The number of OTUs of endophytic bacteria was 733 and 187, respectively. The species richness, diversity index,

---

* 基金项目：国家自然科学基金（32160314，41971059，31760173）
** 第一作者：安京，研究生，主要从事潜叶昆虫与微生物互作方面的研究工作；E-mail:913256627@qq.com
*** 通信作者：郭青云，副教授，研究方向为农业害虫与防治、昆虫-微生物互作；E-mail:qingyun612@163.com

and coverage index of bacteria on herbivory leaves were higher than those on the leaves without herbivory, and there are significant differences in bacterial community structure. ②The dominant phylum of phyllosphere and endophytic bacteria with and without herbivory *Uncaria rhynchophylla* leaves is Proteobacteria, accounting for over 92%, and the relative abundance in the herbivory leaves is significantly higher than that in the without herbivory leaves. The relative abundances of the dominant genera, *Methylobacterium* and *Sphingomonas*, showed a strong positive association with herbivory by *Phyllocnistis* sp., while the relative abundance of the genus *1174-901-12* decreased with insect herbivory. ③The metabolic function information and their relative abundance of bacterial communities on leaf with and without herbivory are similar, mainly including biosynthesis, degradation/utilization/assimilation, detoxification, and energy production, etc. These results indicate that insect herbivory can reshape the plant microbiome, altering the structure and diversity of bacterial communities within a native plant host. The research. provide a theoretical basis for forest conservation and insight of plant-microbe-insect interactions.

Key words: *Uncaria rhynchophylla*; *Phyllocnistis* sp.; high-throughput sequencing; Bacteria; community structure; diversity

植物表面及内部定殖着种类丰富的微生物群落，包括细菌、真菌、古菌和一些病毒等，与植物协同进化，互惠互利，在植物微生态系统扮演着重要作用（崔穆峰等，2024）。植物内生菌能够产生多种生物活性物质，具有促进植物生长、抗逆境、抗病害、抗动物危害等优势（胡桂萍等，2010）。研究报道植物内生菌 *Muscodor vitigenus* 能够产生的具有杀虫作用的毒素，保护宿主免受危害（胡桂萍等，2010）。禾本科植物内生菌可产生10多种生物碱，对线虫和大多数食草昆虫具有较强的毒性（邹文欣等，2001）。附生或寄生于植物叶面的叶际微生物，通过与寄主植物相互作用，促进植物生长，提高植物的抗病能力（崔穆峰等，2024）。大量研究证明很多植物病害的产生与叶际微生物群落结构与多样性的改变密切相关，目前鲜有文献报道昆虫取食对植物微生物群落组成和多样性的影响（刘宇星等，2022）。昆虫取食对植物本身和农业生产都有严重的威胁。昆虫通过对组织损伤来诱导植物的防御从而改变植物的表型，进而改变植物对昆虫和微生物侵袭的耐受性，但昆虫-植物-微生物三者之间具体的互作机制还不清楚（Humphrey et al.，2020）。

钩藤 *Uncaria rhynchophylla* 属茜草科 Rubiaceae 钩藤属 *Uncaria* 植物，是我国重要的中药材，对高血压、感冒惊风、头痛眩晕等病症有较好的疗效（邓宽平等，2021；张柱亭等，2020）。叶潜蛾（*Phyllocnistis* sp.）是危害钩藤的重要害虫之一，其幼虫钻入叶片表皮之下取食叶肉组织，造成蜿蜒的潜道，影响光合作用，削弱树势。一年可发生3~4代，危害率随着发生代数的增加而上升，严重影响钩藤的生长和产量（陈小均等，2020；张柱亭等，2020）。钩藤叶潜蛾专化性程度高，与植物叶片互作紧密，是研究昆虫-植物-微生物互作的良好实验材料。本研究采用钩藤叶潜蛾取食叶片和未取食叶片微生物DNA样品进行细菌群落的扩增子测序，分析钩藤叶片内生和叶际细菌组的丰度、多样性、组成和结构对昆虫取食的响应，研究结果可为钩藤人工种植与虫害防控提供参考依据，深化对昆虫-植物-微生物互作的认识。

1 材料与方法

1.1 样品采集

2024 年 1 月在江西省赣县区东南部宝莲山风景名胜区（25°60′~25°61′N，115°18′~115°19′E）采集样品。选取 5 m×5 m 的样地，随机选择生长状态良好的钩藤植物，佩戴无菌手套，用消毒剪刀剪取大小和生长位置相近的未取食叶片和有叶潜蛾潜食的叶片。所有样品置于无菌培养皿中，放入低温保存箱，迅速带回实验室，于-80 ℃保存备用。

叶潜蛾潜食钩藤叶片　　　　　　　未取食钩藤叶片

图 1　钩藤叶片（箭头指向为叶潜蛾潜食叶片）

1.2 钩藤叶片微生物提取

叶际微生物提取，使用无菌剪刀新鲜叶片剪碎，每个样品 3 g 置于装有 50 mL 灭菌洗涤缓冲液（1 mol/L Tris-HCl，0.5 mol/L Na_2EDTA，1.2% CTAB，pH=8.0）的 250 mL 的锥形瓶中，保证溶液完全浸没叶片，摇床中 200 r/min 的振荡 30 min，在 40 kHz 超声波清洗 15 min，重复润洗 2 次，然后将各样品的 2 次洗脱液收集至离心管中，4 ℃离心 10 000 r/min 离心 10 min，弃上清液，收集沉淀，于-80 ℃保存备用。

叶内生微生物的提取，将钩藤叶片使用 75%乙醇浸泡消毒 1 min，无菌水冲洗 1 次，再使用 5%（有效氯）NaClO 溶液消毒 5 min，以去除组织表面的微生物，然后无菌水冲洗 3 次，用无菌滤纸吸去钩藤叶表面残留的水分，最后的漂洗水涂布在 LB 培养基平板上培养做无菌检测，以验证表面杀菌效果。收集表面彻底消毒无菌的钩藤叶片用于后续内生微生物的分离提取，液氮中快速冷冻并于-80 ℃保存备用。

1.3 16S rRNA 基因的高通量测序

采用 Mp Fast DNA® Kit（6560-200）试剂盒抽提钩藤叶内生和叶际微生物总 DNA，并用 1%琼脂糖凝胶电泳和 NanoDrop 2000 检测提取的 DNA 的纯度和浓度。细菌 16S rRNA 基因 V5 至 V7 区域扩增引物为 799F（5′-AACMGGATTAGATACCCKG-3′）和 1193R（5′-ACGTCATCCCCACCTTCC-3′），高通量测序委托上海派森诺生物技术有限公司在 Illlumina MiSeq 2500 平台完成。

1.4 数据分析

对原始序列进行质量初筛后，使用 QIIME 2（2021.2）（Bolyen et al., 2019）软件处理序列再调用的 DADA2 插件对原始下机数据进行过滤、去噪、合并和去除嵌合体等质控，确定最终的高质量序列。应用 Vsearch（Rognes et al., 2016）软件对相似度大于 97% 的序列进行分类操作单元（Operational Taxonomic Units, OTU）聚类，获得每个 OTU 对应的分类学信息。使用 QIIME 2 软件与 perl 语言脚本来进行物种分类学组成分析并进行绘图。使用 QIIME 2 软件与 R 语言进行 Alpha 多样性与 Beta 多样性分析。并使用 R 语言的 ggplot2 包进行绘图。此外，使用 Python 语言与 PICRUSt2（Langille et al., 2013）对不同样品细菌群落进行功能预测。

2 结果与分析

2.1 钩藤叶片叶际和内生细菌群落 OTU 聚类

对 4 组处理的 12 份叶片样品内生和叶际细菌的 16S rRNA 基因进行了高通量测序，去除掉低质量序列后，所有样品共得到 1 056 687 条高质量序列，平均每个样品的序列数为 88 057，平均序列长度为 377 bp。韦恩图可以统计 OTU 水平中多组样本中共有或独有的物种数目，反映各个环境样品在物种组成上的相似性及重叠情况。以 97% 的相似度对不同样品的序列进行 OTU 聚类，从叶潜蛾潜食的叶片和未取食叶片的叶际和叶内样本中分别鉴定到 2 670 个、1 446 个、733 个和 187 个 OTU。由图 2 可知，4 个处理组共有 OTU 5 126 个，其中叶际细菌共有 OTU 4 206 个，叶内生细菌 OTU 共有 920 个，叶潜蛾潜食叶片与未取食叶片的内生和叶际细菌群落共有的 OTU 为 52 个。比较分析发现，钩藤被叶潜蛾取食后其叶片叶际和内生细菌群落 OTU 数量均高于未取食叶片，说明昆虫取食明显增加了叶片微生物丰度。

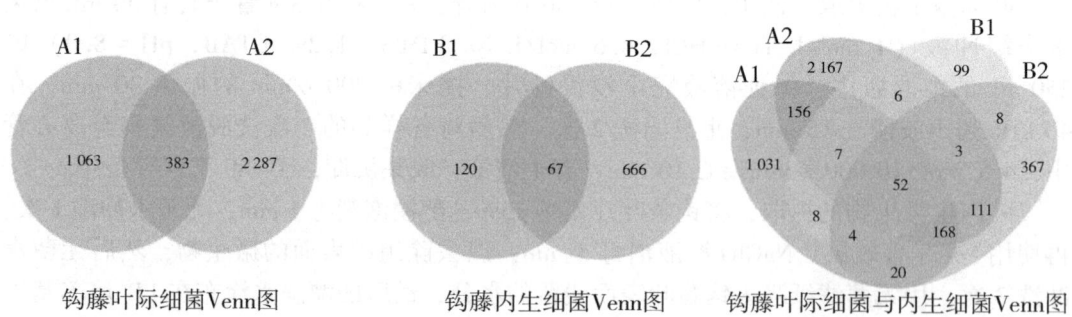

A1. 未取食钩藤叶际细菌；A2. 叶潜蛾潜食钩藤叶际细菌；B1. 未取食钩藤叶片内生细菌；B2. 叶潜蛾潜食钩藤叶片内生细菌。

图 2　钩藤叶片叶际细菌与叶内细菌 Venn 图

2.2 钩藤叶片叶际和内生细菌多样性分析

叶潜蛾潜食钩藤叶片叶际细菌多样性指数 Shannon、Simpson 和丰富度指数（Chao1）分别为 7.14、0.97 和 1 177.02（图 3-A），均高于未取食叶片（6.46、0.96

和 671.15），覆盖度指数（Goods_coverage）无差异均为 0.99，叶潜蛾潜食钩藤叶片内生细菌 Shannon 指数、Simpson 指数、丰富度指数分别为 4.99、0.91、302.82，均高于未取食叶片（4.29、0.90、21.37），覆盖度指数（Goods_coverage）无差异和均为 0.99。这些结果说明叶潜蛾潜食会显著升高钩藤叶片叶际和内生细菌的多样性和丰富度。通过 PCoA 主坐标分析对潜食叶片和未取食叶片细菌的 β 多样性进行检测，发现叶际细菌和内生细菌 PCoA 分别解释了 75.9% 和 69.3% 的差异（图 3-B），其中第一主坐标（PC1）分别解释了 62.8% 和 45.5% 的差异，第二主坐标（PC2）分别解释了 13.1% 和 23.8% 的差异，表明在钩藤叶片被叶潜蛾潜食后，叶片细菌群落结构均存在显著差异。

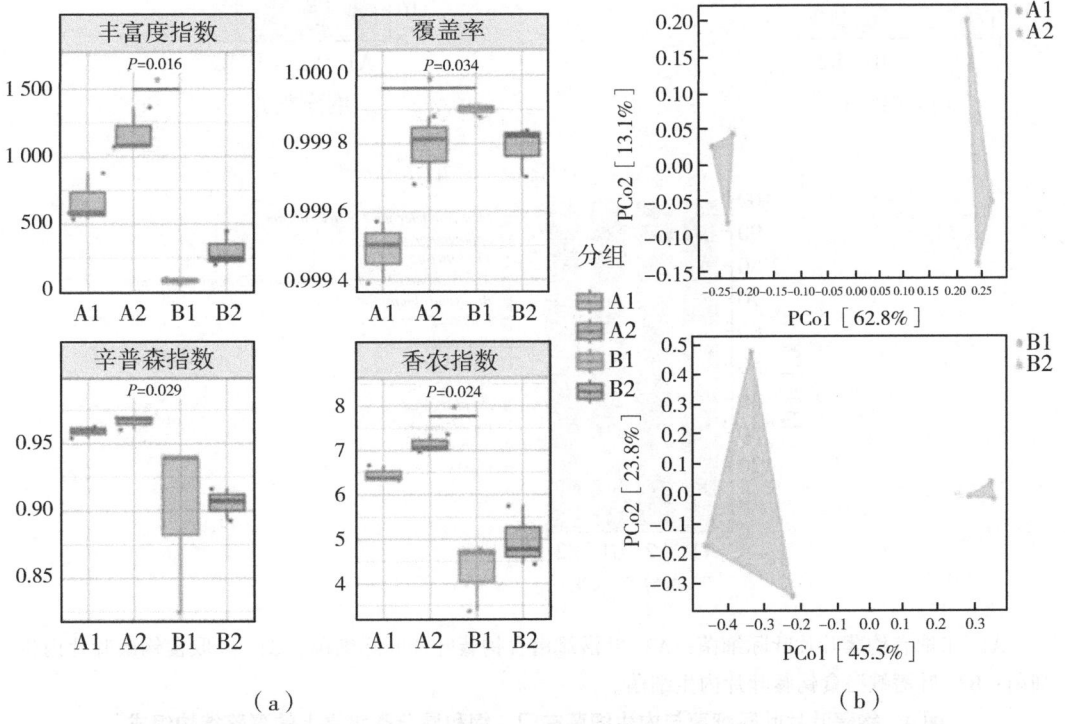

A1. 未取食钩藤叶际细菌；A2. 叶潜蛾潜食钩藤叶际细菌；B1. 未取食钩藤叶片内生细菌；B2. 叶潜蛾潜食钩藤叶片内生细菌。

图 3 钩藤叶片叶际细菌与内生细菌群落 α 和 β 多样性分析

2.3 钩藤叶片叶际和内生细菌群落组成

叶潜蛾潜食叶片与未取食叶片叶际和内生细菌群落包括变形菌门（Proteobacteria）、粘杆菌门（Myxococcota）、放线菌门（Actinobacteriota）和厚壁菌门（Firmicutes）（图 4-A）。其中叶潜蛾取食叶片叶际细菌变形菌门的相对丰度高于未取食叶片，分别为 96.98% 和 92.77%，而粘杆菌门（1.27% 和 3.92%）、放线菌门（0.81% 和 1.23%）和厚壁菌门（0.52% 和 1.57%）的相对丰度在叶潜蛾取食叶片叶际细菌组中偏低。叶潜蛾潜食与未取食叶片内生细菌群落相对丰度为变形菌门（98.31% 和 96.34%）、粘杆菌门（0.76% 和

1.79%)、放线菌门（0.57%和0.34%）和厚壁菌门（0.14%和0.62%），其中变形菌门和放线菌门的相对丰度高于未取食叶片，而粘杆菌门和厚壁菌门丰度降低。

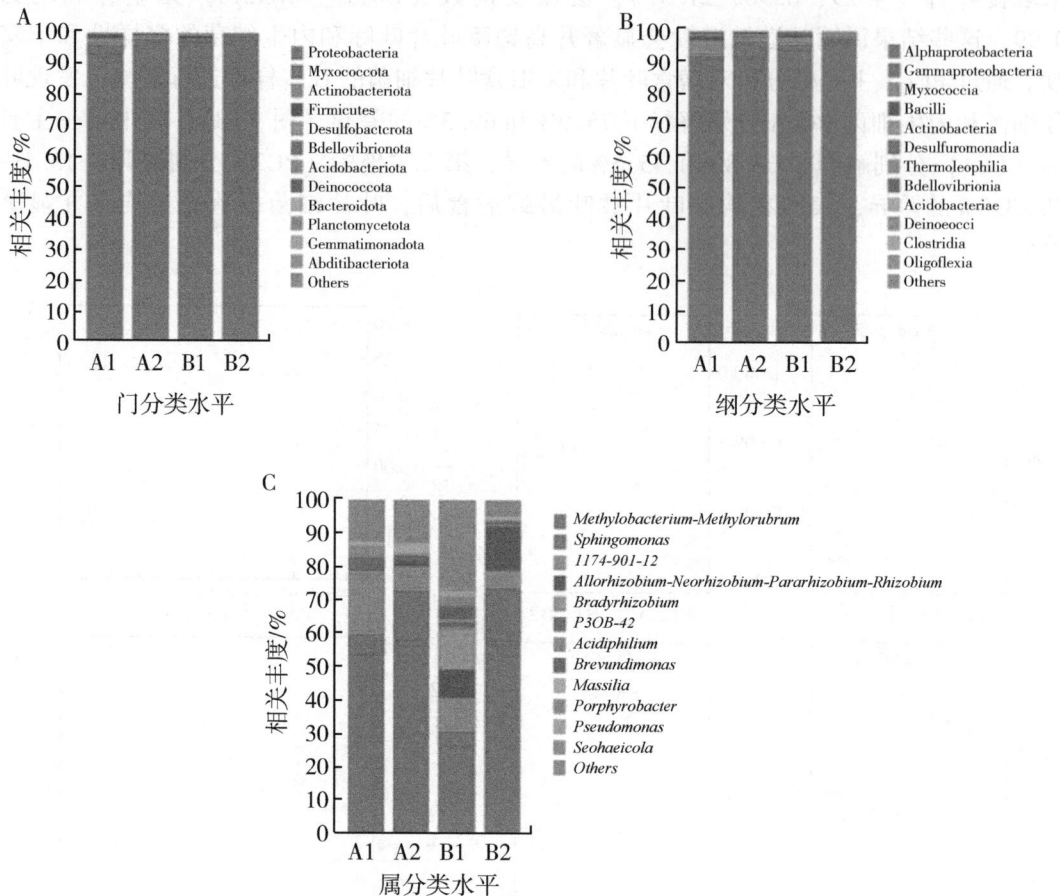

A1. 未取食钩藤叶片叶际细菌；A2. 叶潜蛾潜食钩藤叶片叶际细菌；B1. 未取食钩藤叶片内生细菌；B2. 叶潜蛾潜食钩藤叶片内生细菌。

图4 钩藤叶片叶际细菌与内生细菌在门、纲和属分类水平上的群落结构组成

叶潜蛾潜食叶片与未取食叶片的叶际和内生细菌优势纲为α-变形菌纲（Alphaproteobacteria）、γ-变形菌纲（Gammaproteobacteria）和粘球菌纲（Myxococcia）（图4-B）。叶潜蛾潜食与未取食叶片叶际细菌群落相对丰度α-变形菌纲（90.46%和90.57%）、γ-变形菌纲（6.32%和2.19%）、粘球菌纲（1.22%和3.92%）、放线菌纲（0.54%和1.06%）和芽孢杆菌纲（0.49%和1.49%），叶潜蛾取食造成叶际细菌γ-变形菌纲细菌丰度明显升高，粘球菌纲、放线菌纲和芽孢杆菌纲细菌丰度降低，对α-变形菌纲细菌基本没有影响。叶潜蛾潜食与未取食叶片内生细菌群落相对丰度中α-变形菌纲（96.86%和92.95%）、γ-变形菌纲（1.45%和3.39%）和粘球菌纲（0.76%和1.79%），叶潜蛾取食造成叶片内生α-变形菌纲细菌和γ-变形菌纲细菌丰度升高，粘球菌纲细菌丰度降低。

叶潜蛾潜食叶片与未取食叶片叶际和内生细菌优势属均为甲基杆菌属、鞘氨醇单胞菌属和 *1174-901-12* 菌属（图 4-C）。潜食和未取食叶片叶际细菌群落相对丰度为甲基杆菌属（57.69% 和 53.24%）、鞘氨醇单胞菌属（15.33% 和 6.49%）、*1174-901-12* 菌属（6.82% 和 18.90%）。叶潜蛾潜食造成钩藤叶片叶际甲基杆菌属与鞘氨醇单胞菌属细菌丰度明显升高，*1174-901-12* 和 *P3OB-42* 菌属细菌丰度降低。潜食和未取食叶片内生细菌群落相对丰度分别为甲基杆菌属（57.97% 和 25.93%）、根瘤菌属（13.51% 和 8.79%）、鞘氨醇单胞菌属（15.75% 和 4.87%）和 *1174-901-12* 菌属（4.95% 和 9.75%），叶潜蛾取食造成叶片内生甲基杆菌属、根瘤菌属和鞘氨醇单胞菌属细菌丰度升高，*1174-901-12* 菌属细菌丰度降低。

2.4 物种组成热图分析

根据细菌属水平下相对丰度前 15 的数据绘制物种组成热图，结果如图 5 所示。热图分析叶潜蛾潜食钩藤叶片和未取食叶片不同样品之间优势种群存在显著差异。随着虫害发生，样品中细菌微生物群落逐渐改变，群落结构不稳定。

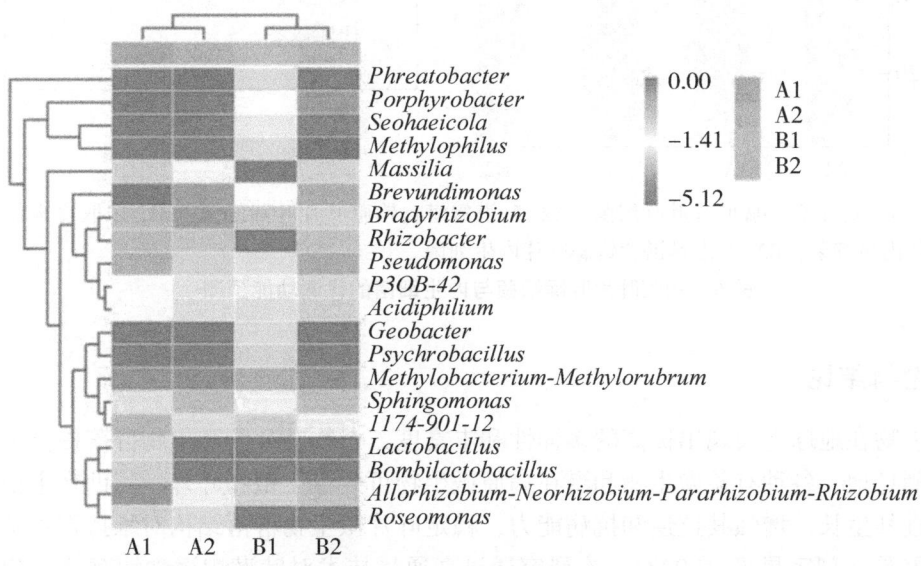

A1. 未取食钩藤叶片叶际细菌；A2. 叶潜蛾潜食钩藤叶片叶际细菌；B1. 未取食钩藤叶片内生细菌；B2. 叶潜蛾潜食钩藤叶片内生细菌。

图 5 钩藤叶片细菌属水平物种组成热图

潜食叶片和未取食叶片叶际细菌群落组成较为相似，马西利亚菌属与根瘤菌属等在叶潜蛾潜食叶片中丰度较高，嗜酸菌属与 *P3OB-42* 菌属等在未取食叶片中丰度较高。潜食叶片和未取食叶片内生细菌群落组成也较为相似，甲基杆菌属在叶潜蛾潜食叶片中丰度较高，而慢生根瘤菌属在未取食叶片中丰度较高。

2.5 钩藤叶片叶际和内生细菌代谢功能预测

细菌代谢功能预测结果表明（图 6），叶潜蛾潜食叶片与未取食叶片叶际细菌代谢功能主要分属于生物合成（68.09% 和 68.77%）、降解/利用/同化（13.52% 和

12.48%)、解毒（0.01%和0.05%）、前体代谢物和能量生成（15.11%和15.48%）、甘氨酸途径（0.49%和0.45%）、大分子修饰（0.66%和0.56%）和代谢簇类（2.11%和2.21%）。潜食与未取食叶片内生细菌代谢功能主要分属于生物合成（67.95%和66.85%）、降解/利用/同化（13.67%和14.49%）、解毒（0.01%和0.01%）、前体代谢物和能量的生成（15.26%和15.27%）、甘氨酸途径（0.60%和0.49%）、大分子修饰（0.54%和0.55%）和代谢簇类（1.98%和2.35%）。潜食叶片与未取食叶片叶际和内生细菌代谢功能大体相同且相对丰度无显著性差异。

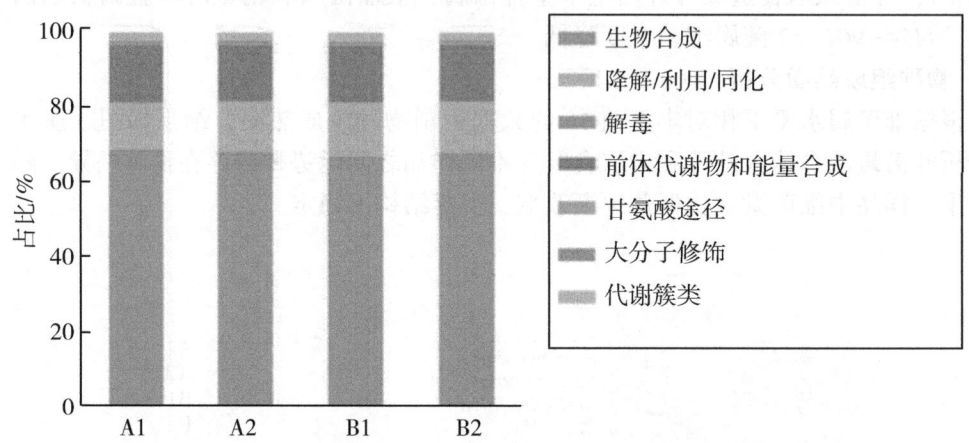

A1. 未取食钩藤叶片叶际细菌；A2. 叶潜蛾潜食钩藤叶片叶际细菌；B1. 未取食钩藤叶片内生细菌；B2. 叶潜蛾潜食钩藤叶片内生细菌。

图6　钩藤叶片叶际细菌与内生细菌的代谢功能预测

3　讨论与结论

微生物在地球上表现出极高的多样性和丰富度，植物叶片为微生物群落提供了最大的生物栖息地，各种有益微生物和潜在病原微生物可共存于植物叶片，帮助宿主植物固氮、促进其生长、增强其抗逆和抗病能力，稳定叶片微生物群落结构对维持寄主植物健康至关重要（刘宇星等，2022）。本研究通过高通量技术对叶潜蛾潜食钩藤叶片和未取食叶片叶际和内生细菌物种进行检测，发现昆虫潜食叶片的叶际与内生细菌群落组成以及多样性均高于未取食叶片，且叶际细菌群落物种丰富度显著高于内生细菌群落。此外，叶潜蛾潜食叶片叶际与内生细菌群落物种丰度明显增加，其中叶际和内生细菌OTU数量分别是未取食叶片的1.8倍和3.9倍，说明植物受到潜食压力时，可能会增加与抵御潜食者有关的微生物群落，导致潜食叶片的OTU数量增加。进一步的多样性指数分析发现，叶潜蛾潜食叶片细菌群落的Shannon多样性指数、Simpson多样性指数、覆盖度指数均高于未取食叶片，且细菌群落结构存在显著差异。这和Humphrey等（2020）研究结果一致，潜叶姬果蝇（*Scaptomyza nigrita*）取食野荠菜后叶片细菌丰度明显增加，部分细菌是未取食叶片细菌总量的2倍之多，并且取食叶片的细菌多样性显著增加。大量研究也证明植物感染病害后叶片细菌丰度明显增加，如吴小军等

（2023）在烟草角斑病叶际微生物群落分析中发现感病烟叶特有的 OTU 数量远高于健康烟叶特有 OTU 数量，感病叶片微生物群落多样性高于健康叶片的；罗路云等（2017）研究发现南瓜白粉病菌显著改变南瓜叶际细菌群落结构和多样性，Kluyvera、Pantoea 和 Erwinia 的相对丰度与病情等级呈正相关；刘思远等（2024）在不同水曲柳褐斑病病级叶片的微生物多样性研究中发现染病后水曲柳叶细菌 OTU 数目显著上升，且细菌群落丰富度与多样性指数随着染病程度增加明显上升。因此，昆虫或病原菌侵袭植物会改变叶片改变细菌的群落结构和丰度，这也反映了植物叶片微生物群落在植物状态改变时的动态响应。

微生物之间通过高度复杂的互作关系共同维护植物的健康，局部病原菌或有益菌的丰度变化即可引起整个群落组成和多样性的改变，进而影响植物对环境中生物和非生物干扰的耐受性。本研究发现钩藤叶片细菌优势类群为变形菌门，占总数的 92.77%～98.31%，这种对植物具有保护作用的细菌在植物中广泛定植并占绝对优势。叶潜蛾取食可造成钩藤叶片变形菌门丰度升高，这和前人的研究结果基本一致，在植物受到外界干扰后其变形菌门细菌丰度会明显增加从而提高植物的抵御能力（Trivedi et al.，2020）。此外，在叶潜蛾取食钩藤叶片中粘杆菌门、放线菌门和厚壁菌门细菌丰度显著降低，在纲水平分析发现，它们主要是由粘球菌纲、放线菌纲和芽孢杆菌纲细菌含量下降引起的。诸多研究已发现粘杆菌门、放线菌门和厚壁菌门细菌也是植物叶片中的常驻细菌类群，他们可以促进植物吸收营养物质，富集植物相关益生菌并通过形成生物膜和分泌抗菌物质等方式保护植物免受病原体的侵害，参与植物的防御（Dastogeer et al.，2022）。因此，这些具有生防作用的潜在有益菌的下降可能诱导钩藤叶片对外界环境干扰的防御能力降低，产生较少的防御物质，从而利于昆虫取食，同时昆虫取食后造成的组织损伤更容易诱发植物病原菌的大量增殖，加重植物病害的流行，进而阻止植物的生长和繁殖，这和前人的研究结果基本一致，昆虫取食通过诱导植物防御响应使植物内部常见和潜在的植物病原细菌类群扩增，进而改变细菌多样性组成，如潜叶姬果蝇潜食可造成野荠菜病原菌丁香假单胞菌增殖 50 倍左右，使昆虫取食后的植物更容易受病害的侵袭（Humphrey et al.，2020）。钩藤叶片细菌的优势属为甲基杆菌属、鞘氨醇单胞菌属和 1174-901-12 菌属，与大多数植物叶片细菌组成类似。甲基杆菌属和鞘氨醇单胞菌属是各类植物的核心微生物群，在促进植物生长和保护植物免受生物或非生物因子的胁迫和抵御病虫害中起重要作用。刘晓菲等研究发现随着黄龙病罹病程度加深，柑橘叶片 1174-901-12 属和甲基杆菌属细菌的相对丰度增加，说明该类细菌可减少或延缓柑橘受到黄龙病菌等病原体的侵害，提高植物的抗病性（刘晓菲等，2020）。

研究发现叶潜蛾取食钩藤叶片甲基杆菌属和鞘氨醇单胞菌属丰度呈正相关关系，说明昆虫取食会促进植物防御相关微生物的定殖和生长，产生防御拮抗物质，对抗昆虫取食造成的伤害。植物叶际微生物生理功能与其群落结构及组成息息相关，本研究中功能预测发现取食与未取食钩藤叶片细菌类群代谢功能及相对丰度较为趋同，无显著性差异，说明叶潜蛾取食不影响钩藤叶片细菌代谢功能，这与其他植物病害情况类似（刘思远等，2024；罗路云等，2017；Langille et al.，2013；Trivedi et al.，2020）。可见，昆虫取食通过组织损伤和诱导植物防御响应重塑植物微生物组，改变细菌多样性组成，从而改变植物对昆虫和微生物侵袭的耐受性。

参考文献

陈小均, 陈文, 黄露, 等, 2020. 贵州剑河钩藤主要病虫害种类及综合防治 [J]. 江苏农业科学, 48 (12): 84-87.

崔穆峰, 胡跃华, 袁燕, 等, 2024. 叶际微生物群落的研究进展 [J]. 云南民族大学学报（自然科学版）, 34 (2): 154-166.

邓宽平, 杨胜伟, 杨秀伟, 等, 2021. 钩藤钩器官形态发育的解剖学研究 [J]. 广西植物, 41 (12): 1981-1987.

胡桂萍, 郑雪芳, 尤民生, 等, 2010. 植物内生菌的研究进展 [J]. 福建农业学报 (2): 226-234.

李莹, 熊立瑰, 黄芳芳, 等, 2022. 园艺植物叶际微生物研究进展 [J]. 植物生理学报, 58 (10): 1829-1839.

刘思远, 申东晨, 刘峥, 等, 2024. 不同水曲柳褐斑病病级叶片的微生物多样性 [J]. 森林工程, 40 (1): 1-8.

刘晓菲, 甘芸, 刘利华, 等, 2020. 黄龙病罹病柑橘叶片内生细菌和内生真菌群落结构多样性分析 [J]. 福建农业学报, 35 (1): 59-66.

刘宇星, 董醇波, 邵秋雨, 等, 2022. 叶际微生物与植物健康研究进展 [J]. 微生物学杂志, 42 (2): 88-98.

罗路云, 张卓, 金德才, 等, 2017. 南瓜白粉病不同病情等级下叶际细菌群落结构和多样性 [J]. 植物病理学报, 47 (5): 688-695.

吴小军, 汪汉成, 孙美丽, 等, 2023. 烟草角斑病叶际微生物群落结构与多样性分析 [J]. 烟草科技, 56 (10): 1-10.

张柱亭, 李静, 秦绍钊, 等, 2020. 道地药材钩藤害虫种类及为害情况 [J]. 安徽农业科学, 48 (12): 143-144, 51.

邹文欣, 谭仁祥, 2001. 植物内生菌研究新进展 [J]. 植物学报 (9): 881-892.

BOLYEN E, RIDEOUT J R, DILLON M R, et al., 2019. Reproducible, interactive, scalable and extensible microbiome data science using QIIME 2 [J]. Nature Biotechnology, 37 (8): 852-857.

DASTOGEER K M G, KAO-KNIFFIN J, OKAZAKI S, 2022. Plant microbiome: Diversity, functions, and applications [J]. Frontiers in Microbiology (13): 1039212.

HUMPHREY P T, WHITEMAN N K, 2020 Insect herbivory reshapes a native leaf microbiome [J]. Nature Ecology & Evolution, 4 (2): 221-229.

LANGILLE M G, ZANEVELD J, CAPORASO J G, et al., 2013. Predictive functional profiling of microbial communities using 16S rRNA marker gene sequences [J]. Nature Biotechnology, 31 (9): 814-821.

ROGNES T, FLOURI T, NICHOLS B, et al., 2016. VSEARCH: a versatile open source tool for metagenomics [J]. PeerJ (4): e2584.

TRIVEDI P, LEACH J E, TRINGE S G, et al., 2020. Plant-microbiome interactions: from community assembly to plant health [J]. Nature Reviews Microbiology, 18 (11): 607-621.

20%毒死蜱防治稻飞虱和稻纵卷叶螟田间药效试验

张龙杰[1*],舒会生[1],李柯嫱[1],田 建[2],周小莓[3],梁 艳[1**]

(1. 怀化市农业综合服务中心,怀化 418000;2. 芷江县植保植检站,芷江 419100;
3. 鹤城区农业行政执法大队,怀化 418000)

摘 要:稻飞虱和稻纵卷叶螟是危害水稻稳产的重要害虫,本文通过亩用不同剂量的 20%毒死蜱乳油,进行毒死蜱防治稻飞虱和稻纵卷叶螟的田间药效试验,试验结果表明,亩用 20%毒死蜱乳油 170 mL 对稻飞虱和稻纵卷叶螟的防效最好,具有较好的推广价值。

关键词:稻飞虱;稻纵卷叶螟;毒死蜱;田间药效试验

稻飞虱和稻纵卷叶螟是严重危胁水稻生产的两迁害虫,而这两种害虫往往在田间同时发生危害(尹鑫等,2012),可导致水稻叶片受损、光合作用受阻及籽粒灌浆不良造成减产,严重时产量损失可达 30%~50%。目前,化学防治仍是防控这两类害虫的主要手段,但长期依赖单一作用机理的杀虫剂导致害虫抗药性显著增强,防治效果逐年下降,同时可能引发环境污染及非靶标生物毒性等问题(徐志英和蒋思霞,2005)。因此,研发高效、低毒且环境友好的新型杀虫剂,并明确其田间应用技术,成为当前水稻害虫综合治理的重要研究内容。毒死蜱具有触杀、胃毒和熏蒸作用,对稻飞虱和稻纵卷叶螟幼虫表现出较高的触杀和胃毒活性,但其田间实际防效、持效期及合理施用剂量仍需系统验证。本研究通过开展田间药效试验,探究不同剂量的 20%毒死蜱乳油对两种害虫的防治效果,旨在为其科学应用及水稻害虫抗性治理提供理论依据和技术支撑。

1 试验材料和方法

1.1 供试药剂及来源

20%毒死蜱乳油为怀化市兴华化工厂生产,由厂方提供。25%噻嗪酮可湿性粉剂为江苏省淮阴电化厂生产,市场购买。90%杀虫单原粉为湖南农药厂生产,市场购买。

1.2 试验地基本情况

防治稻飞虱试验设在芷江县芷江镇合心村一组蒲志刚的晚稻田,供试面积 1 亩,供试品种为常规糯稻,水稻长势中等。稻飞虱发生较重。除试验用药外,整个晚稻生育期间未施其他农药。

防治稻纵卷叶螟试验设在芷江县垅坪乡合心村一组蒲志福的晚稻田里(即芷江县病虫测报站观察区内),供试验面积 1 亩,供试品种为威优 647,水稻长势中等,除试验用药外,整个晚稻生育期间未施其他农药。

---

* 第一作者:张龙杰,正高级农艺师,主要从事农作物病虫害防控研究;E-mail:hhzlj0326@126.com
** 通信作者:梁艳,农艺师,主要从事农作物病虫害监测研究;E-mail:liangyan14@163.com

1.3 试验设计

防治稻飞虱试验设 5 个处理：①20%毒死蜱乳油亩用 140 mL；②20%毒死蜱乳油亩用 155 mL；③20%毒死蜱乳油亩用 170 mL；④25%噻嗪酮可湿性粉剂亩用 25 g；⑤空白对照。

防治稻纵卷叶螟试验设 5 个处理：①20%毒死蜱乳油亩用 140 mL；②20%毒死蜱乳油亩用 155 mL；③20%毒死蜱乳油亩用 170 mL；④90%杀虫单原粉亩用 40 g；⑤空白对照。

两个试验均采用随机区组排列，重复 3 次，每个试验各有 15 个小区，每小区面积 30 m^2。

1.4 施药时期，次数和方法

防治稻飞虱试验于 8 月 26 日四代飞虱若虫盛孵期施药，只施一次药，采用手动压缩式喷雾器喷雾，亩喷药液 50 kg。施药后 7 d 内的日平均气温为 24.8~28.6℃，相对湿度为 70%~75%，无降水，整个试验期间为干旱天气。

防治稻纵卷叶螟试验于 8 月 25 日四代稻纵卷叶螟幼虫盛孵期施药，只施一次药，采用手动式压缩式喷雾器喷雾，亩喷药液 50 kg。施药后 7 d 内的日平均气温为 25.2~28.9℃，相对湿度为 67%~74%，无降水，整个试验期间为干旱天气。

防治稻飞虱试验，施药前查虫口基数，施药后 4 d、7 d、15 d 调查防治效果，共查 4 次，采用 5 点取样法，每点查 5 蔸；每小区查 25 蔸，计数活虫数，计算虫口减退率和校正虫口减退率。

防治稻纵卷叶螟试验，施药前查虫口基数，稻纵卷叶螟危害定案后，调查防治效果，共查 2 次，采用 5 点取样法，每点查 5 蔸，每小区查 25 蔸，计数活虫数和卷叶数，计算虫口减退率，校正出口减退率和卷叶率，与空白对照比较，计算相对防效。

2 试验结果及评价

2.1 试验结果

亩用 20%毒死蜱乳油 140 mL、155 mL 和 170 mL 防治稻纵卷叶螟，按虫口减退率的防治效果分别为 92.1%、93.3%和 98.1%，对照药剂 90%杀虫单原粉亩用 40 g 的防效为 98.3%；按卷叶率计算的相对防治效果分别为 91.1%、93.7%和 97.0%，对照杀虫单为 98.8%（表 1）。为了比较各处理间防效的差异，将校正防效数据经反正弦转换后，进行方差分析，结果（$F = 4.02 > F_{0.05} = 2.78$）差异显著（表 2）。

表 1 20%毒死蜱防治稻纵卷叶螟田间药效试验结果

处理项目	亩用药量/ (mL, g)	施药日期	施药前 虫数 (头/ 百蔸)	药后调查					
				活虫数 /头	虫口减退 率/%	总叶数 /片	卷叶数 /片	卷叶率 /%	防治效 果/%
20%毒死蜱乳油	145	8月25日	21	5	92.1	5 657	45	0.80	91.1
	155	8月25日	45	9	93.3	5 611	32	0.57	93.7
	170	8月25日	35	2	98.1	5 628	15	0.27	97.0

(续表)

处理项目	亩用药量/(mL, g)	施药日期	施药前虫数/(头/百笼)	药后调查				
				活虫数/头	虫口减退率/%	总叶数/片	卷叶数/片	卷叶率/%	防治效果/%
90%杀虫单原粉	40	8月25日	20		98.3	5 630	6	0.11	98.8
空白对照		8月25日	24	72		5 590	504	9.02	

表2 防治稻纵卷叶螟方差分析表

变异来源	DF	SS	MS	F	$F_{0.05}$	$F_{0.01}$
组间	3	635.1	211.7	3.98	2.78	4.16
组内	56	2 979	53.2			
总变异	59	3 614.1				

从表3可看出，亩用20%毒死蜱乳油140 mL、155 mL和170 mL防治稻飞虱，药后4d的防治效果分别为76.9%、79.2%和83.3%，对照药剂噻嗪酮亩用25g对稻飞虱的防效为93.0%；药后7d的防治效果分别为88.2%、88.4%和92.9%，对照药剂噻嗪酮的防效为94.7%；药后15d的防治效果分别为85.5%、86.0%和87.7%，对照药剂噻嗪酮为88.9%；从表4可看出，亩用20%毒死蜱乳油170 mL防治稻飞虱的防治效果达92.9%，防治效果高于亩用140 mL和155 mL。为了比较各处理间防效的差异，将防效最佳时（药后7d）的防效数据经反正弦转换后，进行方差分析，结果（$F=4.02>F_{0.05}=2.78$）差异显著（表4）。

表3 20%毒死蜱防治稻飞虱田间药效试验结果表

处理项目	亩用药量/(mL, g)	施药日期	施药前虫数/(头/百笼)	药后调查					
				4 d		7 d		15 d	
				活虫数/头	虫口减退率/%	活虫数/头	虫口减退率/%	活虫数/头	虫口减退率/%
20%毒死蜱乳油	140	8月26日	915	184	76.9	112	88.2	163	85.5
	155	8月26日	1 245	225	79.2	150	88.4	215	86.0
	170	8月26日	1 136	165	83.3	84	92.9	172	87.7
25%噻嗪酮	25	8月26日	815	50	93.0	45	94.7	112	88.9
空白对照			810	705		840		997	

表 4　防治稻飞虱方差分析表

变异来源	DF	SS	MS	F	$F_{0.05}$	$F_{0.01}$
组间	3	571	190.3	4.02	2.78	4.16
组内	56	2 649	47.3			
总变异	59	3 220				

2.2　试验评价

试验结果表明，20%毒死蜱乳油亩用 170 mL 对稻飞虱和稻纵卷叶螟有较好的防效，药后 4 d、7 d、15 d 对稻飞虱的防治效果分别达到 83.3%、92.9%和 87.7%，与对照药剂 25%噻嗪酮可湿性粉剂 25 g 药后 4 d、7 d、15 d 对稻飞虱的防治效果（93.0%、94.7%、88.9%）基本相近；药后调查稻纵卷叶螟的防治效果达 97.0%，与对照药剂 90%杀虫单原粉亩用 40 g 防治稻纵卷叶螟的防治效果 98.8%也基本相近。经方差分析，20%毒死蜱乳油防治稻飞虱和稻纵卷叶螟与 25%噻嗪酮可湿性粉剂防治稻飞虱、90%杀虫单原粉防治稻纵卷叶螟，属于同一水平，可起到一药兼治两虫的效果，具有一定的推广价值。

参考文献

徐志英，蒋思霞，2005. 农药环境污染问题及可持续治理对策 [J]. 安徽农药科学，33（10）：1994-1995.

尹鑫，胡质文，谷勇，等，2012. 组合用药防治稻纵卷叶螟和稻飞虱药效试验 [J]. 湖北植保，133（5）：14-16.

石门县外来入侵物种及空间分布解析

张 慧[1,2]*

(1. 湖南农业大学植物保护学院,长沙 412800;
2. 石门县农业农村局,常德 415300)

摘　要:采用样线法进行实地调查,运用 Excel 数据统计,结合 SPSS 软件进行显著性分析,通过 Shannon-Wiener 指数计算生物多样性,并运用 ANOVA 检验量化区域间物种分布的显著性差异。本文在全面研究石门县外来物种入侵现状的基础上,依据石门县地形和种植结构对外来入侵物种的空间分布进行分析。共记录石门县外来入侵物种 46 种,涵盖植物、动物和微生物三大类群,原产地多来自美洲,主要通过有意传入。其中入侵植物共 34 种,占 73.91%;入侵动物 5 种占 10.87%,以实蝇科为主;入侵微生物 3 类 7 种占 15.22%。各区域不同生境下入侵物种的发生存在差异。空间分布上,植物占比差异显著,西北部显著高于中南部,动物与微生物分布无显著区域差异($P>0.05$)。ANOVA 结果显示动物和微生物的物种数在 3 个区域间无显著差异。研究表明,石门县外来入侵物种的发生数量不大,空间分布存在差距。

关键词:石门县;外来物种;空间分布

外来物种入侵已成为造成全球生物多样性丧失的第二大因素,仅次于土地利用变化,对入侵地区的生态安全产生严重威胁(闫小玲等,2012)。我国是世界上外来入侵物种数量最多的国家之一,外来物种总数已超过 5 000 种,其中成功入侵我国的超过 660 种,涉及森林、水域、湿地、草地和城市居民区等几乎所有的生态系统(陈菁,2022)。截至 2023 年,有 71 种被列入生态环境部发布的《中国外来入侵物种名单》,446 种被列入《中华人民共和国进境物种检疫性有害生物名录》。《中国外来入侵和归化植物名录(2023 版)》收录外来入侵物种涉及 93 科 432 属 887 种和种下单元。外来入侵物种,在我国境内空间分布存在很大的差异(孙佩珊等,2017)。本研究基于《中国外来入侵物种名单》《湖南省外来入侵物种图册汇总》等资料,对石门县外来入侵物种进行全面系统调查,结合县域内独特的地形地势特征和种植结构特点,深入剖析外来物种的空间分布格局。

1 材料与方法

1.1 研究区概况

石门县位于东经 110°29′~111°33′,北纬 29°16′~30°08′,地处湘鄂边界,素有"湖南屋脊"之称,地貌复杂。地处北亚热带季风湿润气候区,冬季寒冷干燥,夏季高

---

* 第一作者:张慧,助理农艺师,主要从事农业种植相关工作;E-mail:1178778538@qq.com

温高湿。地形呈现弯把葫芦状，地势自西向东南倾斜，县域整体呈现"西北高东南低"的阶梯式地貌特征。森林覆盖率较高，拥有丰富的物种资源，是湘西北丘陵区山区农业大县，独特的地理环境孕育了"南橘北茶鸡满山"的特色产业布局。

1.2 调查研究方法

采用文献研究与实地调查相结合的方法，于 2022 年 4 月至 2024 年 10 月期间实施系统调查。通过检索中国知网（CNKI）、Web of Science 等中英文数据库获取国内外相关文献，同时整理《石门县统计年鉴》等官方统计资料，系统构建外来入侵物种基础数据库。调查范围涉及石门县所辖 27 个乡镇（街道），采用系统网格法，将研究区划分为 50 个 1 km×1 km 的网格单元，每个网格内随机设置 3 个 100 m×100 m 的调查样方，按 1 km 间隔网格系统布设，确保覆盖所有海拔梯度（200~2 000 m）和土地利用类型。样方布设重点覆盖（果园、水田、农村道路、沟渠、茶园）等 16 类典型生态系统类型。调查内容主要包括外来入侵物种的组成、原产地信息、入侵途径、空间分布特征、典型物种发生面积及危害情况等。

1.3 数据处理

采用 Excel 软件进行数据整理与预处理，包括外来入侵物种组成统计、区域分布特征分析、发生面积汇总与计算，通过 Shannon-Wiener 指数计算生物多样性。采用 SPSS 26.0 软件进行统计分析，对所有数据进行正态性检验（Kolmogorov-Smirnov），对非正态分布数据采用 Kruskal-Wallis 检验。对符合正态分布的数据，采用单因素方差分析（ANOVA），比较不同区域和生境间物种数、发生面积差异显著性，显著性水平设定为 $\alpha = 0.05$，对存在显著差异的数据进行 Tukey HSD 事后检验。

2 结果与分析

2.1 外来入侵物种基本情况

2.1.1 外来入侵物种的原产地分析

根据石门县外来入侵物种种类统计表（图 1），对其原产地进行分析（少量物种出现同时来自不同原产地的情况，均重复统计）。美洲来源物种占据绝对优势，共计 32 种，占比高达 65.31%，其中又可细分为南美洲来源物种（如巴西、阿根廷等）、北美洲来源物种（如美国、墨西哥等）、中美洲来源物种亚洲来源物种。亚洲来源物种共 7 种（14.29%），主要来自东亚和南亚地区。欧洲来源物种 7 种（14.29%），非洲来源物

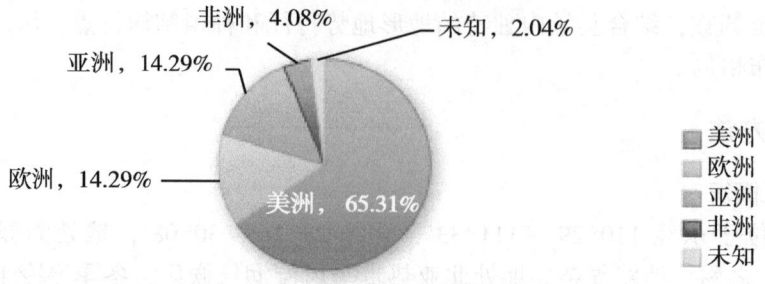

图 1 石门县外来入侵物种原产地比例图

种 2 种（4.08%）。另有 1 种（2.04%）物种原产地暂未明确。

2.1.2 外来入侵物种组成分析

本研究对石门县外来入侵物种进行了统计（表1），石门县外来入侵物种有46种，其中入侵植物34种（占比73.91%），分属14科；入侵动物5种（占比10.87%），分属3科；入侵微生物7种（占比15.22%），分属3科。表明入侵植物在石门县外来入侵物种中占据主导地位，这一现象与已有研究认为外来植物通常具有较强的适应性和竞争优势，植物往往更容易通过人类活动被引入新环境的结论一致（何锦峰，2008）。

表 1 石门县外来入侵物种分类统计

类别	科数	物种数	总物种数占比/%
入侵植物	14	34	73.91
入侵动物	3	5	10.87
入侵微生物	7	7	15.22

2.1.3 外来入侵物种的引入途径分析

外来物种引入途径分为三种为有意引入、无意引入和自然传入（崔夏等，2022）。如图2所示，在46种外来入侵物种中，有意引入占比最高（31种，约67%），无意引入次之（14种，约31%），自然传入最少（1种，约2%）。通常有意引入主要是因观赏、药用等需求引进，以产生实际效益为目的；无意引入是人类活动无意识地将部分物种本体或者种子携带到其他区域的过程；自然传入是指植物靠自身繁殖扩散和风力、水流、动物等途径进行的自然扩散（罗高行等，2023）。值得注意的是，2023年统计数据显示全国海关共截获检疫性有害生物7.5万种次，其中外来物种达1186种、3123批次，包括"异宠"类物种296种（4.4万只）。这些数据印证了国际贸易和人员往来是外来物种无意引入的重要渠道，也凸显了加强边境检疫的必要性。

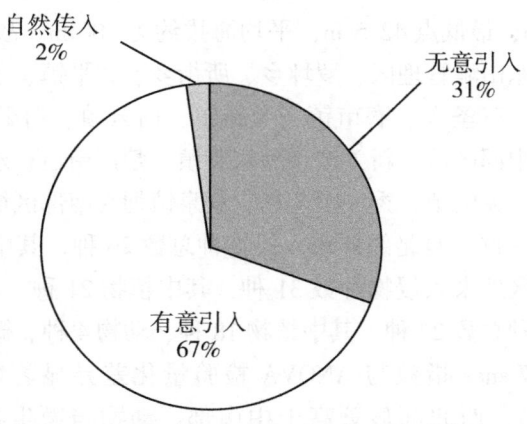

图 2 石门县外来入侵物种引入途径比例

2.2 石门县外来入侵物种分布格局

2.2.1 外来物种热点生境

石门县外来入侵物种调查生境包括旱地、果园、村庄用地、农村道路、水田茶园等16种。调查显示旱地生境的入侵物种数最多26种（占比15.68%），采矿用地生境的入侵物种数最少2种（占比1.08%）。石门县不同生境外来物种的发生情况不一样。外来入侵物种在石门县各生境的物种数：旱地>果园>村庄用地>农村道路>水田>其他园地>公路用地>沟渠>水浇地>茶园>坑塘>城镇公园绿地>河流>水库>湖泊>采矿用地（图3）。在16类生境中，旱地以29种（15.68%）成为入侵热点，其次为果园（21种，11.35%）、村庄用地（20种，10.81%）和农村道路（19种，10.27%）。采矿用地入侵物种最少（2种，1.08%），可能与生境破碎化及土壤贫瘠有关。因此选择外来物种数占比10%以上的生境作为研究对象，即旱地、果园、村庄用地、农村道路4种生境来研究石门县外来物种发生情况。

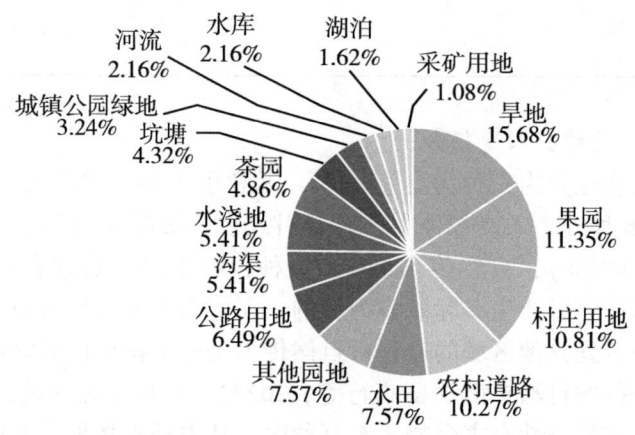

图3 石门县不同生境外来物种发生的物种占比

2.2.2 外来物种区域格局

石门县辖区27个乡镇、街道、农林场，地形呈现弯把葫芦状，地势自西向东南倾斜。海拔最高点2 098.7 m，最低点42.5 m，平均海拔约为500 m。故依据石门县地势走向将壶瓶山镇、南北镇、东山峰管理区、罗坪乡、所街乡、太平镇、子良镇、雁池乡划为西北部区域；大同山林场、三圣乡、磨市镇、维新镇、白云镇、白云山林场、皂市镇、新铺镇、洛浦寺林场划为中部区域；新关镇、易家渡镇、楚江街道、永兴街道、二都街道、宝峰街道、夹山管理处、夹山镇、秀坪园艺场、蒙泉镇划为南部区域。石门县不同地区外来物种发生的物种数不一致。西北部外来入侵物种总数26种，其中植物22种、动物1种、微生物3种；中部地区外来入侵物种数31种，其中植物21种、动物5种、微生物5种；南部地区外来入侵物种总数27种，其中植物18种、动物4种、微生物5种（表2）。

通过Shannon-Wiener指数与ANOVA检验量化差异显著性。植物占比差异显著（$X^2=6.32$，$P<0.05$），西北部显著高于中南部，动物与微生物分布无显著区域差异（$P>0.05$）。西北部植物占比（22/26=84.6%）显著高于中部（21/31=67.7%）和南部（18/27=66.7%）。主导性成因解析为西北部植物优势为山地垂直带谱（300~2 098 m）

表2 各区域外来物种的发生情况

类型	西北部	中部	南部
植物	22	21	18
动物	1	5	4
微生物	3	5	5
总数	26	31	27

提供多样小生境,菊科(9种)与禾本科(4种)占据72.7%。ANOVA结果显示动物($F=1.02$,$P=0.42$)和微生物($F=0.87$,$P=0.49$)的物种数在3个区域间无显著差异,表明其分布可能受跨区域共性因素(如气候适应性、人类活动强度)影响。比较区域内部分异机制发现,西北部山地垂直梯度主导高值区,海拔梯度大(300~2 098 m),多重生境嵌套209国道贯穿全境外来物种随物流输入,高海拔(平均1 200 m)抑制喜温物种为封闭式管理减少人为干扰。中部丘陵农业扰动驱动高值区如柑橘连片种植区,吸引柑橘大、小实蝇等专性害虫。南部平原为生境同质化弱化差异均质化,生境破碎化导致广适性物种(如一年蓬)全域扩散澧水河道,阻断水生入侵种自然迁移廊道微差异(表3)。

表3 各区域维度类群组成对比

区域	植物(占比)	动物(占比)	微生物(占比)	Shannon-Wiener指数
西北部	22(84.6%)*	1(3.8%)	3(11.5%)	1.12±0.15
中部	21(67.7%)	5(16.1%)	5(16.1%)	1.45±0.18
南部	18(66.7%)	4(14.8%)	5(18.5%)	1.38±0.20

注:*表示植物占比西北部与中、南部差异显著(χ^2检验,$P<0.05$)。

2.2.3 各生境外来物种的发生差异量化

石门县不同生境外来物种的发生情况不一致。旱地生境的外来物种发生最多,为29种;果园生境的外来物种数次之,为21种;村庄用地外来物种数为20种;农村道路外来物种数最少为19种。其中,旱地生境中外来植物21种,外来动物3种,外来微生物5种;果园生境中外来植物16种,外来动物3种,外来微生物2种;村庄用地生境中外来植物16种,外来动物1种,外来微生物3种;农村道路生境种外来植物16种,外来动物1种,外来微生物2种(表4)。

表4 各生境间的差异量化

生境类型	植物种数	动物种数	微生物种数	总丰富度	优势类群	典型作物
旱地	21	3	5	29	苋科(5种)	玉米
果园	16	3	2	21	菊科(6种)	柑橘

(续表)

生境类型	植物种数	动物种数	微生物种数	总丰富度	优势类群	典型作物
村庄	16	1	3	20	禾本科（4种）	—
道路	16	1	2	19	菊科（5种）	—

如表5所示，南部平原-旱地中外来入侵物种植物14种、动物2种、微生物1种，中部丘陵-果园外来入侵物种植物5种、动物2种、微生物2种，西北山地-道路外来入侵物种植物12种、动物1种、微生物1种。总丰富度排序为南部平原-旱地（17种）>西北山地-道路（14种）>中部丘陵-果园（9种）。南部平原-旱地入侵物种最多，可能因高量化肥使用导致土壤微环境改变，促进杂草（如苋科）和害虫滋生。西北山地-道路植物入侵突出（12种），道路扰动（DI=0.62）破坏原生植被，利于菊科等先锋物种定殖。中部丘陵-果园物种数最低，但连作可能导致专性病原菌积累。

表5 区域×生境耦合分析

交互组合	植物种数	动物种数	微生物种数	生态驱动力
南部平原-旱地	14	2	1	集约化农业（化肥施用量>0.045 kg/m^2）
中部丘陵-果园	5	2	2	柑橘连作（连作年限>10年）
西北山地-道路	12	1	1	道路建设扰动指数（DI=0.62）

2.2.4 各生境外来入侵物种发生情况比较

在果园生境，西北部和南部外来植物与动物、外来植物与微生物发生面积差异显著，动物与微生物无显著差异；中部三者均无显著差异。在旱地生境，西北部外来植物与动物、外来植物与微生物差异显著，动物与微生物无显著差异；中部和南部三者均无显著差异。在农村道路生境，西北部外来植物与动物、外来植物与微生物差异显著，动物与微生物无显著差异；中部外来植物与动物、外来植物与微生物差异显著，动物与微生物无显著差异；南部外来植物与动物、微生物与动物差异显著，植物与微生物无显著差异。在村庄用地生境，西北部外来植物、动物、微生物两两之间发生面积均存在显著差异；中部外来植物与动物、外来植物与微生物差异显著，动物与微生物无显著差异；南部外来植物与动物、植物与微生物差异显著，动物与微生物无显著差异（图4）。

3 结论与讨论

本研究主要有以下两个方面的成果：一是区域研究的突破性。首次完成石门县县域尺度的系统编目，建立了石门县首个外来入侵物种数据库（46种），填补了武陵山片区生物入侵基础数据空白，揭示北纬30°过渡带入侵规律，提出了创新性生境分区方法——基于"南橘北茶"种植结构创新划分三大研究区。二是首次在亚热带山地农业区建立外来入侵物种"地理-生态-经济"综合分析框架，为同类型区域提供可复制的"编目-评估-防控"技术范式。研究发现的"种植结构驱动入侵格局"规律，对全球

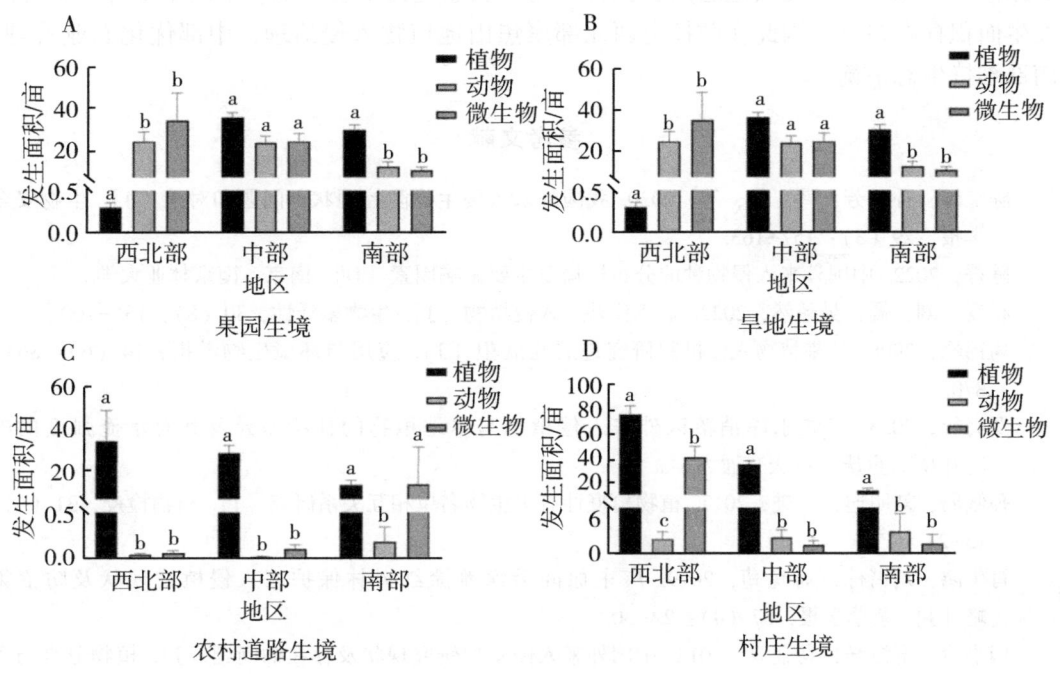

图 4 四种生境下外来物种发生面积比较

类似农业生态区具有重要参考价值。

3.1 石门县外来入侵物种组成特征

石门县共记录外来入侵物种 46 种，其中植物 34 种（73.91%）、动物 5 种（10.87%）、微生物 7 种（15.22%）包括细菌、病毒、真菌三类。由此可知石门外来入侵物种以入侵植物为主，这一结果与全国尺度上入侵植物在入侵物种中占比最高的特征一致，印证了入侵植物强大的适应性繁殖策略是其成功入侵的关键（肖生鸿等，2019）。值得注意的是，石门县动物入侵种比例（10.87%）显著低于全国平均水平（约18%），这可能与山区地理隔离限制动物扩散有关。美洲来源物种占绝对优势（65.31%），亚洲和欧洲的次之（14.29%）。有意引入途径（67%）主要通过经济作物引种实现，如柑橘产业导致的实蝇传入；无意引入途径（31%）则与农机跨区作业、物流运输相关。这一发现支持了"人为介导的物种扩散是现代生物入侵主因"的论断（Hulme，2009）。

3.2 石门县外来入侵物种空间分布规律

植物占比呈现显著差异，西北部显著高于中南部区域，动物与微生物分布未表现显著差异。ANOVA 分析结果也印证了动物、微生物物种数在 3 个区域间无显著差异，与我国"南多北少、东多西少"的总体分布布局不一致（陈宝雄等，2020）。其分布或受跨区域共性因素。石门县外来入侵物种分布呈现显著的生境偏好与地理异质性，其空间格局受自然地理条件、人类活动强度及物种适应性共同驱动。生境与区域耦合研究表明，南部平原旱地受集约农业影响，杂草害虫问题严峻；中部丘陵果园因连作障碍导致病原微生物积聚；西北山地道路因工程扰动，加速先锋植物扩散。不同生境外来物种的发生面积存在差异，因此在防控上西北部聚焦山地植物入侵治理，中部优化农业管理，南部维持生态平衡。

参考文献

陈宝雄，孙玉芳，韩智华，等，2020. 我国外来入侵生物防控现状、问题和对策［J］. 生物安全学报，29（3）：157-163.

陈菁，2022. 中国外来入侵物种的分布格局及主要影响因素［D］. 南京：南京林业大学.

崔夏，刘全儒，吴超然，2022. 京津冀外来入侵植物［J］. 生物多样性，30（8）：151-160.

何锦峰，2008. 外来植物入侵机制研究进展与展望［J］. 应用与环境生物学报，14（6）：863-870.

罗高行，2023. 三峡水库消落区外来入侵植物与本地植物的性状差异及其对水淹强度的响应［D］. 重庆：重庆交通大学.

孙佩珊，刘明迪，严进，2017. 植物检疫性有害生物名单相互关系研究［J］. 植物检疫，31（4）：15-21.

肖生鸿，刘锴栋，刘晚苟，2019. 广东徐闻沿海滩涂红树林保护区入侵植物现状及防治策略［J］. 杂草学报，37（4）：22-30.

闫小玲，寿海洋，马金双，2012. 中国外来入侵植物研究现状及存在的问题［J］. 植物分类与资源学报，34（3）：287-313.

HULME P E, 2009. Trade, transport and trouble: managing invasive species pathways in an era of globalization［J］. Journal of Applied Ecology, 46（1）：10-18.

26%联苯·螺虫酯防治柑橘木虱田间药效试验

舒会生*，孟　洁，梁　艳，刘艾佳，张龙杰**

（湖南省怀化市农业综合服务中心，怀化　418000）

摘　要： 本试验评价了试验药剂 26%联苯·螺虫酯防治柑橘木虱效果、适宜用量及安全性等，为摸清柑橘木虱在湖南省怀化市溆浦县的生活习性和发生危害特点，为推广 26%联苯·螺虫酯提供科学依据，以及为制定综合防控柑橘木虱方案提供技术支撑。

关键词： 柑橘木虱；26%联苯·螺虫酯；防治效果

柑橘木虱是柑橘类新梢期主要害虫，在湖南省怀化市一年可发生 10~12 代，田间世代重叠现象严重。柑橘木虱在柑橘黄龙病病株上取食、产卵繁殖，可产生大量的带菌成虫，成虫可通过转移危害新植株而传播黄龙病。柑橘木虱具有很强的迁徙能力，传播柑橘黄龙病的效率很高，终身带毒，并且有多次危害的特点（胡文召和周常勇，2016）。26%联苯·螺虫酯主要成分是联苯菊酯和螺虫乙酯，这种复配药剂具有触杀作用和内吸传导性能，能够有效防治多种害虫，如灰象甲、梨木虱等。目前，市场上登记防治柑橘木虱的药剂较少。研究 26%联苯·螺虫酯防治柑橘木虱效果、适宜用量及安全性等，可为下一步在全市推广 26%联苯·螺虫酯提供科学依据。同时，摸清柑橘木虱在湖南省怀化市溆浦县的生活习性和发生危害特点，为综合防控柑橘木虱方案提供技术支撑。

1　试验与方法

1.1　试验地概况

试验设在湖南省溆浦县大江口镇洑水湾村，柑橘品种为脐橙。试验橘园树龄 18 年，树势生长较差，已发生柑橘黄龙病。试验果园柑橘木虱密度较高，2022 年 5 月调查，平均每梢有木虱 5.2 头。

1.2　供试作物

试验作物为柑橘，柑橘品种为脐橙。

1.3　供试药剂

评价试验药剂 26%联苯·螺虫酯，由住商农资（广州）有限公司生产，市场购买。对照药剂 7.5%氯氟·吡虫啉，市场购买；25%吡丙·噻嗪酮，市场购买。

---

*　第一作者：舒会生，高级农艺师，主要从事农作物病虫害监测研究；E-mail:506607030@qq.com
**　通信作者：张龙杰，正高级农艺师，主要从事农作物病虫害防控研究；E-mail:hhzlj0326@126.com

1.4 处理设置
1.4.1 处理小区设置
试验设 4 个处理（表1），随机区组排列。

表1 试验处理

处理编号	药剂种类	制剂用量
A	26%联苯·螺虫酯	3 000 倍液
B	7.5%氯氟·吡虫啉	600 倍液
C	25%吡丙·噻嗪酮	1 500 倍液
D	空白对照	清水

1.4.2 小区面积和重复
小区面积：3 个药剂处理区，每处理 30 棵柑橘树；空白对照区 3 棵树，3 次重复。

1.5 施药方法
采用 WS-16P 背负式手动喷雾器人工均匀喷雾，工作压力 0.4 MPa。

药剂评价试验于 2022 年 6 月 16 日（正好是柑橘夏梢盛发期，夏梢长约 3 cm）施第一次药，6 月 26 日施第二次。

施药当天为晴天多云，微风，气温 25~32℃，试验期间以晴天多云天气为主。

1.6 调查方法和时间
3 个药剂处理和空白对照每处理选 3 棵柑橘树，每棵柑橘树按东西南北中 5 个方位，并兼顾上中下 3 个层次，用红塑料绳标记 10 个新萌发夏梢。在施药前调查塑料绳标记夏梢上的虫口期数，第一次施药后 10 d 调查标记红塑料绳夏梢的活虫数量，第二次施药后 10 d 再次调查标记红塑料绳夏梢的活虫数量。

1.7 药效计算方法
按照以下公式计算防治效果：

$$防治效果 = \left\{1 - \frac{Ta}{Tb} \times \frac{Cb}{Ca}\right\} \times 100\%$$

式中，Ta = 处理区防治后存活的个体数量；Tb = 处理区防治前存活的个体数量；Ca = 对照区防治后存活的个体数量；Cb = 对照区防治前存活的个体数量。

2 结果与分析
2.1 药效评价
从表 2 可知，试验的 3 种药剂对柑橘木虱都有较好的防治效果。第一次药后 10 d，以 7.5%氯氟·吡虫啉 600 倍液防效最高，防效为 83.33%；其次为 26%联苯·螺虫酯 3 000 倍液，防效 78.75%。第二次药后 10 d 的防效以 26%联苯·螺虫酯 3 000 倍液的最好，防效为 92.86%，比 7.5%氯氟·吡虫啉 600 倍液的防效略高，高于 25%吡丙·噻嗪酮 1 500 倍液防效 4.08 个百分点。

2.2 安全性

多次调查结果显示,试验药剂对柑橘园内常见的整胸寡节瓢虫、深点食螨瓢虫、腹管食螨瓢虫、异色瓢虫、七星瓢虫、龟纹瓢虫等有益生物未见影响,对柑橘夏梢抽发及幼果生长没有任何不良影响,整体安全性较好。

表2 化学防治柑橘木虱试验结果

处理	药前基数	第一次药后 10 d		第二次药后 10 d	
		活虫数	防治效果	活虫数	防治效果
26%联苯·螺虫酯3 000倍液	3	9	78.75Ab	7	92.86Aa
7.5%氯氟·吡虫啉 600倍液	5	7	83.33Aa	8	91.84Aa
25%吡丙·噻嗪酮1 500倍液	4	16	61.90Bc	11	88.78Ab
空白对照	4	42	—	98	—

3 结论与讨论

(1) 26%联苯·螺虫酯防治柑橘木虱施药要点。本药剂评价试验第二次药后10 d的防效以26%联苯·螺虫酯3 000倍液的最好。因此,采用26%联苯·螺虫酯防治柑橘木虱建议使用3 000倍液喷雾。在每次梢长3~5 cm长时喷第一次药,隔10 d后再喷一次。此外,防治柑橘木虱喷药时要喷透整个柑橘树,特别是要把全部新梢喷透,不能漏喷。

(2) 柑橘木虱产卵特点。田间调查还发现,柑橘木虱成虫只在露芽后的芽叶缝隙处产卵,没有嫩芽不产卵。在一年中,春梢主要遭受越冬代的危害。夏梢受害较春梢重,尤其是5月的早夏梢,被害后不可避免会暴发黄龙病。秋梢受害最重,10月中旬至11月上旬常有一次迟秋梢,木虱会发生一次高峰。因此,开展柑橘冬春季清园防治柑橘木虱,可以减轻对春梢的危害。在防控好春梢、夏梢及秋梢木虱的前提下,还要对晚秋梢进行挑治,进一步压低橘园木虱基数。

(3) 柑橘木虱田间取食和分布习性。田间调查发现,柑橘木虱多分布在衰弱的柑橘树上,并喜欢在这些柑橘树上取食。这些树比正常的柑橘树先发新芽,先发的新芽为柑橘木虱提供了食料和产卵场所。周边失管橘园的木虱虫口基数非常大,单梢柑橘木虱极值达50头以上。因此,一是要加强橘园肥水等管理,促使整个柑橘园生长一致,达到新梢抽发同期。二是要特别注意对柑橘园内衰弱柑橘树重点防控木虱,多喷施几次药,一定要整株喷透,尤其是新梢。三是要加强对周边失管橘园的木虱防控。

(4) 柑橘木虱发生代数与常态化防控柑橘木虱。柑橘木虱一年中的代数与柑橘抽发新梢次数有关,每代历期长短与气温相关。在周年有嫩梢的情况下,柑橘木虱在怀化市一年可发生10~12代,田间世代重叠严重。建议,常态化防控柑橘木虱。在防治柑橘其他病虫害时,注意添加吡虫啉、吡蚜酮、啶虫脒、烯啶·吡蚜酮、吡蚜酮·噻虫胺等内吸型药剂兼治柑橘木虱(张龙杰,2024)。

（5）防治柑橘木虱兼治柑橘煤烟病。柑橘木虱成虫在柑橘嫩梢上产卵，孵化出若虫后吸取嫩梢汁液，在取食柑橘嫩梢时分泌白色蜜露，蜜露黏附于枝叶上，能引发柑橘煤烟病。因此，防治柑橘木虱可以减轻柑橘煤烟病发生。

参考文献

胡文召，周常勇，2016. 柑橘黄龙病病原研究进展［J］. 植物保护，42（1）：30-33.

张龙杰，2024. 湖南怀化柑橘木虱发生情况及对策［J］. 中国果业信息，41（1）：61-63.

20%毒死蜱乳油防治棉铃虫田间药效试验

张龙杰[1]*，瞿开良[2]，舒会生[1]，余　明[2]，梁　艳[1]，刘　斌[1]

(1. 湖南省怀化市农业综合服务中心，怀化　418000；2. 湖南省辰溪县植保植检站，辰溪　419500；3. 洪江市植保植检站，洪江　418100)

摘　要：棉铃虫是棉花、玉米、小麦等作物的重大农业害虫，本文通过亩用不同剂量的20%毒死蜱乳油，进行棉铃虫的田间药效试验，试验结果表明，亩用140~170 mL对棉铃虫的防效与当地常用农药水胺硫磷亩用60 mL的防效相当，具有一定的推广价值。

关键词：棉铃虫；毒死蜱；田间药效试验

棉铃虫是棉花蕾铃的主要害虫（王小琳等，2000），也是玉米、果树等农作物上的重大农业害虫，具有迁飞性强、繁殖力高、寄主范围广等特点，对全球农业生产构成严重威胁（黄立华等，2001）。由于其频繁暴露于化学农药环境，棉铃虫已对拟除虫菊酯类、有机磷类等多种传统杀虫剂产生显著抗药性（白丽莎，2019），导致防治成本增加且效果下降。尤其在我国主产棉区，棉铃虫的世代重叠现象加剧，幼虫蛀食蕾铃，直接导致棉花减产和品质下降。因此，开发新型高效、低毒且抗性风险小的杀虫剂，成为当前害虫综合治理的重要研究方向。

毒死蜱作为一种新型复合杀虫剂，结合了触杀与内吸作用机制，兼具速效性和持效性，同时对害虫卵及幼虫表现出双重抑制效果。前期实验室研究表明，其有效成分可通过干扰害虫神经传导和表皮几丁质合成，显著降低害虫存活率。然而，目前关于毒死蜱的田间应用效果及其对棉铃虫种群控制潜力的系统性研究仍较为匮乏。此外，如何通过科学用药延缓抗药性发展、优化施药时机与剂量，仍需进一步验证。本研究通过开展田间药效试验，探究不同剂量的20%毒死蜱对棉铃虫的防治效果，旨在为其科学应用及水稻和棉花害虫抗性治理提供理论依据和技术支撑。

1　试验材料和方法

1.1　供试药剂及来源

20%毒死蜱乳油，由怀化市兴华化工厂生产，厂方提供；40%水胺硫磷乳油，由湖北仙桃农药厂生产，市场购买。

1.2　试验地基本情况

试验设在辰溪县龙头庵乡九曲村5组肖某的责任田里，供试面积1.8亩，棉花品种为湘棉16号。试验地棉花长势嫩绿，棉铃虫发生较重。

---

* 第一作者：张龙杰，正高级农艺师，主要从事农作物病虫害防控研究；E-mail:hhzlj0326@126.com

1.3 试验设计

该试验设五个处理：①20%毒死蜱乳油亩用 140 mL，②20%毒死蜱乳油亩用 155 mL，③20%毒死蜱乳油亩用 170 mL，④40%水胺硫磷乳油亩用 60 mL，⑤空白对照。

采用随机区组排列，重复 3 次，共 15 个小区，每小区面积 0.1 亩。

1.4 施药时期、次数和方法

于第四代棉铃虫盛孵期施药，只施一次药，采用手动压缩式喷雾器，将药液均匀喷在棉株的各个部位，亩喷药液 60 kg。施药后 10 d 内（即试验期间）均为干旱天气。

1.5 药效调查时间、次数和方法

施药前查虫口基数，并摘除受害花蕾，施药后 4 d、10 d 调查防治效果，共查 3 次，采用五点取样，每点查 5 株，每小区查 25 株。施药后第 10 天同时调查花蕾被害情况，计数活虫数和被害花蕾数，计算虫口减退率、校正虫口减退率和保蕾效果。

2 试验结果及评价

2.1 试验结果

20%毒死蜱乳油亩用 140 mL、155 mL 和 170 mL 对棉铃虫的防治效果见表 1，药后 4 d 分别为 97.3%、98.3% 和 98.8%，对照药剂 40%水胺硫磷用 60 mL 的防效为 98.5%；药后 10 d，20%毒死蜱各处理的防效分别为 92.7%、95.7% 和 97.9%，对照药剂水胺硫磷为 93.3%。药后 10 d 的保蕾效果，毒死蜱各处理分别为 68.8%、76.2% 和 82.1%，对照药剂水胺硫磷为 77.7%。为了比较各处理间防效的差异，将药后 4 d 的防效数据经反正弦转换后，进行方差分析（表2），结果（$F=1.87<F_{0.05}=2.78$）差异不显著。

表 1　20%毒死蜱防治棉铃虫田间药效试验结果

处理项目	亩用药量/mL	施药日期	药前基数/（头/百篼）	药后 4 d 活虫数/头	药后 4 d 虫口减退率/%	药后 10 d 活虫数/头	药后 10 d 虫口减退率/%	总花蕾数/（个/百株）	被害花蕾数/（个/百株）	被害率/%	保蕾数量/%
20%毒死蜱乳油	140	8月19日	52	2	97.3	6	92.7	3 280	68	2.1	68.8
	155	8月19日	44	1	98.3	3	95.7	3 490	57	1.6	76.2
	170	8月19日	60	1	98.8	2	97.9	3 588	42	1.2	82.1
40%水胺硫磷乳油	60	8月19日	47	1	98.5	5	93.3	4 320	63	1.5	77.7
空白对照			36	50		57		3 035	204	6.72	

2.2 试验评价

试验结果表明：20%毒死蜱乳油对棉铃虫有很好的防治效果，其亩用 140~170 mL

对棉铃虫的防效与当地常用农药水胺硫磷亩用60 mL的防效相当，具有一定的推广价值。

表2 方差分析表

变异来源	DF	MS	F	$F_{0.05}$	$F_{0.01}$
组间	3	161.8	1.87	2.78	4.16
组内	56	86.5			
总变异	59				

参考文献

白丽莎，2019. 棉铃虫羧酸酯酶WH001G及其变异酶对杀虫剂的解毒功能研究［D］. 杨凌：西北农林科技大学.

黄立华，程遐年，2001. 棉铃虫与棉花相互作用研究进展［J］. 昆虫知识（6）：401-405.

王小琳，刘云，顾正清，2000. 几种防治棉铃虫新农药田间药效评价［J］. 湖北农学院学报，20（3）：199-200.

球孢白僵菌新菌株对黄脊竹蝗的毒力及人工培养条件研究*

赵 琴[1,2]**，王彦杰[1]，胡胜红[3]，黄美玉[4]，朱道弘[1]，曾 杨[1]***

(1. 中南林业科技大学昆虫行为与进化生态学实验室，长沙 410004；
2. 湖南林科达农林技术服务有限公司，长沙 410004；
3. 桃江县林业局，益阳 413400；4. 贺州市林业局，贺州 542800)

摘 要：黄脊竹蝗 Ceracris kiangsu 是我国第二大林业害虫，主要危害毛竹、青皮竹等竹类植物，给我国竹产业带来重大经济损失。球孢白僵菌 Beauveria bassiana 是目前世界上研究和应用较为广泛的昆虫病原真菌。为寻找对黄脊竹蝗具有高毒力的球孢白僵菌，并探究其适宜的人工培养条件，对从野外采集的黄脊竹蝗僵虫进行白僵菌的分离纯化鉴定，测定了该菌株对黄脊竹蝗若虫和成虫的致死力，并检测了不同环境条件下该菌株的生长状况。结果表明，黄脊竹蝗僵虫体内存在球孢白僵菌一新菌株，命名为 Ckb-1。该菌株以 10^9 CFU/mL 的孢子浓度处理后 10 d 内，3 龄若虫的校正致死率高达 82.61%，15 d 内成虫的校正致死率为 81.48%。23~29℃范围内，菌株的生长速率随温度升高而逐渐增加；31℃条件下，菌株的生长速率有所下降。80%~100%的湿度范围内，菌株的生长速率随湿度升高而逐渐增加。该菌株在 pH 值为 7 的中性条件下生长速率高于酸性或碱性环境。光周期对该菌株的生长无显著影响。说明该菌株对黄脊竹蝗的毒力较高，且中性、高湿和适度高温可促进该菌株生长。

关键词：黄脊竹蝗；球孢白僵菌；致病力；环境条件

Study on the Toxicity and Artificial Cultivation Conditions of a New Strain of *Beauveria bassiana* on *Ceracris kiangsu* *

Zhao Qin[1,2]**, Wang Yanjie[1], Hu Shenghong[3],
Huang Meiyu[4], Zhu Daohong[1], Zeng Yang[1]***

(1. Laboratory of Insect Behavior and Evolutionary Ecology, Central South University of Forestry and Technology, Changsha 410004, China; 2. Hunan Linkeda Agriculture and Forestry Technology Service Co., Ltd, Changsha 410004, China; 3. Taojiang Forestry Bureau, Yiyang 413400, China; 4. Hezhou Forestry Bureau, Hezhou 542800, China)

Abstract: The locust *Ceracris kiangsu* is the second largest forestry pest in China, and mainly harms bamboo plants such as *Phyllostachys edulis* and *Bambusa textilis*, causing significant

---

* 基金项目：湖南省林业有害生物防治省级专项资金项目（黄脊竹蝗的绿色防控技术研究）
** 第一作者：赵琴，博士生，高级工程师，研究方向为森林保护；E-mail:21027958@qq.com
*** 通信作者：曾杨，副教授，研究方向为森林保护学；E-mail:zengyangsile@163.com

economic losses to bamboo industry. *Beauveria bassiana* is a widely studied and applied insect pathogenic fungus in the world. In order to find new strains of *B. bassiana* with high toxicity to the *C. kiangsu*, entomopathogenic fungi were isolated and cultured from naturally infected *C. kiangsu* in the field. Based on morphological characteristics and phylogenetic analysis of the ITS sequence, a new strain of *B. bassiana* was identified and named as Ckb-1. After treatment with a spore concentration of 10^9 CFU/mL of this strain, the corrected mortality rate of the 3rd instar nymphs was 82.61% in 10 days, and the corrected mortality rate of the adults was 81.48% in 15 days. The growth rate of the strain gradually increased with increasing temperature within the range of 23–29℃, but decreased at 31℃. Within the humidity range of 80%–100%, the growth rate of the strain gradually increased with increasing humidity. The growth rate of this strain was higher under neutral condition than acidic or alkaline conditions, and photoperiod had no significant effect on the growth of this strain. These results indicates that *B. bassiana* Ckb-1 has high toxicity to the *C. kiangsu*, and neutral, high humidity, and moderate high temperature can promote the growth of the strain.

Key words: *Ceracris kiangsu*; *Beauveria bassiana*; pathogenicity; environment conditions

黄脊竹蝗 *Ceracris kiangsu* Tsai 为直翅目 Orthoptera 网翅蝗科 Arcypteridae 竹蝗属 *Ceracris* 昆虫，因其背脊有一黄色条带而得名，在我国分布广泛，主要分布在华南、华东、华中、西南及西北部分地区的13个省（区、市）（余罕浪和张建强，2012）。黄脊竹蝗主要危害毛竹 *Phyllostachys heterocycla* 和青皮竹 *Bambusa textilis* 等竹种，还可取食玉米、水稻、高粱、芭蕉、棕叶芦和棕榈等5科20余种植物（李红梅等，2022）。根据林业部门统计数据显示，黄脊竹蝗每年造成的直接经济损失超过1 000万元。近20年的研究数据表明，湖南、江西、广东、重庆、云南等地均暴发过大面积虫害。如2005年江西受灾面积达2.92万 hm^2，经济损失数千万元（叶萌等，2007）。2014—2017年安徽舒城县年均发生面积53.33 hm^2，2018年骤增至173.34 hm^2（王珺雅等，2023）。2018年湖南常德一地受灾面积即达2 400 hm^2，直接损失480余万元（夏正华，2020）。2020年，云南与老挝边境地区发生的黄脊竹蝗迁飞入侵对当地农业和生态环境造成了严重的影响（韩伟军等，2022）。

球孢白僵菌 *Beauveria bassiana* 是最早被发现并广泛应用的昆虫病原真菌之一，可通过体表侵染突破宿主防御，最后导致宿主死亡（Mascarin 和 Jaronski，2016）。因其广谱杀虫性、高致病性和绿色安全等特点而被用于多种害虫的防治（Baldiviezo et al.，2020；汪永松，2020）。然而，不同球孢白僵菌菌株对昆虫的致病力存在显著差异，如赵薇等（2025）检测了10种球孢白僵菌菌株对桔小实蝇的毒力，结果显示 Bb10 菌株的毒力高于其他菌株。且白僵菌的生长受环境条件所制约，在不同地域间的致病能力存在差异（Wang et al.，2021）。目前，对黄脊竹蝗的致病白僵菌研究很少，高毒力的野外白僵菌未见报道。

本研究通过对黄脊竹蝗僵虫内的白僵菌进行分离鉴定，搜寻可感染黄脊竹蝗自然种群的白僵菌种类；并调查了分离菌株对黄脊竹蝗若虫和成虫的致病力，评估其防治潜力；检测不同温度、湿度、pH值、光周期对白僵菌菌落生长和产孢量的影响，探究培养该菌的适宜条件。研究结果将为研发黄脊竹蝗的新型生物防治技术提供指导。

1 材料与方法

1.1 材料

1.1.1 供试昆虫

2023 年 4 月于湖南省益阳市桃江县、广西壮族自治区贺州市昭平县的产卵地采集黄脊竹蝗卵块。卵块带回实验室后，将其放入灭菌处理后垫有脱脂棉和滤纸的培养皿（直径 90 mm）中，置于温度为 26℃、光周期 16L∶8D 的人工气候室中进行孵化，每日更换脱脂棉和滤纸以保持湿润。新孵化幼虫转移至养虫笼（长×宽×高 = 50 cm×25 cm×25 cm）中，将新鲜玉米叶插入盛水的广口瓶进行喂养，瓶口用湿润的脱脂棉堵住以防幼虫掉入瓶内。每天更换一次玉米叶，定期清洗广口瓶。待幼虫经过 2 次蜕皮进入 3 龄后开始改用新鲜竹叶喂养。当黄脊竹蝗成虫性成熟开始交尾后，在养虫笼中放入盛有沙子的塑料盒（直径 16 cm，高 9 cm）以供成虫产卵。

1.1.2 供试菌株

试验所分离的白僵菌菌株来源于 2022 年 8 月采集于湖南省益阳市桃江县竹林中天然罹病的黄脊竹蝗僵虫。

1.1.3 培养基

菌株培养使用马铃薯葡萄糖培养基（PDA）：马铃薯浸粉 6 g、葡萄糖 20 g、琼脂 20 g。

1.2 菌株分离与纯化

所采集的黄脊竹蝗僵虫置于底部铺有滤纸的培养皿（9 mm）中保湿处理并带回实验室，在超净工作台无菌环境下进行菌株分离操作。首先将供试僵虫置于 75% 酒精中浸泡消毒 30 s，随后用无菌水反复漂洗 3~5 次以去除残留酒精。将清洗后的僵虫置于灭菌滤纸上吸干表面水分，使用灭菌镊子将其接种于 PDA 培养基中央。将接种后的平板置于 26℃、光照周期为 12L∶12D 的恒温培养箱中培养，观察虫体周围菌丝生长情况。待菌丝萌发后，在无菌条件下挑取菌落边缘新生菌丝，采用平板划线法转接至 PDA 培养基进行纯化培养。每日定时观察菌落生长状态，若发现污染立即重新进行分离纯化操作。

1.3 菌株鉴定

1.3.1 形态学鉴定

获得纯培养后，采用插载玻片培养法制备样本，在体式显微镜下观察菌丝形态、孢子着生方式等形态特征。根据 Rehner 等（2011）汇总的已鉴定白僵菌的形态特征对分离菌株进行初步的形态学鉴定。

1.3.2 分子生物学鉴定

采用 CATB 法提取真菌的基因组 DNA（Wang et al., 2021）。DNA 的 PCR 扩增使用通用引物 ITS1（5′- TCCGTAGGTGAACCTGCGG - 3′）与 ITS4（5′- TCCTCCGCTTATTGAT ATGC - 3′）。PCR 扩增程序为：98℃ 预变性 5 min；98℃ 变性 20 s，55℃ 退火 30 s，72℃ 延伸 30 s，循环 35 次；72℃ 终延伸 5 min。PCR 反应体系总体积为 50 μL，包括 2×Taq Master Mix 25 μL、DNA 模板 50~100 ng、上下游引物各

1.5 μL、DMSO₂μL，加 ddH$_2$O 至 50 μL。将 PCR 扩增产物送至武汉赛维尔生物科技有限公司进行测序分析。将测序获得的 ITS 序列在 NCBI 数据库（National Center for Biotechnology Information；https：//www.ncbi.nlm.nih.gov/）中进行序列比对。随后，基于已知的白僵菌属物种及绿僵菌（外群）序列，采用 MEGA7.0 软件的邻接法构建系统发育树。

1.4 菌株对黄脊竹蝗的致病力检测

1.4.1 孢子悬液的制备

将所鉴定的白僵菌接种于 PDA 培养基中，经培养 10 d 后在超净工作台中刮取分生孢子至 250 mL 锥形瓶中，加入 100 mL 吐温-80 溶液，摇匀后过滤，计算孢子浓度，将孢子悬浮液分别配制成 $1×10^6$ CFU/mL、$1×10^7$ CFU/mL、$1×10^8$ CFU/mL、$1×10^9$ CFU/mL 的 4 个浓度梯度以备用。

1.4.2 白僵菌对黄脊竹蝗 3 龄若虫及成虫的致病力测定

取 3 龄若虫或成虫，采用浸虫法进行真菌感染。捏住黄脊竹蝗幼虫的腹部，将头部和胸部完全浸入盛有白僵菌孢子悬液的烧杯中 5 s 使其与菌液充分接触，用灭菌的吸水纸快速吸去试虫体表多余的水分，待体表自然晾干后放回养虫笼中。每天记录黄脊竹蝗幼虫的死亡数、存活数，连续记录 10 d。每个处理组 10 只试虫，重复 3 次。对照组使用添加 0.05%吐温-80 的无菌水进行同样的浸虫处理，相同条件下观察。每天观察并记录试虫的死亡情况。

1.5 环境条件对菌株生长的影响

为检测环境条件（温度、湿度、光周期和酸碱度 pH 值）对菌株生长的影响，分别将接种后的菌株在不同温度（设置 23℃、25℃、27℃、29℃、31℃五个温度条件，湿度 90%、pH 值=7.0、光周期 12L：12D）、不同湿度（设置 80%、85%、90%、95%、100%五个湿度条件，温度 27℃、pH 7.0、光周期 12L：12D）、不同 pH 值（设置 pH 值分别为 6.0、6.5、7.0、7.5、8.0，温度 27℃、湿度 90%、光周期 12L：12D）或不同光周期（设置光周期分别为 16L：8D、14L：10D、12L：12D、10L：14D、8L：16D，温度 27℃、湿度 90%、pH 值=7.0）条件下培养 2 周。每个处理设置 3 次重复，采用十字交叉法测量并记录菌落生长直径。使用经高压灭菌（121℃，20 min）的 10.00 mm 打孔器，于各处理组菌落半径的 1/3 处等距取样 3 个菌饼。取样后的菌饼用火焰灭菌的镊子转移至 250 mL 锥形瓶中，瓶内预置 100 mL 含 0.05%吐温-80 的无菌水及灭菌磁力搅拌子。将锥形瓶置于磁力搅拌器上，设置转速 1 200 r/min，持续搅拌 10 min，使菌丝体充分解离、孢子均匀分散。搅拌结束后静置 30 s 使气泡消散，随后用无菌胶头滴管吸取中层悬液，滴加至血球计数板的计数室中。在显微镜下观察，每个样品随机选取 5 个视野（四角及中央）进行孢子计数，重复 3 次取平均值。根据计数公式计算孢子浓度：孢子数（个/mL）＝（5 个方格孢子总数/5）× $25×10^4$×稀释倍数。

1.6 数据统计与分析

数据通过 Microsoft Excel 2010 进行处理，利用 SPSS 20.0 软件进行单因素方差分析。

2 结果与分析

2.1 分离菌株的形态学特征

从自然罹病死亡的黄脊竹蝗（图1A）中分离获得1株菌株。菌株在PDA培养基上呈现典型的白色菌落形态，基质呈现特征性淡黄色变色现象；中期菌落中央区域出现显著隆起，形成致密的菌丝体核心结构；菌落边缘始终保持光滑整齐的扩展模式，菌丝排列紧密且分支较少，表现出高度有序的径向生长特性（图1B）。菌落背面产生稳定的淡黄色色素沉积，这一特征可能与其次级代谢产物的分泌相关（图1C）。该菌株表现出典型的丝状真菌显微结构特征。菌丝体呈无色透明状，菌丝直径范围为 1.0~1.5 μm。孢子为球形至卵圆形，透明无色，直径范围为 1.5~2.0 μm。孢子沿产孢轴呈独特的"之"字形规则排列（图1D）。根据这些典型的形态学特征，包括菌丝结构、产孢细胞形态和孢子着生方式等，可初步鉴定该菌株属于白僵菌属（*Beauveria*）。

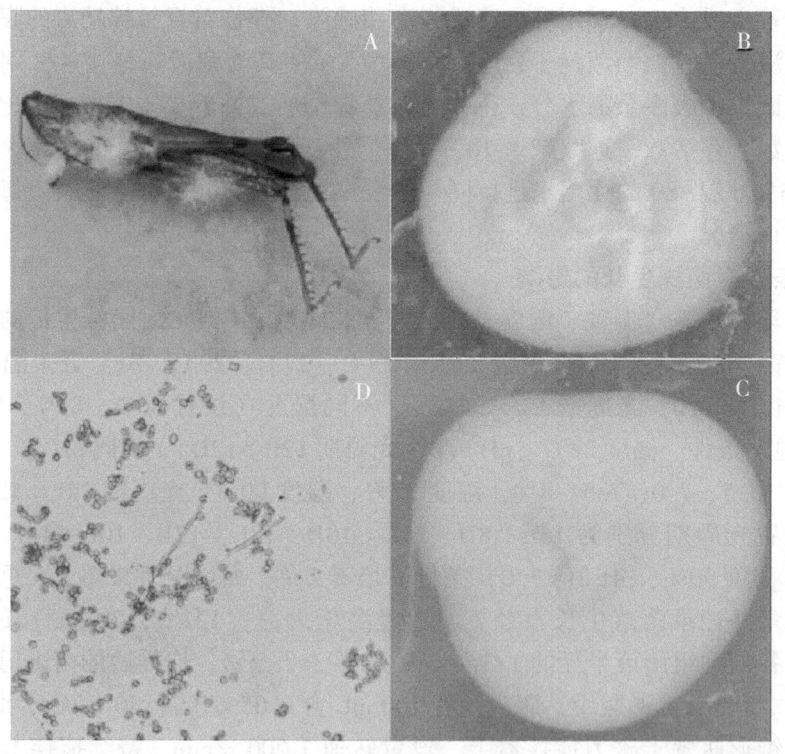

图1 黄脊竹蝗僵虫（A）和分离菌株菌落正面（B）、反面（C）及孢子形态（D）

2.2 分离菌株的分子生物学鉴定结果

对菌株的ITS序列进行PCR扩增，得到长度为549 kb的片段。在NCBI数据库进行比对，发现该菌株与多个球孢白僵菌菌株的ITS序列相似度高达99%以上。系统发育树显示，该菌株的ITS和其他球孢白僵菌菌株聚于一枝（图2）。结合形态学特征和分子生物学鉴定结果，最终将分离菌株鉴定为球孢白僵菌 *B. bassiana*，并命名为Ckb-1。

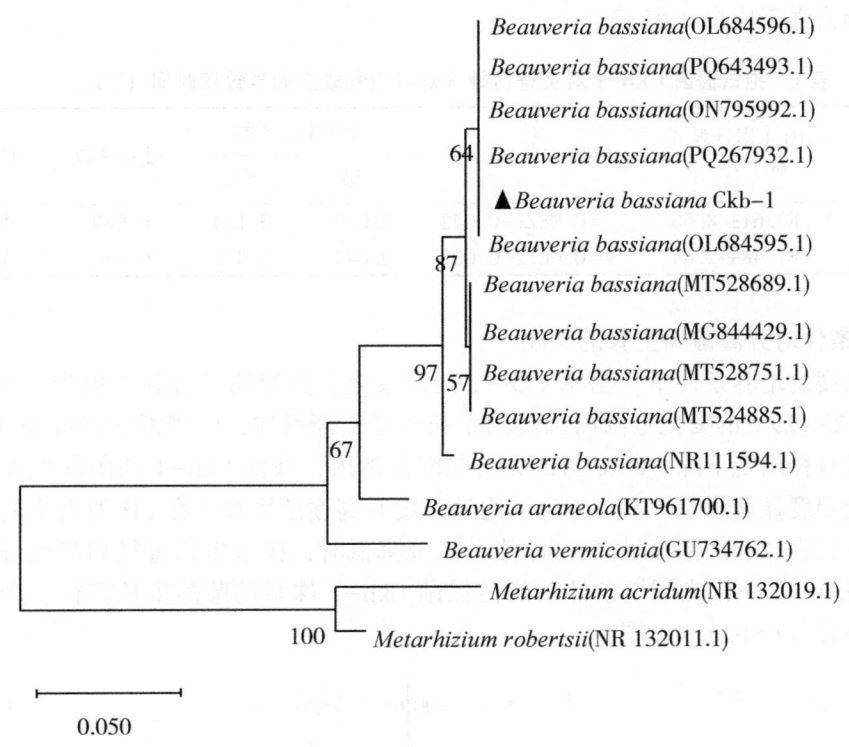

图 2　球孢白僵菌 Ckb-1 系统发育树（邻接法）

2.3 分离菌株对黄脊竹蝗的毒力

以 $1.0×10^6$ CFU/mL、$1.0×10^7$ CFU/mL、$1.0×10^8$ CFU/mL、$1.0×10^9$ CFU/mL 孢子浓度的球孢白僵菌 Ckb-1 菌株处理后，黄脊竹蝗的 3 龄若虫与成虫在实验期内的死亡率均显著高于对照组（ANOVA，$P<0.05$）。死亡率随孢子浓度的升高而增加，$1.0×10^9$ CFU/mL 浓度处理效果最强，第 10 天时 3 龄若虫的累计死亡率平均值达 86.67%，第 15 天时成虫的累计死亡率平均值达 90%（图 3）。对 $1.0×10^9$ CFU/mL 浓度处理时，3 龄若

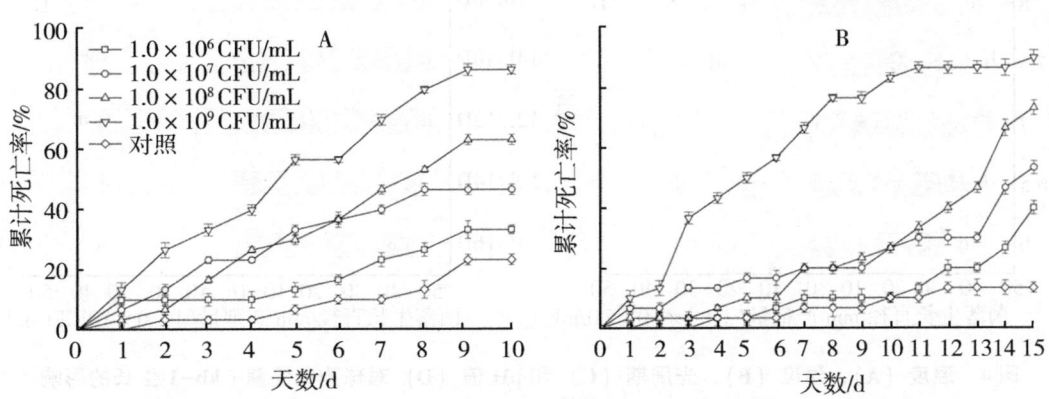

图 3　球孢白僵菌 Ckb-1 处理对黄脊竹蝗 3 龄若虫（A）和成虫（B）存活的影响

虫与成虫的半致死时间计算结果显示，菌株对若虫的半致死时间短于成虫，说明该菌株对若虫的毒力强于成虫（表1）。

表1 孢白僵菌Ckb-1对黄脊竹蝗3龄若虫和成虫的半致死时间（LT_{50}）

龄期	10 d累计校正死亡率/%	致病力回归方程	95%置信区间 上限	95%置信区间 下限	相关系数	LT_{50}/d
3龄	82.61±8.66	$y=0.082x-0.072$	0.009	0.134	0.989	4.080
成虫	81.48±2.89	$y=0.061x-0.005$	0.049	0.072	0.950	4.585

2.4 环境条件对分离菌株生长的影响

不同温度的培养条件下，菌株Ckb-1的菌落生长直径均具有显著差异（ANOVA，$P<0.05$），23~29℃的变化范围内菌落的生长直径逐渐增加，而当温度升高至31℃时，菌落的生长直径出现下降。80%~100%的湿度范围内，菌株Ckb-1的菌落生长直径和产孢量亦受湿度显著影响（$P<0.05$），均随湿度升高逐渐增加。在pH值为7的培养基中，菌落生长直径和产孢量最高，pH值升高或降低时，菌落生长直径和产孢量均显著降低（$P<0.05$）。不同光周期条件下的白僵菌Ckb-1株系的菌落生长直径、产孢量不存在显著差异（$P>0.05$）（图4）。

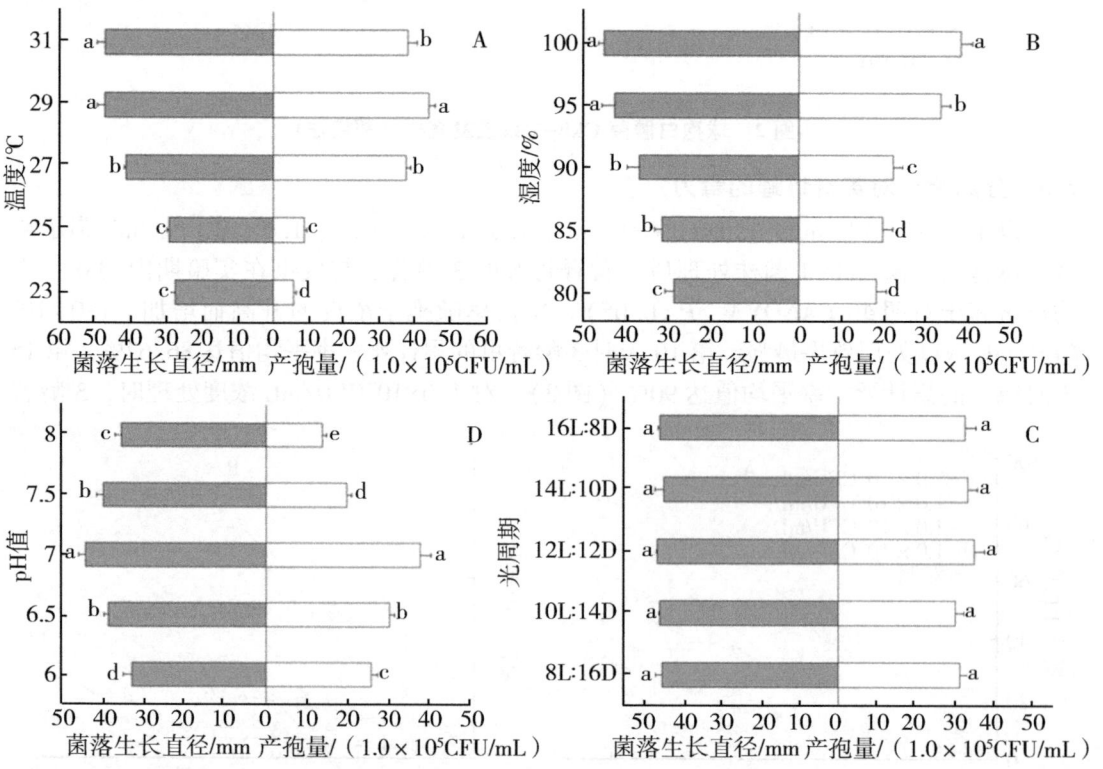

图4 温度（A）、湿度（B）、光周期（C）和pH值（D）对球孢白僵菌Ckb-1生长的影响

注：图中不同字母代表组间存在显著差异，ANOVA，$P<0.05$。

3 讨论

球孢白僵菌作为白僵菌属中分布最广、应用最广泛的昆虫病原真菌，其分类学特征已得到充分研究。本研究首次从黄脊竹蝗僵虫体内分离获得一株白僵菌菌株，通过系统的形态学分析表明其符合球孢白僵菌的典型特征（李增志，2007）。利用 ITS 序列进行同源性分析比对，确定该菌株为球孢白僵菌新菌株，将其命名为球孢白僵菌 Ckb-1。秦丽（2014）曾报道称，在皖岳西和皖琅琊山的竹蝗属成虫中采集到 3 株球孢白僵菌 RCEF0750、0751 和 2481，但并不能确定是否为黄脊竹蝗。重庆大学基因工程研究中心从黄脊竹蝗僵虫中分离出蝗绿僵菌 Ma102 菌株（谢沐杉，2018）。这些研究结果表明，黄脊竹蝗在野外可能存在多种致病真菌。

近年来，利用白僵菌防治蝗虫的研究取得了显著进展。如 Wang 等（2023）筛选出耐高温球孢白僵菌菌株 BB-32，在 35℃ 环境下对东亚飞蝗 3 龄若虫的 LT_{50} 为 4.5 d，田间防效达 78%，并首次发现该菌株通过上调蝗虫血淋巴酚氧化酶活性增强致病性。刘爱萍等（2012）使用 $1.0×10^{10}$ CFU/mL 孢子浓度的白僵菌处理亚洲小车蝗，13 d 内对蝗蝻的累计致死率达 90.5%。刘海洋（2021）等用球孢白僵菌对榆林草原蝗虫进行了田间防治试验，在山地草原对蝗虫的综合防治效果达到 75% 以上，在坡地草原蝗虫总防治效果高达 81.8%。然而，利用白僵菌防治黄脊竹蝗的研究鲜有报道。陈瑞屏等（2002）检测了白僵菌对黄脊竹蝗的室内与室外致病力，结果表明处理后 7 d 开始出现死虫，室内的校正死亡率为 25.6%，室外为 68.2%。本研究首次使用野外感染黄脊竹蝗的球孢白僵菌 Ckb-1 株系对不同虫态的黄脊竹蝗进行致病力试验，研究结果表明，白僵菌 Ckb-1 株系对黄脊竹蝗的 3 龄幼虫及成虫均具有高致病力，观察期间校正死亡率均超过 80%，对若虫的致病力要高于成虫。说明球孢白僵菌 Ckb-1 菌株对黄脊竹蝗的致病力与防治其他蝗虫种类的高效菌株的致病力相近，具有较好的应用前景，但其致病力仍需田间试验验证。

野外条件下，白僵菌的生长主要受环境温度和湿度制约。一般来说，较高的温度和湿度条件会促进白僵菌的生长。如邝灼彬等（2005）的研究表明，白僵菌在 23~26℃ 的条件下生长状态最佳，当温度超过 32℃ 时，白僵菌的生长会受到抑制。周仙红等（2018）观察了 8~25℃ 范围内白僵菌的生长情况，随着温度的降低，菌落生长速率和产孢量都呈现下降的趋势。研究表明白僵菌在相对湿度超过 80% 时的菌丝生长状况较好（Lazzarini et al.，2006）。本研究中，球孢白僵菌 Ckb-1 在 23~29℃ 的温度范围内，随温度的上升生长速率逐渐增加，而 31℃ 时生长速率出现下降；白僵菌 Ckb-1 株系的菌落生长直径与产孢量随湿度的增加而增大。这与前人的研究结果基本一致，但最适温度与邝灼彬等（2005）的结果存在一定差异，这种差异可能与白僵菌的地理分布区域差异有关。湖南地区春末初夏白日气温较高，一般在 25~30℃，而此时黄脊竹蝗大量孵化，可为球孢白僵菌 Ckb-1 的快速生长提供大量寄主。

环境的酸碱度（pH）和光照条件也是重要的环境条件。如李农昌（1996）等报道白僵菌的 pH 值在 5.5~6.5 最适合产孢，以 pH 值为 6.0 的产孢量最大，白僵菌在较宽的 pH 范围内（4~10）都能生长，偏酸性的环境可提高分生孢子产量和活力，当环境

pH值偏碱性时，白僵菌的菌丝生长较快。而王滨等（2000）的研究表明，pH值对球孢白僵菌菌落生长的生长速率影响不大，pH值在4~10并无显著差异。本研究中，白僵菌Ckb-1株系在中性的环境中生长较好，而酸性或碱性条件下，其生长均会受到抑制。另外，光周期对白僵菌Ckb-1株系的菌落生长直径、产孢量无显著影响。而刘召等（2014）的研究显示，光照时间增长会增加白僵菌菌落直径与产孢量。上述结果说明了环境的酸碱度和光照时长可能对不同白僵菌种类的影响存在差异。

参考文献

陈瑞屏，刘清浪，黄焕华，2002. 三种昆虫病原微生物防治黄脊竹蝗试验［J］. 昆虫天敌，24（3）：123-127.

韩伟君，胡彦，马莉莉，等，2022. 2020年云南省黄脊竹蝗发生规律初探［J］. 中国植保导刊，42（1）：98-100.

邝灼彬，吕利华，冯夏，等，2005. 温度及常见农药对球孢白僵菌生物学特性的影响［J］. 华南农业大学学报，26（3）：26-29.

李红梅，王珺雅，卓富彦，等，2022. 黄脊竹蝗在中国的发生及防控技术［J］. 中国生物防治学报，38（2）：531-536.

李农昌，樊美珍，李春如，1996. 白僵菌有关培养条件及其与毒力关系的研究［J］. 安徽农业大学学报，23（3）：254-259.

李增智，2007. 中国虫生真菌应用50年简史［J］. 安徽农业大学学报，34（2）：203-207.

刘爱萍，黄海广，高书晶，等，2012. 白僵菌与生物农药混用对亚洲小车蝗的生物活性研究［J］. 现代农药，11（2）：50-53.

刘海洋，刘龙，刘新宇，等，2021. 两株杀虫真菌对陕西榆林草原蝗虫的防治效果［J］. 中国生物防治学报，37（2）：380-384.

刘召，徐丽，雷仲仁，2014. 温度和光照对白僵菌加拿大1号菌株菌落及产孢量的影响［J］. 西南大学学报（自然科学版），36（5）：1-6.

秦丽，2014. 绿僵菌和白僵菌防蝗菌株的分子鉴定及室内致病力测定［D］. 合肥：安徽农业大学.

王滨，樊美珍，李增智，2000. 球孢白僵菌选择性培养基的筛选［J］. 安徽农业大学学报，27（1）：23-28.

王珺雅，王美莺，李红梅，等，2023. 基于5个数据库的黄脊竹蝗研究进展可视化分析［J］. 安徽农学通报，29（9）：140-145.

夏正华，2020. 常德市鼎城区黄脊竹蝗防治方法［J］. 林业与生态（7）：40-41.

谢沐杉，2018. 蝗绿僵菌GTP酶激活蛋白基因 *MaGyp2* 的功能研究［D］. 重庆：重庆大学.

余罕浪，张建强，2012. 黄脊竹蝗的生物学特性与综合防治措施［J］. 现代农业科技（18）：118-119.

叶萌，吴宗仁，龙炜，等，2007. 江西黄脊竹蝗严重发生的成因及可持续控制对策［J］. 江西林业科技（3）：38-40.

周仙红，范晓杰，曹雨，等，2018. 低温对球孢白僵菌生物学特性及其对韭蛆致病力的影响［J］. 植物保护，44（2）：158-161.

BALDIVIEZO LV, PEDRINI N, SANTANA M, *et al.*, 2020. Isolation of *Beauveria bassiana* from the chagas disease vector *Triatoma infestans* in the gran chaco region of Argentina：Assessment of gene expression during host-pathogen interaction [J]. Journal of Fungi, 6 (4): 219.

LAZZARINI G M J, ROCHA L F N, LUZ C, 2006. Impact of moisture on in viro germination of *Metarhizium anisopliae* and *Beauveria bassiana* and their activity on *Triatoma infestans* [J]. Mycological Research, 11 (4): 485-492.

MASCARIN G M, JARONSKI S T, 2016. The production and uses of *Beauveria bassiana* as a microbial insecticide [J]. World Journal of Microbiology & Biotechnology, 32 (11): 177.

REHNER S A, MINNIS A M, SUNG G H, et al., 2011. Phylogeny and systematics of the anamorphic, entomopathogenic genus *Beauveria* [J]. Mycologia, 103 (5): 1055-1073.

WANG H Y, PENG H, LI W J, et al., 2021. The toxins of *Beauveria bassiana* and the strategies to improve their virulence to insects [J]. Frontiers in Microbiology, 12: 705343.

WANG Y M, CHEN L, ZHANG Q, et al., 2023. A thermotolerant *Beauveria bassiana* strain against migratory locusts [J]. Pest Management Science, 79 (3): 1125-1134.

研究摘要

研究所要

在温度逆境胁迫下对茶尺蠖肠道
细菌多样性及差异性研究*

郑玉玲**，王卓娅，许 冬，万 鹏，杨妮娜***

（农业农村部华中作物有害生物综合治理重点实验室，
湖北省农业科学院植保土肥研究所，武汉 430064）

摘　要：茶尺蠖 *Ectropis oblique*（Prout）属鳞翅目 Lepidoptera 尺蠖蛾科 Geometridae，又名造桥虫、茶尺蛾、拱拱虫，是茶树上一种重要害虫之一。主要分布在长江流域各茶叶主产区，尤其以鄂、湘、江、皖、赣、浙等省危害最重。该虫主要以幼虫取食茶树嫩叶危害，大面积发生时整片茶园叶片啃光，严重影响茶叶产量及质量。本研究对茶尺蠖 16S rDNA 的高变区 V3-V4 片段进行双端测序，对茶尺蠖在不同温度处理后肠道菌落的结构组成和多样性进行分析，解析温度胁迫对茶尺蠖幼虫肠道微生物菌群结构和多样性的影响，为进一步研究在逆境下肠道微生物与寄主昆虫的相互作用提供理论基础。利用 Illumina MiSeq 技术对不同温度处理的茶尺蠖 5 龄幼虫肠道细菌的 16S rDNA V3-V4 变异区序列进行测序，运用 QIIME 和 UCLUST 软件进行肠道细菌生物类群统计及多样性分析。从茶尺蠖 5 龄幼虫肠道细菌的 16S rDNA 基因序列文库共获得 281 833 条 reads，在 97% 相似度下可将其聚类为用于物种分类的 1 139 个 OTUs，低温组共有 95 700 个 reads，聚类有 811 个 OTUs；适温组共有 93 051 个 reads，聚类有 770 个 OTUs；高温组共有 93 082 个 reads，聚类有 824 个 OTUs，总共注释到 8 个门，17 个纲，27 个目，47 个科，75 个属和 91 个种。在所有的分类阶元中，3 种不同温度处理的幼虫肠道最优势菌群一致。在门水平上，软壁菌门在高温组中没有检测到，但在低温组中相对丰度最高（4.5%）；在属水平上，3 组处理共有的优势菌群是肠球菌属（52.7%～68.0%）和沃尔巴克氏体属（1.3%～3.3%），未分类的属所占比例较大（21.4%～34.6%）。茶尺蠖肠道细菌 Chao 指数、Ace 指数、Shannon 指数和 Simpson 指数分别为 533.373～578.880、536.910～588.580、4.130～4.610 和 0.822～0.852。3 个不同温度逆境胁迫的幼虫共有的 OTUs 497 个，高温组特有 175 个，低温组特有 113 个，对照组 82 个。在不同温度处理下，茶尺蠖幼虫肠道菌群结构和丰度存在差异。高温和低温处理显著改变了肠道微生物的多样性和菌群结构，表明茶尺蠖通过调整菌群结构适应温度胁迫，从而增强抗逆性。在自然界进化过程中，昆虫肠道内许多菌群已经与寄主昆虫产生了协同进化、共生关系，研究昆虫肠道菌群的多样性有助于更好地了解昆虫应对自然界

---

* 基金项目：武汉市科技创新专项基础研究项目（2022020801010343）
** 第一作者：郑玉玲，硕士研究生，主要从事农业昆虫与害虫防治研究；E-mail:1443832029@qq.com
*** 通信作者：杨妮娜，副研究员，主要从事害虫抗药性治理研究工作；E-mail:nina809@163.com

环境变化的生命活动,本研究利用 16S rDNA 和 Illumina Miseq 技术获得了茶尺蠖在不同温度处理下肠道微生物菌群相关信息,分析了经过不同温度处理后茶尺蠖肠道内微生物菌群结构变化及多样性,下一步将深入研究其变化规律及温度调控机制。

关键词:茶尺蠖;肠道微生物;16S rDNA;多样性;不同温度

靶向橘小实蝇嗅觉基因 *OBP2* 的
高效行为调控剂筛选与应用研究[*]

张珂盈[**]，刘　欢[***]

（河南科技大学园艺与植物保护学院，洛阳　471000）

摘　要：橘小实蝇 *Bactrocera dorsalis*（Hendel）是一种严重威胁我国果蔬产业健康发展的检疫性害虫。大量且不合理的农药施用已致使橘小实蝇抗性急剧增加，并导致了严重的食品安全和环境污染问题。目前，以甲基丁香酚（Methyl eugenol，ME）为核心引诱剂的诱杀灭雄技术是防控该虫的重要措施。然而，随着橘小实蝇的猖獗危害，ME 诱杀防治技术也凸显出防控效果下降和生物安全性降低等弊端，且 ME 兼具致癌毒性。因此，研发新型、高效、绿色的橘小实蝇引诱剂迫在眉睫。基于"反向化学生态学"策略，以害虫嗅觉基因为分子靶点，筛选具有引诱或驱避活性的物质已成为国际前沿研究的热点。前期研究表明，气味结合蛋白 *OBP2* 调控橘小实蝇雄虫对 ME 的趋向行为。因此，以 *OBP2* 为分子靶点，对先导化合物 ME 进行结构优化，对创制引诱活性高效的 ME 衍生物具有重要的意义。本研究首先采用分子对接和分子动力学模拟技术优化设计了 8 种潜在活性 ME 衍生物，应用逆合成分析的"目标导向合成"（Target oriented synthesis，TOS）策略合成了潜在活性化合物，并通过非选择性诱捕实验（Non-selective trapping assay）进一步筛选出一种具有显著引诱活性的 ME 衍生物（化合物 1）。随后，通过室内诱捕试验系统评估了化合物 1 对橘小实蝇的引诱规律。最后，采用最大限量一次性灌胃法探究高活性化合物 1 对小鼠的急性毒性。本研究发现化合物 1 不仅对橘小实蝇具有显著的引诱作用，还对非靶标生物绿色安全，对开发新型、绿色、高效橘小实蝇引诱剂具有重要的指导意义。

关键词：橘小实蝇；分子对接；ME 衍生物；非选择诱捕试验；安全性评价。

---

[*] 基金项目：国家自然科学基金项目（32372529，32001916）；河南省优秀青年科学基金项目（252300421152）；河南省高校科技创新人才项目（24HASTIT054）；河南科技大学青年骨干教师培养计划项目（13450011）

[**] 第一作者：张珂盈，硕士研究生，主要从事农业昆虫与害虫防治研究；E-mail:15090161095@163.com

[***] 通信作者：刘欢，副教授，主要从事农业昆虫与害虫防治研究；E-mail:liuhuan@haust.edu.cn

草地贪夜蛾成虫对玉米类型的选择性*

常向前**，吕 亮***

(湖北省农业科学院植保土肥研究所，农业农村部华中作物有害生物综合治理重点实验室，农作物重大病虫草害防控湖北省重点实验室，武汉 430064)

摘 要：草地贪夜蛾 Spodoptera frugiperda，原产于美洲热带和亚热带地区，后入侵至非洲及亚洲，于2018年底至2019年初从云南入侵我国，并向高纬度地区迁飞扩散，主要危害玉米。草地贪夜蛾是典型的迁飞性昆虫，在草地贪夜蛾迁入寄主生境的初始阶段，寄主挥发物是否会影响草地贪夜蛾对生境的选择尚未知。2019年9月11日，位于长江中下游流域的湖北省嘉鱼县鱼岳镇长江段的江心沙洲上约133 km^2 营养生长期的甜玉米，普遍受草地贪夜蛾危害，而沙洲对面处于长江岸边区域种植的普通玉米未受到明显危害。当草地贪夜蛾成虫迁入玉米生境时，是否对营养生长期的不同类型的玉米具有选择偏好性，进一步造成对不同类型的玉米受害差异需深入探讨。本文通过动态顶空吸附法收集苗期不同类型玉米的挥发物，经气相色谱-质谱联用（GC-MS）分析发现：苗期普通玉米有9种丰度较高的挥发物，分别为二丙基戊醇、壬醛、均四甲苯、D-樟脑、萘、十四烷、十九烷、二十烷、二十碳五烯酸甲酯。苗期糯玉米与苗期普通玉米的挥发物种类和丰度都没有明显差异；苗期甜玉米与苗期普通玉米的挥发物种类也没有明显差异，但甜玉米挥发物组分中壬醛及十四烷显著高于普通玉米及糯玉米（$P<0.05$）。进一步通过笼罩选择性行为试验发现，草地贪夜蛾雄虫及雌虫对苗期普通玉米的平均选择率分别为37.0%及35.0%，对苗期糯玉米平均选择率分别为47.0%及48.0%，不论雄虫还是雌虫，二者对两种寄主的选择性没有显著差异（$P>0.05$）；草地贪夜蛾雄虫及雌虫对苗期甜玉米的选择率分别为61.0%及63.0%，对苗期普通玉米的平均选择率分别为20.0%及19.0%，显著低于苗期甜玉米（$P<0.05$）。草地贪夜蛾的行为选择性，可能是受到甜玉米这两种特异挥发物组分吸引，从而导致草地贪夜蛾成虫迁入玉米生境时偏好选择甜玉米，导致甜玉米受草地贪夜蛾幼虫危害较重。研究发现，欧洲玉米螟 Ostrinia nubilalis 偏好选择含叶片可溶性糖浓度高的玉米栖息及产卵，玉米植株中的可溶性糖是否影响草地贪夜蛾的行为选择需要进一步研究。

关键词：草地贪夜蛾；成虫；甜玉米；糯玉米；GC-MS；寄主挥发物

---

* 基金项目：湖北省农业科技创新行动项目（NYKJ2019011）
** 第一作者：常向前，副研究员，主要研究方向危害虫综合防控；E-mail：whcxq2013@163.com
*** 通信作者：吕亮，副研究员，主要研究方向危害虫综合防控；E-mail：lvlianghbaas@126.com

柠檬香桃木精油及其活性成分对瓜实蝇的毒杀活性[*]

张一帆[**], 刘 欢[***]

(河南科技大学园艺与植物保护学院, 洛阳 471000)

摘 要: 瓜实蝇是一种严重危害葫芦科和茄科植物的检疫性有害生物, 因其分布范围广、产卵隐蔽、繁殖能力强和扩散速度快, 使其难以有效防治。化学药剂防控是目前防控瓜实蝇主要措施, 但长期药剂喷施会导致农作物农药残留, 并导致瓜实蝇产生抗药性, 因此急需开发安全、绿色、高效的防治措施。植物精油是一种分子量较小且可随植物体内水分蒸腾而挥发出的油状液体。植物精油含有许多驱虫抗菌活性物质, 对害虫和致病菌的生物活性高, 极易挥发降解, 对环境友好。因此, 本研究采用胃毒法和药膜触杀法, 分别测定了百里香精油、牡丹花精油、生姜精油、艾草精油、柠檬桉精油、柠檬香桃木精油、柠檬香茅草精油、柠檬薄荷精油、广藿香精油9种植物精油对瓜实蝇成虫的毒杀活性。结果表明, 柠檬香桃木精油对瓜实蝇成虫的胃毒和触杀活性最强。GC-MS证实柠檬醛是柠檬香桃木精油含量最高的物质, 占比高达83.01%。最后, 采用胃毒法和药膜触杀法测定了柠檬醛对瓜实蝇的毒杀活性, 结果表明柠檬醛对瓜实蝇具有显著的胃毒活性, 但没有明显的触杀活性。本研究为开发柠檬醛作为瓜实蝇新型防控药剂奠定了理论基础, 但柠檬香桃木精油中对瓜实蝇具有触杀活性的成分有待进一步研究。

关键词: 瓜实蝇; 植物精油; 柠檬醛; 胃毒法; 药膜触杀法

---

[*] 基金项目: 国家自然科学基金项目 (32372529, 32001916); 河南省优秀青年科学基金项目 (252300421152); 河南省高校科技创新人才项目 (24HASTIT054); 河南科技大学青年骨干教师培养计划项目 (13450011)

[**] 第一作者: 张一帆, 硕士研究生, 从事农业昆虫与害虫防治研究; E-mail:1575338284@qq.com

[***] 通信作者: 刘欢, 副教授, 主要从事农业昆虫与害虫防治研究; E-mail:liuhuan@haust.edu.cn

教改论文

文介巧婆

新农科建设背景下农业昆虫学课程思政教学设计探索与实践[*]

彭英传[1][**]，魏洪义[1]，徐昭焕[1]，王广利[1]，陈丽慧[1]，马　龙[2]，张万娜[1]

（1. 江西农业大学农学院，南昌　330045；
2. 江西科技师范大学生命科学学院，南昌　330045）

摘　要：新农科建设着力于输送大量高素质新型农业人才，为巩固脱贫攻坚成果和乡村振兴，建设美丽中国提供坚实保障。涉农高校在新农科建设背景下，就如何培养新时代知农爱农的新型农业人才在不断探索。课程思政是实现立德树人的重要途径，也是将知识传授、价值塑造和能力培养三者有机统一的重要途径，对于提升育人质量具有重要作用。因此，农业昆虫学教学团队结合课程知识，从中提炼所蕴含的思政元素；完善了人才培养中的五育融合教学目标；提出了课程思政教学设计思路；丰富了课程思政教学活动和内容设计；健全了课程思政教学评价设计，取得了较好的育人成效。

关键词：农业昆虫学；课程思政；新农科；三全育人；教学设计

Exploration of Ideological and Political Teaching Design for Agricultural Entomology Under the Background of New Agricultural Science Construction

Peng Yingchuan[1][**], Wei Hongyi[1], Xu Zhaohuan[1], Wang Guangli[1],
Chen Lihui[1], Ma Long[2], Zhang Wanna[1]

（1. *College of Agronomy*，*Jiangxi Agricultural University*，*Nanchang* 330045，*China*；
2. *College of Life Sciences*，*Jiangxi Science & Technology Normal University*，*Nanchang* 330045，*China*）

Abstract：The construction of the new agricultural sciences focuses on sending a large number of high-quality new agricultural talents to provide a solid guarantee for consolidating the results of poverty alleviation, rural revitalization and building a beautiful China. In the context of the construction of new agricultural sciences, agricultural colleges and universities are constantly exploring how to cultivate new agricultural talents who know and love agriculture in the new era. Curriculum ideology and politics is an important way to realize morality, and it is also an important way to organically unify the three aspects of knowledge imparting, value shaping and ability training. It plays an important role in improving the quality of education. Therefore, the agricultural entomology teaching team combines curriculum knowledge to extract the ideological and political elements contained therein; perfects the educating five domains simultaneously in

---

[*] 基金项目：江西农业大学教学改革研究课题：新农科背景下《农业昆虫学》课程思政与耕读教育协同育人的探索与实践（2023B2SZ02）；植物保护——国家一流专业建设点项目

[**] 第一作者：彭英传，副教授，主要从事昆虫学教学科研工作；E-mail:ycpeng@jxau.edu.cn

the training of talents; proposes curriculum ideological and political teaching design ideas; enriches curriculum ideological and political teaching activities and content design; perfected the curriculum ideological and political teaching design; initially achieved better curriculum ideological and political effects.

Key words: agricultural entomology; curriculum ideology and politics; new agricultural science; three all-round education; teaching design

党的十八大报告提出把"立德树人"作为教育的根本任务。习近平总书记在全国高校思想政治工作座谈会上指出:"要用好课堂教学这个主渠道,思想政治理论课要坚持在改进中加强,提升思想政治教育亲和力和针对性,满足学生成长发展需求和期待,其他各门课都要守好一段渠、种好责任田,使各类课程与思想政治理论课同向同行,形成协同效应"(吴晶等,2016)2020年,教育部印发纲要,指出应通过课程思政将思想政治教育融入课堂教学是实现立德树人的重要途径,高等教育不仅要传授专业知识和实践技能,还要融入社会主义核心价值观,培养学生树立正确的世界观、人生观、价值观、荣辱观,加强课程思政建设,提升三全育人的质量(中华人民共和国教育部,2020)。农业昆虫学是研究农业害虫的发生、发展、消长规律及防治措施的一门科学,培养学生解决农业病虫害实际问题的能力和创新意识,理论联系实际分析和解决生产中遇到的有关害虫防治问题的能力,以及运用相关知识从事植物保护工作和开展科学研究的能力。随着国家现代化和农业农村现代化快速发展进程,高等农林教育也面临着新的使命和要求。2019年6月28日,全国涉农高校共同发布了"安吉共识——中国新农科建设宣言",明确高等农林教育需要加快新农科建设,旨在培养适应现代农业发展需求的高素质复合型人才,为保障国家粮食安全和生态安全,为促进人与自然和谐共处,建设美丽乡村中国样板作出历史性的新贡献(中华人民共和国教育部,2019)。新农科建设不仅要求农业学科在技术创新和产业应用上有所突破,还强调在人才培养中融入生态文明、社会责任和科学精神等价值观教育。

农业昆虫学服务于我国农业发展,作为农业科学的重要分支,研究农业害虫的发生规律及其防治技术,在保障国家粮食安全、食品安全、生态安全、"三农"需求和农业可持续发展中具有重要的实践价值(洪晓月,2017)。在新农科建设背景下,农业昆虫学课程不仅要传授专业知识,还需通过课程思政建设,培养学生的家国情怀、科学精神和生态意识,使其成为兼具专业能力和社会责任感的新时代农业人才。农业昆虫学课程知识为培养新时代知农、爱农的新型农业人才提供理论支撑,为巩固脱贫攻坚成果和乡村振兴注入一支服务于大地的专业植保人才队伍。同时,课程在全球气候变化以及世界格局不断变化的大环境中,在农业害虫防治的全球协作以及保护生物多样性等国际关注中提升学生的全球植保视野,培育具有国际化水准的新型研究人才。因此,农业昆虫学课程教学中蕴含着大量思政元素,体现的科学精神和生态理念是思想政治教育目标实现的重要载体,也是马克思主义哲学理论和习近平新时代中国特色社会主义思想的重要来源。面对新农科的建设要求,江西农业大学农业昆虫与害虫防治教学团队就如何实现农业昆虫学课程专业知识技能传授和价值引领的双重目标在不懈努力和探索。

1 新农科建设背景下农业昆虫学课程思政的重要意义

1.1 顺应新时代三全育人的培养目标

在社会主义现代化建设的新时代新形势下，高等教育必须始终坚持把立德树人作为根本任务，实现全员全过程全方位育人。三全育人顺应我国经济社会发展的潮流，致力于培养具有健全人格和全面素质的时代新人，其根本目标归根结底在于将思想道德教育和专业技能教学相互融合，贯穿于教育教学全过程和学生成长全过程，要求各级教育力量采用多种教学方式，整合优势资源，全方位结合，多头并进，形成全领域、全时空、全要素、可持续的育人机制，构建德智体美劳全面发展的教育体系，全员全过程全方位地培养能够肩负中华民族伟大复兴的新时代接班人。

1.2 满足新农科建设的人才培养目标

新农科建设背景下，高等农林教育需要面对新农业、新农村、新农民、新生态，着力于高素质农业人才培养和农业科技成果转化，在巩固脱贫攻坚成果，乡村振兴，生态文明和美丽中国建设的进程中具有重要作用（吕杰，2019）。在新农科建设理念下，高等农林教育需要在结合传统教学重抓专业知识和实践技能的基础上，通过教育教学改革，适应现代农业产业转型下新产业、新业态发展的需要，培养能够肩负乡村振兴发展和生态文明建设的新型农业人才。

1.3 实现农业昆虫学课程的德育目标

农业昆虫学服务于我国农业产业，在保障粮食安全、食品安全中发挥了重要作用。随着新时代人民生活需求的提高和现代农业产业的快速发展，课程教学需要融入三全育人的思想和新农科建设理念，打造一支懂农业、爱农村、爱农民的乡村振兴人才队伍。另外，课程在高等教育全球化、现代信息技术普及化的推动下，在农业害虫防治的全球协作以及保护生物多样性等国际关注中提升学生的国际视野，培育具有国际化水准的新型研究人才。

2 农业昆虫学课程思政教学设计思路

2.1 强化课程思政主体地位

在大思政格局下，提升专业课教师思想政治素质，通过师德标兵、教学名师的言传身教和观摩教学等活动，以及执行青年助教导师制度，促进教研能力提升的同时，着重培养青年教师的思政课程素质，拓宽课程视野；对教师进行课程思政和师德师风建设方面的培训，提升教师课程思政的意识和三全育人的教育理念。

2.2 强化课程思政教学设计

重视课程思政的教学设计，从专业课程教学内容中充分挖掘思政元素。洞察学生专业实践和学科发展所蕴含的思政价值与意义，在教学方式、教学内容、教学方案、教学理念上，找准连接点，创建系统前沿的课程知识框架体系，拓展教学内容深度和广度，充分发掘专业知识传授以及技能培养与思政元素之间的内在联系，实现思政教育效果的最大化。

2.3 丰富课程思政育人手段

在信息技术高速发展的今天，课程思政建设要拓宽教学手段，结合时下热点事件、时政新闻等，培养学生具有正确分辨社会现象、掌握社会发展规律的能力，通过新媒体、虚拟现实等信息技术或线上线下混合式课堂、翻转课堂等教学模式，将学生的关注点和兴趣点聚焦于正能量的传播，引导学生树立正确价值观、人生观，有效推进课程思政教育融合，有效推动思政教学活动开展。

2.4 健全教学育人相结合的科学评价体系

学生层面，实施课程全过程—非标准化—非唯一答案式的评价模式。推行全过程学业评价，将专业知识技能考核与个人综合素质考查有机结合，完善课程思政评价体系。教师层面，充分考虑教师是否具有育人理念并将其融入教学实践，将其作为仅次于师德师风的第二标准，让教师在教学实践中以育人为主，让科研与教学共同服务于育人。

3 农业昆虫学课程思政教学设计

3.1 课程教学目标的设计

新农科建设背景下，高等农林教育融入课程思政的教学目标是适应三全育人的重要教学改革途径之一。农业昆虫学的课程教学目标在五育融合的基础上，重点关注专业教育目标、育德价值目标和劳动教育目标。

(1) 专业教育目标：在新农科建设背景下，农业昆虫学的专业教育目标聚焦于培养具备扎实理论基础与创新实践能力的复合型人才。课程通过系统讲授农业昆虫学的基本概念、基本原理、基本理论、基本操作技能以及农业害虫的生物学特性、发生规律及综合防治技术，使学生掌握害虫监测预警、绿色防控（如天敌利用、生物农药）等核心技能，并融入智慧农业技术（如 AI 虫情监测、大数据分析）的前沿应用，提升学生解决复杂农业问题的能力。同时，结合乡村振兴与"双碳"目标，引导学生探索生态农业模式（如立体化种养系统、农林复合系统）的构建，推动农业生产低碳化、智能化转型。培养能够适应现代农业发展需求，兼具科学素养与技术转化能力的专业人才，为保障粮食安全与农业可持续发展提供支撑。

(2) 育德价值目标：课程育德价值目标旨在通过专业知识与思政元素的深度融合，塑造学生的家国情怀、科学精神与生态伦理。农业昆虫学以粮食安全、生态文明等国家战略为导向，通过案例分析（如草地贪夜蛾跨境防控）强化"人类命运共同体"意识；通过科学家事迹（如袁隆平、康乐院士）弘扬严谨治学、报国为民的科研精神；通过绿色防控技术实践传递"绿水青山就是金山银山"的生态理念；结合转基因技术伦理、农药合理使用等议题，引导学生辩证思考科技发展与伦理责任的平衡，培养其社会责任感和科学决策能力。最终实现知识传授与价值观引领的同频共振，助力学生成长为德才兼备的新农人。

(3) 劳动教育目标：劳动教育目标强调通过实践体验强化学生的劳动技能与服务意识。农业昆虫学课程设计害虫田间调查、标本采集、天敌昆虫繁育等实践环节，让学生亲历农业生产的真实场景，掌握劳动工具使用与团队协作能力；组织学生参与基层农技推广（如助农培训、科普宣传），培养"脚沾泥土、心系'三农'"的奉献精神；

结合"耕读教育",在实验基地开展绿色防控技术应用(如生态诱捕、阻隔防虫),使学生理解劳动创造价值的深刻内涵。通过劳动教育与专业教育的有机融合,引导学生树立尊重劳动、崇尚技能的观念,增强其扎根农村、服务乡村振兴的使命感,实现"知行合一"的育人目标。

3.2 课程思政教学活动和内容设计

课程思政教学的本质是立德树人,在课堂教学中,注重传道授业解惑的同时,需要润物细无声地将思政元素有机地融入映射到课程知识中,实现专业知识和思政课程的同向同行,实现将知识传授、价值塑造和能力培养三者有机统一的立体化协同育人模式。在实际教学中,还需要探索并构建多元化的授课形式,聚焦课程建设,通过丰富的教学活动,改进教学方法,将社会主义核心价值观、生态文明建设、科学素养与科学家精神、人类命运共同体意识等思政元素有机地同课程固有知识衔接起来,促进学生全面发展,实现多方位全面协同育人(表1)。

表1 农业昆虫学课程中的思政要素和教学设计表

授课要点	思政映射与融入点	思政元素	授课形式与教学方法	预期成效
农业害虫发生现状	分析农业害虫对粮食产量的影响,强调粮食安全对国民经济生活和国家安全的重要意义	社会主义核心价值观	分组讨论我国不同作物上农业害虫的发生现状及其对国民经济的影响	培养学生守护国家粮食安全的使命感和责任感,增强对农业生产的责任意识
农业害虫发生现状	结合联合国"国际植物健康日"的设立背景,强调生物多样性保护和生态文明建设的全球意义	人类命运共同体意识;生态文明建设	讲解"国际植物健康日"的历史背景,组织学生讨论其在全球农业可持续发展中的作用	增强学生的生态保护意识,树立农业可持续发展的责任感
农业昆虫学的发展历史和成就	宣传杨惟义教授"三耕"治螟虫的贡献,展现科学家严谨治学的精神和科研报国的情怀	科学素养与科学家精神	解读杨惟义教授的科研事迹,分析其对我国昆虫学发展的深远影响	强化学生的科研严谨性,培养"顶天立地"的科学家精神
农业昆虫学的发展历史和成就	介绍学校昆虫标本馆与植物保护领域的协同发展历程,展现学科历史与文化传承	科学素养与科学家精神	观看昆虫标本馆VR视频,回顾其创立过程及历史人物的贡献	增强学生对学科历史的认同感,激发学习热情,培养爱国情怀
害虫调查与预测预报	科普物联网害虫监测系统(如AI识别虫情测报灯)等应用,阐释数字化技术对传统农业的革新意义	科学素养与科学家精神	模拟操作智慧农业平台,实时分析害虫数据并生成防治决策	培养学生数字化思维,理解农业现代化与国家高质量发展的内在联系

(续表)

授课要点	思政映射与融入点	思政元素	授课形式与教学方法	预期成效
害虫综合治理	结合国家科技奖项获奖事例,阐释害虫综合治理技术在农业生产中的实际价值	科学素养与科学家精神	观看国家科技奖颁奖视频,讨论科技成果在农业生产中的应用	引导学生认识理论与实践结合的重要性,提升科技转化为生产力的意识
	宣传马铃薯甲虫、美国白蛾等检疫性有害生物的防治案例,强调国门安全和粮食安全的重要性	人类命运共同体意识;社会主义核心价值观	讲授重大入侵生物的扩散案例,组织讨论植物检疫与国际合作的关系	增强学生的国门安全意识,树立全球植物保护命运共同体的观念
	从国家"双减"政策到"绿水青山就是金山银山"理念,探讨生态安全与粮食安全的辩证关系	生态文明建设	解读"双减"政策的内涵及其对农业可持续发展的意义	强化学生辩证思维,树立粮食质量安全和生态安全的双重意识
	辩证分析化学农药的作用,融入生态安全、健康安全与食品安全的理念	科学素养与科学家精神;生态文明建设	讨论化学防治的利弊,探讨如何协调化学防治与绿色防控技术的关系	引导学生形成辩证思维,理解"既吃得饱又吃得好"的内涵
地下害虫	利用张友军研究员团队"日晒高温覆膜法防韭蛆"获国家科技进步奖的案例,展现绿色防控技术的创新价值	生态文明建设	解读该技术的原理及其在绿色防控中的应用潜力	树立学生的创新意识,深刻理解"绿水青山就是金山银山"的理念
水稻害虫	结合中国稻作文化历史,稻作遗迹的具体发现或考古成果,弘扬中华农耕文明的智慧与精神	社会主义核心价值观	解读稻作文化遗迹及杂交水稻育种史,组织学生讨论如何减少粮食浪费以及稻作文化对现代农业技术发展的启示	培养学生爱粮节粮意识,传承领悟中华民族的稻作文化的智慧精髓及农耕文明的精神内涵
	宣传袁隆平院士的水稻杂交育种故事,展现科学创新对粮食安全的重要意义	社会主义核心价值观;科学素养与科学家精神	观看杂交水稻历史视频,讨论粮食浪费现象及其社会影响	引导学生感受艰苦的育种历程,增强节约粮食的社会责任感
小麦害虫	宣传周尧等科学家在小麦吸浆虫防治中的贡献,体现农业科研服务社会的精神	科学素养与科学家精神	解读小麦吸浆虫的历史及防治事迹,讨论科研成果如何解决实际问题	培养学生"将论文写在大地上"的科研精神,增强服务社会的意识

(续表)

授课要点	思政映射与融入点	思政元素	授课形式与教学方法	预期成效
棉花害虫	讲述转基因棉花的发展历程，展现生物技术对农业生产的推动作用	科学素养与科学家精神	解读 Bt 棉花的开发历程，分析其在棉花生产中的实际效果，解读吴孔明院士团队 Science 论文，讨论转基因技术的社会影响与伦理问题	培养学生的科学创新精神，树立对新技术应用的合理认知，增强对农业科技进步的责任感
杂粮害虫	从草地贪夜蛾和沙漠蝗等全球入侵事件，探讨全球化背景下的害虫治理与国际合作	人类命运共同体意识；生态文明建设	讲授全球化背景下害虫治理的案例分析，讨论气候变化与生物多样性变化驱动力以及入侵物种与全球害虫治理协作	培养学生的国际视野，树立保护自然生态的理念，增强投身全球生态安全建设的责任感
杂粮害虫	讲述马世骏至康乐等几代昆虫学家的治蝗贡献，展现中国科学家在害虫综合治理中的努力	科学素养与科学家精神	讲授蝗虫聚集信息素 4VA 的发现及其应用价值，讨论生态调控在害虫防控中的作用	引导学生形成科研意识，增强生物多样性保护与生态调控的重要性认知
油料害虫	结合我国大豆进口依赖现状，强调粮食自给自足与自主创新的重要性	社会主义核心价值观	解析我国主要粮食进出口数据，讨论粮食安全面临的现实挑战	增强学生对粮食安全的认知，树立节约资源与创新发展的意识
蔬菜害虫	利用刘树生、张友军等研究员破解"超级害虫"——烟粉虱扩张及其广泛寄主适应性机制的案例，展现科研探索的奥秘	科学素养与科学家精神	解析烟粉虱的入侵机制，Cell 论文解读并讨论烟粉虱寄主广泛适应的可能机制	激发学生的科研兴趣，培养细致入微的科学思维
蔬菜害虫	介绍陈学新教授优势天敌昆虫控制蔬菜重大害虫的相关技术获国家科技进步奖的案例，探讨绿色防控对农业生态的意义	科学素养与科学家精神；生态文明建设	讨论天敌控害功能的优势与挑战，模拟绿色防控技术在实际生产中的应用场景	引导学生理解绿色防控技术对生态安全和农业可持续发展的重要性
果树害虫	以"蛆柑事件"为例，探讨专业知识在突发事件中的科普价值与社会责任	社会主义核心价值观；科学素养与科学家精神	分析柑橘大实蝇事件的背景及科学治理方案，讨论如何利用专业知识进行科普，模拟危机事件中的应对方案	提升学生的科普能力和社会责任感，学会用专业知识服务社会

3.3 课程思政教学评价体系设计

实施课程全过程-多元化-形式多样化的评价模式。推行全过程学业评价，将课堂讨论、平时作业、在线个人测试、课堂测试和在线互动均计入总成绩，跟踪课前-课中-课后学习效果；实施多元化综合能力测评，在个人知识技能考核的基础上，农业昆虫学实践课程中通过小组讨论、合作、分组实验形式，对学生的动手能力、团队合作、互帮互助精神进行综合考量；丰富多样化考核形式，通过构建线上线下混合式课堂，采取随机课堂提问、讨论、辩论，以及在线测试、互评、互动等多种方式进行评价，实施多角度多维度立体化综合评价模式，健全教学育人相结合的科学评价体系。为了激发教师课程思政教学动力，师德业务考核中，充分考虑教师是否具有育人理念并将其融入教学实践，并将其作为仅次于师德师风的第二标准，让教师在教学实践中以育人为主，让科研与教学共同服务于育人。

3.4 课程思政教学效果

课程层面，将思想政治教育的原则、要求和内容与课程设计、教材开发、课程实施、课程评价等有机结合起来，初步形成具有课堂实践价值的农业昆虫学思政课程体系。教学团队成员在相关的课程群建设中，广泛吸纳运用吸纳思政元素，参与立项建设国家级一流课程和省级精品课程；通过超星学习通构建在线学习课程，将思政元素贯穿课前、课中和课后。

教师层面，提升专业课教师对课程思政的认知，消除思想误区，激发专业课教师教学主动性，以"乐教"的态度开展课程思政，使专业课教师在开展思想政治教育的时候胜任、善任、乐教、善教。团队成员通过总结思政教育成果，获得了多项省级和校级教学成果奖；在相关教学竞赛中获得全国高校教师教学创新大赛一等奖等多个奖项；组建了江西省高水平本科教学团队。

学生层面，引导学生形成正确的世界观、人生观、价值观，形成健康的专业伦理和科学的信仰，良好的行为习惯，培养学生解决农业病虫害实际问题的能力和创新意识，培养出符合新时代要求的具有国际化视野的知农爱农的新型植保人才。专业学生的综合素质明显提升，在创新创业训练中获得相关国家级和省级大学生创新创业训练计划项目立项；参与"互联网+"大学生创新创业大赛以及"挑战杯"大学生创业计划竞赛获得国家级和省级奖项；在专业领域技能竞赛中获得全国大学生植物保护能力大赛团体一等奖和个人特等奖等多个奖项，在第四届全国大学生植物保护专业能力大赛中，本学科推荐参赛的9个项目全部获奖，其中特等奖2项、一等奖2项、二等奖3项、三等奖2项，同时荣获团体一等奖1个，学校获评优秀组织奖。

4 农业昆虫学课程思政教学设计的挑战与对策

农业昆虫学课程思政教学设计的首要挑战在于如何将思政元素与专业知识有机融合。农业昆虫学作为一门科学性强、技术性高的课程，涉及的内容如害虫防治、生态保护和农业可持续发展等，往往注重技术细节和实践应用，如何将这些内容与思政教育的价值观引领相融合具有一定挑战性。教师在教学设计中需要深入挖掘课程中的思政映射点，通过课程设计将社会主义核心价值观、生态文明、粮食安全、科学家精神等思想政治内容有效嵌入进专业教学中,例如通过害虫防治案例探讨粮食安全的重要性,或通过科学家事迹弘扬科研报国精神。然而,这种融合并非易事,稍有不慎可能导致思政元素的生硬植入,影响教学效果。因此,教师需要具备较高的思政教学能力,能够将思政元素有机融入专业知识中,使其自然而不突兀。

针对上述挑战,可以从教师培训、教学资源开发、丰富教学方法和评价体系创新多个方面提出对策。第一,高校应加强对农业昆虫学教师的思政教学能力培训,帮助其掌握课程思政的设计理念和实施方法。第二,开发优质的教学资源,如结合农业昆虫学知识的思政案例库、视频资料等,为教师提供丰富的教学素材。第三,教学方法上应注重互动性和实践性,采用项目式学习和案例教学法,鼓励学生在小组讨论、现场调研等活动中培养团队合作精神和社会责任感。第四,要建立多维度的评价体系,将学生在实际问题中运用所学知识的能力、参与社会服务的主动性以及对生态文明建设的理解作为考核的重要内容,从而更全面地推动思政教育与专业知识的深度融合。通过这些措施,可以有效提升农业昆虫学课程思政的教学质量,实现知识传授与价值观引领的双重目标。

5　结论

乡村振兴是美丽中国建设的重要实施途径之一,涉农高校是新时代农林教育培养高质量农林人才的前沿阵地,随着新农科建设的逐步启动,农学类专业建设的质量也在不断提高,为培育符合新时代需求的农林人才,为巩固脱贫攻坚成果和乡村振兴提供了坚实保障。农业昆虫学课程建设也在新的要求下不断探索,在五育融合的课程目标中,结合专业知识传授和价值引领双重理念,课程思政融入"三农"情怀、爱国情怀、社会责任等要素,对培育新型农业人才厚植爱农情怀,练就兴农本领,助推新农科建设具有重要意义。

参考文献

中华人民共和国教育部,2019. 安吉共识:中国新农科建设宣言［J］. 中国农业教育,20(3),105-106.

中华人民共和国教育部,2020. 教育部印发纲要加强高校课程思政建设［J］. 中国农业教育,21(3):23.

吕杰,2019. 新农科建设背景下地方农业高校教育改革探索［J］. 高等农业教育,2:3-8.

洪晓月,2017. 农业昆虫学［M］. 3版. 北京:中国农业出版社.

吴晶,胡浩,2016. 习近平在全国高校思想政治工作会议上强调把思想政治工作贯穿教育教学全过程开创我国高等教育事业发展新局面［J］. 中国高等教育,24:5-7.

3D打印与虚拟仿真技术赋能初中生物学教学：以昆虫为例[*]

雷雄雄[1,3][**]，曹 怡[2]，周 琼[1,2][***]

(1. 湖南师范大学教育科学学院，长沙 410006；2. 湖南师范大学生命科学学院，长沙 410006；3. 甘肃省天水市逸夫实验中学，天水 741018)

摘 要：针对初中生物学昆虫实验教学中存在的问题，以蝗虫为例，将3D打印技术、数字化辅助教学与昆虫实验相结合，应用具身认知理论与混合式学习模型，引导学生通过触摸模型、对比辨析、虚拟操作等多维交互，建立"结构与功能相适应"的生命观念，培养学生的科学思维与探究能力，树立生态安全的责任意识。通过探索数智化时代昆虫教学的创新模式，为初中生物学教学实践和改革提供参考。

关键词：3D打印技术；虚拟仿真；初中生物学教学；具身认知；核心素养

3D Printing and Virtual Simulation Technologies Empowering Junior High School Biology Teaching: A Case Study on Insects

Lei Xiongxiong[1,3][**], Cao Yi[2], Zhou Qiong[1,2][***]

(1. School of Education Sciences of Hunan Normal University, Changsha 410006, China;
2. School of Life Sciences of Hunan Normal University, Changsha 410006, China;
3. Tianshui YiFu experimental Middle School of Gansu Province, Tianshui 741018, China)

Abstract: Aiming at the challenges in experimental teaching of insects in junior high school biology, this study uses locusts as a case to integrate 3D printing technology and digital-assisted teaching technology in experimental teaching of insects. Guided by the theory of embodied cognition and a blended learning model, students engage in multi-dimensional interactions, such as model-touching, comparative analysis, and virtual operations, to establish the biological concept of structure-function adaptation, cultivate scientific thinking and inquiry abilities, and foster a sense of responsibility for ecological security. By exploring innovative models for insect teaching in the era of digital intelligence, this research provides a reference for the practice and reform of biology teaching in junior high school.

Key words: 3D printing technology; virtual simulation; junior high school biology teaching; embodied cognition; core competencies

---

[*] 基金项目：湖南省学位与研究生教学改革项目（2023JGYB109）；甘肃省教育科学"十四五"规划课题（GS〔2024〕GHB1197）

[**] 第一作者：雷雄雄，博士生，主要从事生物学教学相关研究；E-mail: leixx12@lzu.edu.cn

[***] 通信作者：周琼，教授，主要从事昆虫学科研和相关教学研究；E-mail: zhoujoan@hunnu.edu.cn

昆虫作为初中生物学教材中生物多样性与生命活动规律的重要载体，其形态结构的复杂性、发育过程的周期性及行为机制的独特性，对传统教学中观察实验的直观性和探究性提出了挑战。2025年中共中央、国务院印发的《教育强国建设规划纲要（2024—2035年）》明确要求以教育数字化开辟发展新赛道、塑造发展新优势，促进人工智能助力教育变革。2017年国务院印发的《新一代人工智能发展规划》指出，"加快3D打印、STEAM、机器人、编程等全民智能素质教育项目进入中小学课堂的进度"。3D打印技术、虚拟仿真工具及数据分析平台等信息技术的深度融合，为初中生物学中昆虫相关知识的教学提供了新路径。本文基于具身认知理论与混合式学习模型，以初中生物学教材中涉及昆虫的案例为基础，探讨如何将3D打印技术、数字化辅助教学与昆虫学实验相结合，构建"技术赋能—认知具身—素养发展"的教学体系，探索数智化时代生物学教学的创新模式。

1 初中生物学昆虫实验教学中存在的问题

昆虫属于节肢动物门昆虫纲，是自然界种类最多、数量最大、分布最广的动物类群，约占全球生物种类的一半，在生物多样性中占有十分重要的地位（彩万志等，2011）。初中生物学教材昆虫元素多，尤其对昆虫的外部形态、变态发育、社会行为及信息交流等做了重点介绍，昆虫与人类关系非常密切，是中学生比较感兴趣和熟悉的动物，也是科学探究的好材料。

传统教学通常借助 PPT，利用挂图、昆虫实物或标本进行教学，可以取得较好的教学效果。但仍存在一些问题：①昆虫活体实物受季节影响，且个体较小，不便观察细节；②少部分学生对昆虫实物有畏惧感、本能地厌恶，恐惧昆虫、不愿触碰；③实验室标本部分陈旧，存在褪色、霉变、外观失水干瘪、畸形、虫蛀、附肢（特别是触角和足）损坏缺失等情况，学生即使见过标本，在野外依然难以认识实体，影响教学效果（刘珍等，2021）。

2 昆虫数字化、虚拟仿真和3D打印在教育教学中应用的研究进展

2.1 昆虫数字化标本的构建及其教育应用价值

昆虫数字化是借助数码相机、摄像机或3D建模的方法，用图片、视频、动画以及3D模型等方式全方位展现昆虫的特征（李芬等，2021）。数字化昆虫标本具有以下特点：制作工序简便、图像清晰、类型丰富、多维度展示、方便查阅、节约存放空间、可长期保存、容易携带、可重复、可共享、不受季节和区域的限制、避免过度采集等（杨和平等，2015）。

昆虫数字化标本解决了昆虫实物标本长久保存失色、失真，关键识别特征变得模糊甚至缺失，与空气接触易受潮霉变等问题。蚊、粉虱、蚜虫、蓟马等小型昆虫或昆虫幼虫，由于体型微小或身体柔软，难以制作成针插标本，而浸制标本褪色严重。如果通过拍摄制作成数字化标本，展现这类昆虫的形态特征，可以达到预期效果（梁亚萍等，2024）。

昆虫数字化博物馆中的昆虫展厅、昆虫知识集锦、中小学生互动竞赛、教育游戏等

板块可随时随地参观展览，不受时空限制；昆虫三维立体模型展示标本可360°任意拖拽，能满足中小学生的求知欲和自主探索欲（杨红珍等，2007），能激发学习兴趣，不仅方便学生获取知识，而且丰富了教学手段。利用数字化教学手段，建立昆虫信息数字化模型，可以实现对昆虫信息的高效保存（邵世磊和周国民，2007）。

建立昆虫标本数据库管理系统，实现标本信息的录入、修改、统计、快速查询与比对，实现高效检索，方便学生自主探索学习。结合3D数字模型，通过网络教学交流平台和网络教学资源库，实现标本数字化共享、物种识别（Yuanyi Gao et al., 2024），方便学生学习交流，分享经验。

2.2 虚拟现实技术在昆虫教学中的沉浸式学习应用

虚拟现实（virtual reality，简称VR）是一种可以创建和体验虚拟世界的计算机仿真系统（周立和虞宁涛，2017），用户在仿真的虚拟环境中拥有视觉、听觉、触觉等多方位、多感官体验，通过与虚拟世界中的各种对象进行交互性操作，获得身临其境的"真实"体验，用户沉浸到该环境中，可以无限制地观察三维空间内的事物（郭巍，2010）。沉浸式体验将被动学习、接收信息转变成主动探索，主动学习，成为一种科普教育传播的新渠道。例如，上海自然博物馆昆虫主题的教育活动十分丰富，受众人群基本覆盖了各个学龄段，观众戴上设备后，可观看毛毛虫变蝴蝶的昆虫成长日记，以及观察、体验昆虫世界正在发生的其他有趣故事（周佳卉等，2019）。

增强现实（augmented reality，AR）是虚拟现实的延伸（周立和虞宁涛，2017），是将计算机生成的声音、图像、视频、三维模型等虚拟信息模拟仿真后，应用到真实世界中，达到一种视觉增强效果的新技术。这种技术在教育和培训中的重要作用日益凸显。

伴随VR、AR技术的不断成熟和广泛使用，学生可以实现沉浸式学习，在虚拟实验室中完成实验操作，让抽象知识具象化，激发学生自主探究的欲望，通过知识传递形式的变革提升人才培养质量（尚趁，2025）。数字技术驱动学习方式改变，教师角色转换，授课方式转变。教师的主要职能将由"教"转变为"导"，更多地体现在引导方向，通过创设丰富的虚拟教学情景，激发学生获取知识和能力的动机，帮助学生选定适合自身需要的内容。智能教学平台可以依据学生的学习数据精准画像、个性化推送学习任务，有望实现规模化因材施教。

2.3 3D打印技术在昆虫教学中的教具创新与跨学科整合

3D打印是指采用打印头、喷嘴或其他打印技术沉积材料来制造物体的技术，利用三维设计数据在一台设备上可快速而精确地制造出任意复杂形状的零件，从而实现"自由制造"（卢秉恒和李涤尘，2013）。3D打印技术极大方便了可视化立体教具和学具的制作。可打印出任意结构复杂的教学模具。熔融沉积成形技术（FDM）是目前最常见的3D打印技术，技术成熟度高，成本较低，可以进行彩色打印。激光熔融沉积成形用细粉末可打印小到几十微米大到几百微米的精细结构（Zhang et al., 2024），可打印微小型昆虫放大模型或局部细节，将不规则的形状准确呈现出来。《义务教育课程标准（2022版）》重视模型构建，中小学教材中明确建议有条件的学校用3D打印细胞模型。学生通过了解3D打印的基本原理，使用3D设计软件进行简单的模型设计，再经过调试、运行将设计的模型打印出来，最后通过触摸和复原组装进行体验。这一过程必将极大地提升学生的思考、动手能力，给枯燥无味的课程增添乐趣（刘敏和占金青，2024）。

3D One 是适用于中小学的 3D 打印设计软件，符合 8~18 岁学生的教育特点（郑贤，2016），适合中小学的开放思维创意操作，能让没有任何基础的学生在十几分钟内通过"搭积木"堆砌、拖拉、相切等操作方式，将创意表达出来并变成实物，能极大地激发学生学习 3D 打印的兴趣与热情（林旖柔等，2020；曹凤娟，2019）。3D 打印的过程一般分为设计（建模）、分层切片（打印及自带）、打印、后期处理 4 个阶段（汪华，2019）。已有一些适合小学生开展 3D 打印教学的实践案例（汪华，2019；张妮等，2024），如 3D 打印鸡蛋和桃子的分层结构（汪华，2019）。有学者利用数字化三维立体扫描和构图技术，研究了 5 种检疫性昆虫标本的 3D 模型打印方法，为研究昆虫精细高仿真模型打印提供了范例（金光耀等，2020）。

3D 打印技术作为一种革命性的制造技术，能激发学生的学习兴趣，增加课程的趣味性，提高学生的参与度和体验感，培养学生的空间想象能力和动手能力，提升学习效果。还能改变教师的教学方式和学生的学习方式，融合 3D 打印可促生出具有时代感的师生喜闻乐见的教学新模式。如将 3D 打印技术和 STEAM 结合（郑贤，2016；林旖柔等，2020），3D 打印技术和 VR 技术结合（刘敏和占金青，2024）。另外，还可以将 Chat GPT、DeepSeek 等作为个性化教学助手，为学生提供定制化的学习内容，回答与 3D 打印模型相关的问题，增强学习过程中的参与感和主动性，从而提升教学效果和学生的学习体验。

3　3D 打印和虚拟仿真技术在初中生物学教学中的应用

3.1　3D 打印技术重构昆虫形态结构的具身认知路径

传统昆虫形态教学依赖标本观察，存在"微小结构不可见、活体接触有障碍、分类特征平面化"等问题。3D 打印技术通过物理模型的立体化呈现，实现了微观结构的可视化与抽象概念的具象化。

在讲解"蝗虫的呼吸器官是气门，位于腹部两侧"时，教师指导兴趣组学生利用蓝光三维扫描仪获取蝗虫标本的高精度数据（精度±0.05 mm），通过 Blender 软件逆向建模，采用光敏树脂 3D 打印技术制作 1∶5 放大模型，清晰呈现气门、气管、气囊的立体结构。学生对照教材图，在 3D 模型上标记 10 对气门位置。课堂中，学生可通过触摸模型感知气门开闭的联动机制，而传统实验中气门位置隐蔽，学生难以通过肉眼观察其与体内气管的连通关系（季莉丽，2019）。又如"蝗虫的咀嚼式口器适于取食植物叶片"的学习，可分部件打印上唇、上颚、下颚、下唇、舌等咀嚼式口器结构（1∶5 放大），采用不同颜色区分功能区域。学生操作口器模型"啃食"纸片（模拟叶片），观察上颚的切割和磨碎动作以及下颚和口器其他部位的协助功能，理解"咀嚼式口器与啃食植物叶片的适应关系"（李笑和，1999）。

通过上述具象化案例，3D 打印技术将蝗虫的复杂结构转化为可触摸、可操作、可验证的实体模型，使"气门隐藏难见、关节运动抽象、口器微小难辨"等教学难点迎刃而解。学生在与模型的互动中，不仅掌握生物学知识，更发展了空间思维、工程意识与科学探究能力，真正实现具身认知理论指导下的深度学习。

3.2 虚拟仿真技术拓展实验操作

结合 VR 设备进行"蝗虫气门呼吸虚拟实验"，学生通过旋转、放大操作虚拟蝗虫，在 360°立体场景中观察蝗虫，一些在实物观察时需要用放大镜才能看清的结构，如蝗虫的气门、单眼、触角、胫节、跗节等也会清楚地呈现（吴冰芳，2022）。除蝗虫外，蝴蝶、家蚕、蚂蚁、蜜蜂、蜻蜓等昆虫也是典型案例，通过易加学院平台的"虚拟实验室"，借助其强大的 3D 演示功能和高清视频可以清楚地观察到这些昆虫的细微结构。学生可"透视"蜜蜂蛹体，观察内部器官凋亡与新生（https：//shengwu-cz. sipedu. cn/#/console/templates）。在放大的蚂蚁洞穴景观中，学生可以观赏到蚂蚁搬家、繁衍等生命活动。3D 虚拟蚁巢可分层显示卵室、幼虫室、食物储存区，学生拖动视角观察工蚁如何协作搬运食物、清理垃圾，直观理解"不同品级蚂蚁的形态适应"，如兵蚁大颚适合战斗，工蚁口器适合咀嚼（刘玲和刘硕，2024）。在虚拟果蝇实验室中，学生还可以选择亲本性状（如纯合红眼雌蝇×白眼雄蝇），瞬间生成 F_1 代和 F_2 代，自动统计性状比例。

学生在安全、可控的环境下进行练习操作，并且能够随时访问虚拟实验室，可以一遍又一遍地进行实验操作，解决了现实中该实验实际操作困难的教学现状，避免了一些学生怕虫、本能地厌恶和恐惧昆虫，或因惧怕昆虫而抵触实验，以及活体操作的心理障碍等问题。通过虚拟仿真技术将抽象概念转化为可交互、可探究的学习场景，有效提升学生的观察能力、实验设计能力和科学思维。研究表明，在虚拟环境中所取得的学习或训练效果等价于甚至优于在现实环境中所取得的效果（高宇，2015）。

4 案例设计

中学生物学教材中关于昆虫的内容几乎涉及生物学中的各个方面。人教版、北师大版、苏科版、沪教版等多个版本的初中生物学教材，在介绍节肢动物或昆虫时都是以蝗虫为例，其中蝗虫的结构特征，变态发育，以及蝗虫独特的呼吸方式均是重点、难点内容。"昆虫"是七年级下册《生物学》（苏科版）第 5 单元"环境中生物的多样性"第 12 章"空中的生物"的内容。现以蝗虫为例探讨融合数字化技术的教学方式。

4.1 设计思路

通过真实情景，提出相关问题，引导学生逐步认识昆虫，借助技术，推进认知，提升素养。具体设计思路如图 1 所示。

4.2 教学目标

（1）利用 3D 模型，学会观察，可以概述昆虫的主要特征（生命观念）。
（2）通过比对、观察、绘图，能够区别完全和不完全变态发育（科学思维）。
（3）基本能够运用单一变量设计实验（科学探究）。
（4）关注与生物学相关的社会问题，树立责任意识（态度责任）。

4.3 教学过程

课前教师准备：蝗虫生活及蝗灾真实影像（可访问中国科学院上海昆虫数字博物

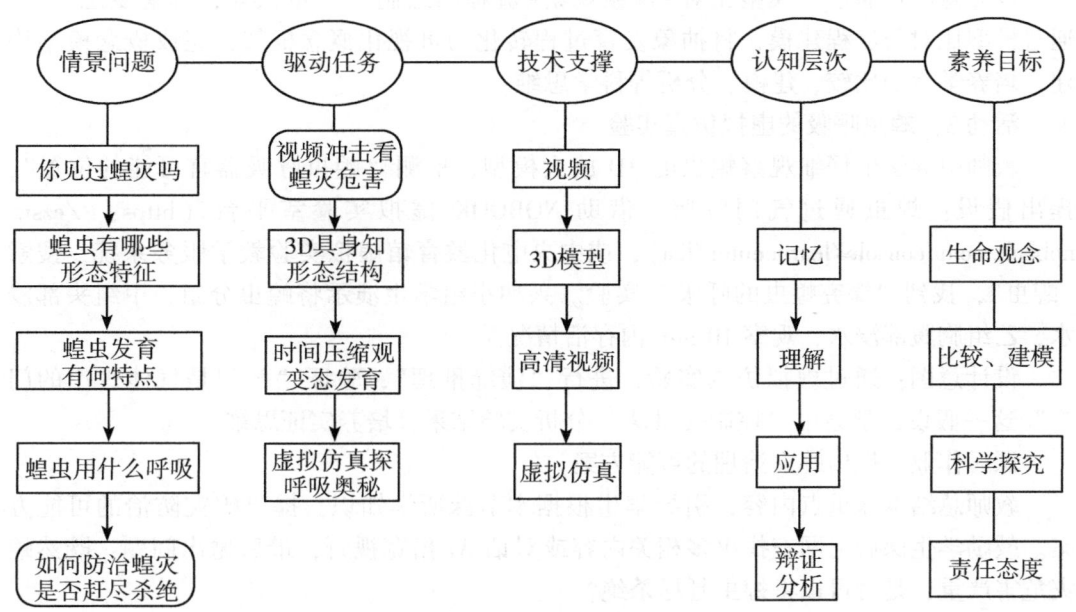

图 1 教学设计思路图

馆），指导兴趣小组学生 3D 打印蝗虫的 1∶5 放大模型，蝗虫不完全变态发育各时期的模型，家蚕变态发育各时期的模型。

导入：播放蝗灾影像及蝗虫的生活，认识蝗虫。

设计意图：通过触目惊心的蝗灾导致农作物严重减产的真实影像激发学生的学习兴趣。进一步因势利导激发学生认识蝗虫的热情，了解蝗虫的主要特征，对蝗虫形成感性认识并引发思考，树立社会责任意识。

活动 1：3D 放大模型与教材中的蝗虫示意图的比对

教师提出问题：蝗虫有哪些主要特征？然后组织引导学生逐步观察蝗虫的身体分部、附肢分节、触角、足、翅的数量、单复眼、口器、气门跳跃足等细微结构。学生通过触摸感知，比对教材中的示意图，提出问题，推断蝗虫的结构特征与功能的关系，以及这种结构对其生存的意义。

设计意图：通过 3D 放大模型具身认知掌握昆虫的主要特征，学生用手触摸感知蝗虫翅、足、胸腹及触角的结构特征，推断其可能的功能；触摸蝗虫体表的软硬，推断外骨骼的作用，初步形成结构与功能相适应的生命观念。

活动 2：昆虫的变态发育

教师组织学生分组活动：①小组内学生自主探索，共同将蝗虫和家蚕的 3D 模型按发育阶段排序；②教师播放蝗虫发育周期延时摄影及家蚕发育动画，学生检查答案完成正确排序；③学生结合模型绘制变态发育对比流程图（生活史），教师请具有代表性的小组分别展示蝗虫和家蚕的发育图（也可投屏展示），然后请学生归纳"完全变态"与"不完全变态"的核心区别。最后让学生分析"变态发育是昆虫适应环境的进化策略"。

设计意图：通过"模型比对-视频观察-流程图绘制"三重认知，理解变态发育。通过模型比对与流程建模，将抽象发育过程转化为可视化概念框架，完成概念模型构建，培养学生的比较、建模、分析等科学思维。

活动3：蝗虫呼吸的虚拟仿真实验

教师引导学生仔细观察蝗虫的 3D 放大模型，推测"蝗虫呼吸器官可能的位置"，提出假设：蝗虫通过气门呼吸。借助 NOBOOK 虚拟实验室平台（https：//czsw.nobook.com/console/learncenter/list），或中央电化教育馆虚拟实验教学服务系统，搜索"蝗虫"，找到"探究蝗虫的呼吸"实验。兴趣小组学生演示将蝗虫分组，甲组头部浸水，乙组胸腹部浸水，观察 10 min 内存活情况。

设计意图：通过虚拟仿真实验，进行"演绎推理"，验证"气门是气体进出的门户"这一假设，学会用"控制变量法"分析实验结果，培养实证思维。

课后作业：提出蝗灾治理的可能方案。

教师总结本课重点内容，引导学生根据本节课所学知识，提出蝗灾防治的可能方案。鼓励学生课后上网查找更多相关内容或对话 AI 拓宽视野，最后抛出问题：既然蝗灾危害严重，是否可以将蝗虫赶尽杀绝？

设计意图：教师通过提出真实性问题（防治蝗灾），引导学生学以致用，充分发挥想象力，同时满足不同层次学生的学习需求。开放性问题，引导学生辩证思考，树立生态环境保护意识和社会责任感。

4.4 教学反思

该案例从"观察现象"（活动 1 的具身触摸）到"建构概念"（活动 2 的模型比对）再到"实验探究"（活动 3 的虚拟验证），形成"感知→理解→应用"的深度学习链条。通过融合数字化技术，有助于核心素养的养成。

5 结语

在教育数字化与学科融合的背景下，恰当使用 3D 打印技术、虚拟仿真工具及时间压缩技术，探索教学新方式。这些技术深度契合具身认知理论与混合式学习模型，学生在触摸模型、对比辨析、虚拟操作的多维体验中，建立起结构与功能相适应的生命观念，训练对比、建模等科学思维，提高探究实践的能力。这种"技术赋能-认知具身-素养发展"以学生为中心的数智化教学方式，不仅为昆虫教学注入了创新动能，而且为初中生物学教学实践和改革提供了有益参考。

参考文献

彩万志，庞雄飞，花保祯，等，2011. 普通昆虫学［M］. 北京：中国农业大学出版社.

曹凤娟，2019. 3D 打印创客教育与小学信息技术教学融合的有效途径探索：以 3D One 软件为例［J］. 中国教育技术装备，(19)：83-85.

高宇，2015. 虚拟现实技术在昆虫学教学中的应用前瞻［J］. 长春大学学报，25 (2)：137-140.

郭巍，2010. 虚拟现实技术特性及应用前景［J］. 信息与电脑（理论版）(10)：29, 31.

国务院.（2017-07-20）国务院印发《新一代人工智能发展规划》［EB/OL］.［2025-04-

12］．http：//www.gov.cn/xinwen/2017-07/20/content_5212064.html．

国务院．（2025-01-19）中共中央、国务院印发《教育强国建设规划纲要（2024—2035年）》［EB/OL］．［2025-04-18］http：//www.moe.gov.cn/jyb_xxgk/moe_1777/moe_1778/202501/t20250119_1176193.html．

季莉丽，2019．基于形态和分子数据的不同飞翔能力蝗虫的比较研究与适应进化［D］．保定：河北大学．

金光耀，薛来震，尹德彩，2020．5种检疫性昆虫标本3D打印研究［J］．安徽农业科学，48（11）：145-152．

李芬，邹游兴，方渝凯，等，2021．数字化技术在昆虫标本制作中的优势［J］．数字技术与应用，39（6）：213-215．

李笑和，1999．博物馆展示中的视觉艺术［J］．中国博物馆（4）：29-33．

梁亚萍，鲁莹，李彦，等，2024．昆虫实验教学标本数字化探索与实践［J］．安徽农学通报，30（6）：128-131．

林旖柔，王朋娇，张帆，2020．STEAM背景下小学3D打印课程教学设计模式构建研究［J］．软件，41（2）：288-293．

刘玲，刘硕，2024．科技融合生态教育在小学科学教学中的应用：以"昆虫旅馆项目式学习"为例［C］//人民教育出版社．第九届中小学数字化教学研讨会论文案例集．北京市西城区志成小学，北京工业大学附属中学，172-175．

刘敏，占金青，2024．基于VR技术和3D打印相结合的机械类课程教学改革探讨：以"机械制造装备设计"为例［J］．教育教学论坛（31）：89-92．

刘珍，姜吉刚，刘良国，2021．绘图在昆虫学相关课程实验教学中的应用［J］．安徽农学通报，27（14）：189-191．

卢秉恒，李涤尘，2013．增材制造（3D打印）技术发展［J］．机械制造与自动化，42（4）：1-4．

尚趁，2025．数字化赋能教育强国建设的四重逻辑：学习习近平总书记在全国教育大会上的重要讲话精神［J］．北京教育（高教）（4）：15-18．

邵世磊，周国民，2007．昆虫信息数字化模型初步研究［J］．安徽农业科学（10）：2848-2850．

汪华，2019．3D打印技术在初中生物学教学中的应用［J］．生物学通报，54（8）：38-40．

吴冰芳，2022．现代信息技术与初中生物学教学深度融合设计：以"昆虫"一节线上教学为例［J］．中学生物教学（22）：41-43．

杨和平，2015．昆虫自动识别系统及网络版昆虫图文检索查询系统的研究［D］．北京：中国农业大学．

杨红珍，沈佐锐，刘芳，等，2007．昆虫数字化博物馆的建设［J］．昆虫知识（3）：440-446．

张妮，章敏，付憧，等，2024．基于逆向工程法培养小学生微创新能力的实践研究：以"3D打印"为例［J］．电化教育研究，45（6）：106-112，120．

郑贤，2016．基于STEAM的小学"3D打印"课程设计与教学实践研究［J］．中国电化教育（8）：82-86．

周佳卉，徐蕾，刘楠，等，2019．虚拟现实技术在科普教育中的应用：以上海自然博物馆昆虫VR系列视频为例［J］．科学教育与博物馆，5（3）：208-213．

周立，虞宁涛，2017．AR/VR技术与科普出版创新［J］．中小企业管理与科技（下旬刊）（6）：192-194．

GAO X Y，XUE X B，QIN G Q，et al.，2024. Application of machine learning in automatic image identification of insects-a review [J]. Ecological Informatics, 80: 102539-102539.

ZHANG H, LI Y, YU Q, *et al.*, 2025. High-precision and high-efficiency particle classification of micron powders based on 3D printed microcyclones: Characteristics, mechanisms and applications [J]. Separation and Purification Technology, 361 (P2): 131502-131502.

分子生物学新技术赋能病虫害防治的教学革新与实践[*]

关若冰[**]，翟　卿，赵文丽，李　祥[***]

（河南农业大学植物保护学院，郑州　450046）

摘　要：随着农业生产对病虫害防治精准化、绿色化要求的不断提高，传统分子生物学教学模式已无法满足行业发展需求。本文围绕分子生物学新技术在病虫害防治教学中的应用展开研究，聚焦基因编辑、基因沉默、高通量测序等前沿技术。通过分析传统教学在内容、方法及评估体系上的不足，提出将新技术原理与应用案例融入教学内容，采用项目式、探究式等创新教学方法，并强化实践教学环节。提升学生对新技术知识与技能的掌握程度，创新思维以及实践能力，为农业病虫害防治领域人才培养提供了可推广的教学改革范式。

关键词：新技术赋能；分子生物学；病虫害防治；教学改革

Teaching Innovation and Practice of New Technology-enabled Pest Control in Molecular Biology

Guan Ruobing[**], Zhai Qing, Zhao Wenli, Li Xiang[***]

(*College of Plant Protection, Henan Agricultural University, Zhengzhou 450046, China*)

Abstract: With the increasing requirements of agricultural production on the precision and greening of pest control, the traditional teaching mode of Molecular Biology can no longer meet the needs of industry development. This paper focuses on the application of new technologies of Molecular Biology in the teaching of pest control, focusing on the cutting-edge technologies such as gene editing, gene silencing and high-throughput sequencing. By analyzing the shortcomings of traditional teaching in terms of content, methods and assessment system, it is proposed to integrate the principles and application cases of new technologies into the teaching content, adopt innovative teaching methods such as project-type and inquiry-type, and strengthen the practical teaching link. It improves students' mastery of new technology knowledge and skills, innovative thinking and practical ability, and provides a generalizable teaching reform paradigm for the training of talents in the field of agricultural pest control.

---

[*] 基金项目：河南农业大学本科课程考核改革项目（2024KCKH10）；河南农业大学本科课程类教学工程项目（2024KC72；2024KC52；25KCXM98；25KCXM38）；河南农业大学本科教育教学改革研究与实践项目（2024TSJGLX12；2025XJGLX032；2025XJGLX062）

[**] 第一作者：关若冰，副教授，主要从事昆虫分子生物学相关的教学和科研工作，E-mail：guanruobing@126.com

[***] 通信作者：李祥，副教授，主要从事昆虫学领域的教学和科研工作，E-mail：lixiang0217@126.com

Key words: molecular biology; technology-enabled; pest control; teaching innovation

农业作为国家的基础产业，其稳定发展关乎国计民生。然而，病虫害一直是农业生产中面临的严峻挑战，给农作物的产量和质量带来了巨大威胁。据联合国粮农组织（FAO）统计，全球每年因病虫害造成的农作物损失高达 20%～40%，这一数据在发展中国家可能更为严重。病虫害也在不同地区频繁暴发，严重影响了农作物的生长发育和产量。

传统的病虫害防治方法主要包括化学防治、物理防治和生物防治。化学防治是使用化学农药来杀灭病虫害，具有快速、高效的特点，能在短时间内控制病虫害的蔓延。但长期大量使用化学农药也带来了诸如害虫抗药性、环境污、农药残留等问题。物理防治方法虽然对环境友好，但防治效果有限，难以大规模应用，且受环境因素影响较大。但生物防治的效果受生物种群数量、环境条件等因素的制约，见效相对较慢，且难以在短时间内达到理想的防治效果。

随着科技的飞速发展，分子生物学技术取得了显著的进步，为病虫害防治提供了新的思路和方法。分子生物学技术能够从基因层面揭示病虫害发生的机制，为防治提供更精准的策略。通过基因工程技术，可以将抗虫基因导入植物体内，培育出具有自主抗性的农作物品种，减少化学农药的使用。利用基因编辑技术如 CRISPR-Cas9，可以精确地修饰害虫的基因，降低其繁殖能力或致病性，从而实现对病虫害的有效控制。利用 RNAi 技术开发的 RNA 生物农药具有环境友好，靶向精准等众多优势，被称为农药史上的"第三次革命"。这些新技术具有高效、环保、可持续等优点，能够弥补传统防治方法的不足，对保障农产品安全和生态环境具有重要意义，为农业生产的可持续发展提供了有力支持。

1 分子生物学新技术与农业病虫害防治的关联

1.1 农业病虫害防治领域对分子生物学知识的需求分析

农业昆虫与害虫防治是植物保护学科的主要研究方向，聚焦于昆虫的生物学、生态学特性，以及害虫的发生规律、监测预警和综合防治技术。随着现代植物保护的快速发展，对分子生物学知识和技能的需求日益迫切。从行业需求来看，精准农业的兴起对病虫害的早期诊断和精准防治提出了更高要求。在实际农业生产中，需要能够快速、准确地检测出病虫害的种类和发生程度，以便及时采取有效的防治措施。分子生物学技术如 PCR、基因芯片等在病虫害诊断中的应用，能够满足这一需求，为精准农业提供有力支持。同时，绿色农业的发展理念强调减少化学农药的使用，降低对环境的污染，这就促使行业更加注重利用分子生物学技术培育抗病虫植物品种，从源头上解决病虫害问题。

植物保护领域的科研及相关从业岗位需要具备扎实的分子生物学理论基础和实验技能的人才。科研人员在开展植物病虫害的分子机理研究、抗病虫基因的挖掘与利用等工作时，需要熟练掌握分子生物学实验技术，如核酸提取、PCR 扩增、基因克隆、蛋白质表达与纯化等，能够运用分子生物学方法解决科研中的实际问题。在农业技术推广岗位上，推广人员需要了解分子生物学技术在植物保护中的应用成果，能够向农民和农业企业介绍和推广先进的病虫害防治技术，如转基因抗虫作物的种植技术、分子诊断技术在病虫害监测中的应用等，提高农业生产的科技水平。

1.2 分子生物学新技术在害虫防治中的应用

1.2.1 植物病虫害诊断

在植物保护领域，病虫害的早期精准诊断是有效防控的关键前提。传统的病虫害诊断方法，如基于形态学特征的鉴定，往往依赖于诊断者的经验，且易受环境因素和病虫害发育阶段的影响，存在准确性和时效性不足的问题。随着分子生物学技术的飞速发展，PCR、基因芯片、核酸测序技术、实时荧光定量PCR技术等先进技术为植物病虫害诊断带来了革命性的变革，显著提升了诊断的准确性、灵敏度和效率。例如，针对特定的病原菌中的基因序列设计引物和探针，对其DNA进行扩增和荧光信号检测，能够快速、准确地检测出待检组织中是否存在病原菌，甚至可以对病原菌的数量进行定量分析。

1.2.2 植物抗病虫育种

植物抗病育种是植物保护的重要策略之一，旨在通过遗传改良培育出具有高抗病性的植物品种，从源头上减少病害的发生和危害。传统的植物抗病育种主要依赖于常规杂交和选择技术，通过将具有抗病性的亲本进行杂交，从后代中筛选出抗病优良单株，经过多代选育获得稳定遗传的抗病品种。然而，这种方法存在周期长、效率低、盲目性大等缺点，且易受到亲本资源有限和遗传连锁累赘的限制。随着分子生物学技术的不断进步，利用分子生物学技术进行植物抗病育种成为现代植物育种的重要发展方向，为培育抗病植物品种提供了更加精准、高效的手段。

通过基因工程技术，将来自其他植物或微生物的抗病基因导入目标植物中，使其获得新的抗病能力。例如，将苏云金芽孢杆菌（*Bt*）的杀虫蛋白基因导入棉花、玉米等作物中，培育出了具有抗虫能力的转基因作物品种。这些转基因作物能够表达Bt杀虫蛋白，当害虫取食作物时，蛋白会在害虫肠道中被激活，破坏害虫的肠道细胞，导致害虫死亡，从而有效地控制了害虫的危害。

以CRISPR-Cas9为代表的基因编辑技术能够对植物基因组进行精确地定点修饰，通过敲除、插入或替换特定的基因序列，实现对植物抗病虫相关基因的精准调控，从而提高植物的对病虫害的抗性（Zhao *et al*., 2024）。例如，通过CRISPR-Cas9技术敲除特定的基因，能够提高植物抗性，同时提高作物的质量和常量，保障粮食安全。此外，亦可以利用CRISPR-Cas9技术可以对埃及伊蚊的关键基因进行编辑，影响其繁殖能力或生存能力，从而达到控制蚊虫种群数量的目的（Sun *et al*., 2022）。

1.2.3 新型RNA生物农药创制和研发

RNA干扰技术的核心是利用双链RNA（dsRNA）诱导细胞内与之互补的靶mRNA发生特异性降解，从而实现对特定基因表达的沉默。在植物保护中应用时，主要是针对害虫生长发育、繁殖等关键生理过程中必需的基因。通过将靶向这些基因的dsRNA导入植物体内，当害虫取食植物后，dsRNA进入害虫细胞，引发RNAi效应，使害虫体内相应的靶基因无法正常表达，导致害虫出现生长发育迟缓、畸形、繁殖能力下降甚至死亡等现象，达到防治害虫的目的。此外，也可以直接喷洒使用体外合成的dsRNA，将其像传统和化学农药一样直接喷洒于田间，害虫取食后，也会通过靶标基因的抑制，达到害虫防控的目的。

1.2.4 害虫抗药性机理研究

随着化学农药的长期大量使用，害虫抗药性问题日益严重，已成为制约农业可持续发展和植物保护工作的重要挑战。害虫抗药性的产生不仅降低了农药的防治效果，增加了农药使用量和防治成本，还导致了环境污染和农产品质量安全隐患。分子生物学技术的发展为深入研究害虫抗药性机理、筛选抗性分子标记提供了有力的工具，有助于制定更加科学有效的害虫抗药性治理策略。

在研究害虫抗药性机理方面，分子生物学技术能够从基因和蛋白质水平揭示害虫抗药性产生的本质原因（Liang et al., 2025）。分子生物学技术能够通过基因测序、定点突变等方法，精确鉴定靶标基因的突变位点，分析突变对靶标结构和功能的影响，阐明靶标抗性的分子机制。在筛选抗性分子标记方面，分子生物学技术能够快速、准确地筛选出与害虫抗药性相关的分子标记，危害虫抗药性监测和早期预警提供技术支持。分子标记辅助选择（MAS）技术可以利用与抗药性基因紧密连锁的分子标记，在害虫种群中快速检测抗药性个体，及时掌握害虫抗药性的发生和发展动态。

2 分子生物学教学现状分析

2.1 教学内容陈旧，更新滞后

《分子生物学》教材内容的陈旧与更新滞后是当前教学中面临的突出问题之一。随着分子生物学领域的研究成果呈井喷式增长，新的理论、技术和应用不断涌现，然而教材的更新速度却远远跟不上学科发展的步伐。学生无法从教材中系统地学习到这一前沿技术的原理、操作方法及其在植物保护中的具体应用案例。随着合成生物学的兴起，通过设计和构建人工生物系统来解决生物问题已成为分子生物学的一个重要发展方向。在植物保护领域，合成生物学技术可以用于设计新型的生物农药、构建植物病虫害的生物防控体系等。但现有的《分子生物学》教材中，对于合成生物学的相关内容几乎没有涉及，导致学生对这一新兴领域缺乏基本的了解，无法跟上学科发展的潮流，在未来的学习和工作中难以将最新的研究成果应用到植物保护实践中（李慧等，2021）。

2.2 教学内容与植物保护专业结合不紧密

目前分子生物学教学内容与植物保护专业的实际需求结合不够紧密，这在一定程度上影响了学生对知识的理解和应用能力的培养。在教学过程中，很多知识点的讲解侧重于分子生物学的基础理论，而对这些理论在植物保护领域的具体应用案例介绍较少。例如，在讲解基因表达调控这一重要知识点时，教师通常会详细阐述基因表达调控的基本原理、调控元件和调控机制等内容，但很少结合植物保护中的实际问题进行深入分析。在植物抗病虫过程中，植物体内的基因表达调控网络起着关键作用，通过调控抗病相关基因的表达，植物能够激活自身的防御机制，抵抗病原菌或者昆虫的入侵。然而，在教学中，缺乏具体的植物保护案例，学生很难理解基因表达调控在植物抗病中的重要性和实际应用价值，导致学生在学习过程中感到知识抽象、枯燥，难以将所学的分子生物学知识与植物保护专业知识有机地联系起来。

此外，在实验教学环节，实验内容与植物保护专业的关联性也不够强。许多实验只是为了验证分子生物学的基本理论和技术，没有充分考虑植物保护专业的特点和需求。学生在完成这些实验后，无法将实验技能和知识应用到植物病虫害的诊断、防治等实际工作中（孟祥锋等，2023）。

2.3 教学方法单一，实践教学薄弱

在分子生物学课程的教学中，目前仍普遍以传统讲授法为主，这种教学方式在知识传授的系统性和高效性方面具有一定优势，但也存在明显的局限性，严重影响了学生的学习效果和综合素质的培养。

实践教学是分子生物学课程教学的重要组成部分，对于学生深入理解理论知识、掌握实验技能、培养实践能力和创新精神具有不可或缺的作用。然而，目前分子生物学课程的实践教学环节存在诸多问题，严重制约了学生实践能力的培养和提高。实践教学内容简单，缺乏与植物保护专业的紧密结合。目前的实践教学内容大多是为了验证分子生物学的基本理论和技术，如 DNA 提取、PCR 扩增、核酸电泳等实验，这些实验虽然是分子生物学的基础实验技术，但在实验设计中，没有充分考虑植物保护专业的特点和需求。学生在完成这些实验后，无法将实验技能和知识应用到植物病虫害的诊断、防治等实际工作中。

课时少也是实践教学中的突出问题。植物保护专业设置的分子生物学课程的理论教学以及实验课时都较少，理论授课的过程中，由于课时量的限制，不能很好地进行课程内容的引深入和挖掘。此外，实践教学的课时更少。在有限课时内，教师往往只能安排一些基础的验证性实验，无法深入开展综合性和设计性实验。这使得学生的实践能力得不到充分锻炼，难以培养学生的创新思维和解决实际问题的能力。

3 教学改革思路与举措

3.1 教学内容优化，融入学科前沿与行业动态

为了使学生能够紧跟植物保护学科的发展步伐，及时掌握分子生物学在该领域的最新应用成果，在分子生物学课程教学内容的优化中，积极引入最新的植物保护领域分子生物学研究成果显得尤为重要。例如，新型 RNA 生物农药被称为农药史上的"第三次革命"，具有绿色、安全等多种有优势。其主要原理是通过 RNAi 技术沉默生物体中重要基因的表达，从而达到病虫害防控的目的。通过将这一研究成果引入教学，学生可以深入了解生物防治的分子基础，认识到分子生物学技术在绿色防控中的重要作用，激发学生对学科前沿知识的探索兴趣。

基因编辑技术在植物抗病育种中的应用也是前沿研究的重要方向。CRISPR-Cas9 技术作为一种高效的基因编辑工具，能够对植物基因组进行精确的定点修饰。在植物抗病育种中，利用 CRISPR-Cas9 技术可以敲除植物的感病基因，或者对现有抗病基因进行优化，从而增强植物的抗病能力。例如，研究人员通过 CRISPR-Cas9 技术对水稻的感病基因进行敲除，成功培育出了对稻瘟病具有高抗性的水稻品种。将这一案例引入教学，学生可以直观地了解基因编辑技术在植物抗病育种中的实际应用，掌握该技术的操作流程和应用前景，拓宽学生的专业视野，培养学生的创新思维和实践能力。

3.2 整合相关知识模块，增加案例教学内容

打破学科界限，整合生物化学、遗传学等相关知识，构建系统知识体系，是提高分子生物学教学质量的关键举措。分子生物学与生物化学、遗传学等学科紧密相关，它们在研究内容和方法上相互渗透、相互支撑。在课程讲解的时候，可以充分融合相关课程知识。

此外，还可以将分子生物学与普通昆虫学、植物生理学、植物病理学等植物保护专业相关学科进行整合。通过整合这些知识，学生可以深入了解分子生物学在植物保护领域的具体应用，提高学生对专业知识的理解和应用能力，为学生今后从事植物保护相关工作奠定坚实的基础。

在分子生物学课程教学中，增加案例教学内容是加深学生对知识理解、提高学生解决实际问题能力的有效途径。通过列举实际案例，如利用分子生物学技术解决植物病虫害暴发问题，可以让学生将抽象的理论知识与实际应用紧密结合起来，增强学生的学习兴趣和学习效果。让学生认识到分子生物学技术在解决农业生产实际问题中的重要性和创新性，激发学生对分子生物学课程的学习热情，培养学生的创新意识和实践能力。

3.3 利用现代化教学手段，采用多样化教学方法

现代教育技术的飞速发展为分子生物学课程教学提供了丰富的资源和多样化的教学手段。借助在线课程平台，如学堂在线、中国大学 MOOC 等，为学生提供优质的在线学习资源。分子生物学的知识点大多数较为抽象，因此，可以采用多媒体动画演示，对 DNA 的复制、蛋白质翻译、基因表达调控等内容进行动画演示，加深学生们的直观印象，加速对知识点的理解和掌握。

为了有效激发学生的学习兴趣，提高学生主动学习和解决问题的能力，在分子生物学课程教学中积极引入项目式教学法。例如，设计"植物病原菌分子检测技术的优化与应用"项目，要求学生以小组为单位，自主完成从实验方案设计、样本采集与处理、分子检测实验操作到结果分析与报告撰写的全过程。在项目实施过程中，学生需要运用所学的分子生物学知识，如 PCR 技术、核酸电泳技术等，对植物病原菌进行检测和鉴定。通过实际操作，学生不仅能够深入理解这些技术的原理和应用，还能在遇到问题时，主动查阅文献、讨论交流，尝试提出解决方案，从而培养学生的自主学习能力和解决实际问题的能力。

3.4 强化实践教学环节

实践教学是分子生物学课程教学的重要组成部分，对于培养学生的实践能力和创新精神具有不可或缺的作用。因此，增加实践课时是强化实践教学环节的关键举措。通过合理调整课程设置，将实践教学课时占总课时的比例提高至 40%，使学生有更充足的时间进行实验操作和实践探索。在增加的实践课时中，安排一系列综合性和设计性实验，如"昆虫免疫应激相关基因的克隆与功能验证"实验，要求学生综合运用 DNA 提取、PCR 扩增、基因克隆、载体构建等多种分子生物学技术，从昆虫中克隆出免疫应激基因，并通过基因沉默、蛋白表达等技术验证其功能。同时，更新实践项目，使其更贴近植物保护专业的实际需求和前沿研究方向。通过这样的实验，学生不仅能够掌握分子生物学实验技术，还能将其应用到植物病虫害的诊断和防治中，提高学生的实践能力

和解决实际问题的能力。

4 未来展望

在农业现代化进程中，病虫害防治面临着日益严峻的挑战，对专业人才的需求也越发迫切。教学改革对于培养适应新时代需求的农业病虫害防治人才具有至关重要的意义。通过将分子生物学新技术融入分子生物学教学，有利于学生掌握前沿的技术和知识，为解决实际病虫害问题提供有力的工具。这不仅有助于提高学生的专业素养和实践能力，还能培养学生的创新思维和科研能力，使他们能够在未来的工作中，面对复杂多变的病虫害问题时，运用所学知识，提出创新性的解决方案。

展望未来，分子生物学课程教学改革仍有广阔的发展空间和诸多可探索的方向。在教学内容方面，应持续紧密跟踪学科前沿动态，随着合成生物学、单细胞测序技术、人工智能与分子生物学交叉应用等新兴领域的不断发展，及时将这些领域的最新研究成果和应用案例融入教学内容。例如，在合成生物学方面，深入讲解人工设计和构建生物系统在植物病虫害防治中的潜在应用，如设计新型生物农药、构建植物病虫害的生物防控体系等；在单细胞测序技术方面，介绍其在植物细胞分子机制研究中的应用，帮助学生了解如何从单细胞层面揭示植物与病原菌互作的奥秘。同时，进一步加强与植物保护专业其他课程的深度融合，形成更加系统、全面的专业知识体系。在讲解分子生物学知识时，紧密结合植物病理学、农业昆虫学等课程内容，让学生更好地理解分子生物学技术在植物保护各个环节中的具体应用，提高学生综合运用知识解决实际问题的能力。

参考文献

李慧，赵玉荣，陈翠霞，2021. 基于科研素质培养的"分子生物学"课程教学改革［J］. 微生物学通报，48（4）：1380-1387.

孟祥锋，刘国栋，侯进，等，2023. 学术前沿驱动的分子生物学教学改革探究［J］. 高校生物学教学研究，13（5）：21-26.

LIANG J Y, FENG X, JAMES OJO, et al., 2025. Insect resistance to insecticides: causes, mechanisms, and exploring potential solutions［J］. Archives of Insect Biochemistry and Physiology, 118（2）: e70045.

SUN R C, MING L, CONOR J, et al., 2022. CRISPR-Mediated genome engineering in *Aedes aegypti*［J］. Methods in Molecular Biology, 2509: 23-51.

YU Z, LI L F, WEI L Z, et al., 2024. Advancements and future prospects of CRISPR-Cas-Based population replacement strategies in insect pest management［J］. Insects, 15（9）: 653.

昆虫学知识深度赋能科学教育本科教学

王 星[1]**，高一滴[2]，郝慧华[1]，宋志帆[1]，乔金霞[1]

（1. 琼台师范学院理学院，海口 571127；2. 湖南农业大学，长沙 410128）

摘 要：在科教兴国战略深化实施与教育改革持续深化的背景下，科学教育本科专业作为基础教育师资培养的重要载体，其教学改革与创新人才培养已成为高等教育发展的关键任务。本研究聚焦昆虫学知识体系与科学教育专业的融会贯通，从专业素养提升、科研兴趣培养、跨学科融合等维度系统挖掘昆虫学的教育价值，构建包含课程体系优化、实践能力培养、课外创新活动和跨学科协作机制的四维实施框架。通过教学模式的系统化创新，旨在为科学教育专业教学改革提供理论依据和实践路径，推动符合新时代要求的创新型科学教育人才培养，促进本科教学质量全面提升。

关键词：昆虫学；科学教育；本科培养；课程创新；教学改革

Entomology Knowledge Deeply Empowers Undergraduate Teaching in Science Education

Wang Xing[1]**, Gao Yidi[2], Hao Huihua[1], Song Zhifan[1], Qiao Jinxia[1]

(1. *College of Science, Qiongtai Normal University, Haikou 571127, China;*
2. *Hunan Agricultural University, Changsha 410128, China*)

Abstract: Against the backdrop of the deepening implementation of the strategy of rejuvenating the country through science and education and the continuous deepening of educational reform, the undergraduate major of science education, as an important carrier of basic education teacher training, has become a key task for the development of higher education in terms of teaching reform and innovative talent cultivation. This study focuses on the integration and connection between the knowledge system of entomology and the science education profession. It systematically explores the educational value of entomology from the dimensions of professional competence improvement, research interest cultivation, and interdisciplinary integration, and constructs a four-dimensional implementation framework that includes curriculum system optimization, practical ability cultivation, extracurricular innovative activities, and interdisciplinary collaboration mechanisms. Through systematic innovation of teaching modes, the aim is to provide theoretical basis and practical path for the reform of science education majors, promote the cultivation of innovative science education talents that meet the requirements of the new era, and promote the comprehensive improvement of undergraduate

---

* 基金项目：海南省高等学校教育教学改革研究项目（Hnjg2024ZC-130）；琼台师范学院2024年度校级名师工作室项目（qtjg2024-15）

** 第一作者：王星，教授，主要从事昆虫学相关科研、教学工作；E-mail：xingwanghjt@163.com

teaching quality.

Key words：entomology；science education；undergraduate education；curriculum innovation；teaching reform

在我国全球竞争力提升的战略布局中，科教兴国战略是实现民族复兴的核心支柱（陈晓东等 2024）。科学教育本科人才培养作为该战略的关键环节，亟须构建教育、科技与人才协同发展的长效机制（游文娟等，2025）。当前，人工智能、新质生产力理论等前沿领域的快速发展，对科学教育本科教学提出了更高要求（王强等，2025）。

科学教育专业属于师范类本科，是一个融化学、物理、生物和地理的交叉学科。《中国教育现代化 2035》倡导的"学科交叉融合"理念，在该专业中得到充分体现：生物学知识作为科学教育教学体系的基础（郑永和等，2024），而昆虫学以其独特的研究对象（如社会性昆虫的协作机制、昆虫变态发育的基因调控）和跨学科属性（如仿生学、化学生态学），成为深化生物学教学的重要资源，契合该战略提出的"开发特色优质课程资源"要求。将昆虫学系统融入科学教育课程，可达成三重目标：①知识拓展，通过昆虫多样性（如全球已描述昆虫 100 多万种）与适应性进化案例，帮助学生构建系统生物学知识网络；②能力培养，以昆虫行为实验（如蚂蚁路径优化）为载体，训练科学探究与实践操作技能；③跨学科融合，结合仿生工程（如蜻蜓飞行原理与无人机设计）、生态修复（如白星花金龟分解有机废物）等研究，培育学生解决复杂问题的综合能力。如何将昆虫学知识深度融入科学教育课程体系，以培养具备跨学科素养的创新人才，成为亟待解决的关键问题。

1 昆虫学在科学教育本科教学中的多维育人价值

昆虫学作为生物科学的重要分支，在科学教育本科教学中展现出独特的育人价值。通过系统性整合生物学知识体系、贯穿科研能力培养全流程以及驱动跨学科深度融合，昆虫学不仅助力学生构建完整的认知框架，更成为培养创新型科学教育人才的有效载体。

1.1 强化学科基础，整合生物学知识体系

科学教育本科专业的核心任务是培养具有良好思想道德品质、扎实的自然科学知识和较强的科学教育能力的高级复合型人才，要求学生掌握自然科学基础知识、基本理论和实验技能。昆虫在生物多样性中占有重要地位，不仅种类繁多（占已知动物物种的 75% 以上），而且数量巨大。其知识体系贯穿形态学（如昆虫口器结构与食性适应性）、生理学（如代谢调控机制）、分类学（如鞘翅目与鳞翅目演化关系）及生态学（如传粉昆虫与植物共生网络），是生物学知识网络的核心节点。例如：结构功能耦合，蝴蝶虹吸式口器与蜜源植物协同演化，可直接关联《植物学》教材中花部结构教学；群体行为分析，蚂蚁社会分工（工蚁、兵蚁、繁殖蚁）为《动物行为学》教材提供经典案例，学生可通过观测蚁群社会分工效率及协作机制，揭示昆虫社会组织的内在规律。

基于建构主义学习理论，昆虫学的系统学习能够帮助学生将零散的生物学知识点（如细胞结构、遗传规律）整合为逻辑连贯的知识网络，显著提升学生对宏观生态机制

与微观分子调控的理解能力，实现从碎片化知识点到系统性认知的跃迁。

1.2 基于昆虫实证研究训练，培养科研能力

本科阶段是科研素养培育的关键窗口（郑永和等，2024）。昆虫学凭借其研究对象的易得性及其模式生物优势（家蚕 *Bombyx mori*、果蝇 *Drosophila melanogaster*）与典型生命现象（完全变态发育 holometaboly、不完全变态发育 hemimetaboly），为科研训练提供理想载体。

实验设计范例：以孤雌生殖的雌蚜为研究对象，学生可自主设计"不同温度下蚜虫的孤雌繁殖及世代"实验，探究不同恒温条件下（15℃、20℃、25℃、30℃）蚜虫孤雌生殖的产仔周期、单雌总产仔量及子代存活率变化规律；通过设计温度梯度验证"中间最适假说"（预测25℃组生殖效率最高）。

此类实践使学生掌握科学研究全流程，并强化批判性思维与创新能力，为其未来科研生涯奠定坚实基础。

1.3 贯通多学科边界，培养复合型能力

现代科学教育强调跨学科整合，而昆虫学天然融合物理学、化学、数学等多学科知识，可构建以下教学模块：

物理-生物协同：以可调速微型电机（5～30 Hz）驱动轻质仿生翅片，通过自制 PVC 风洞与手机慢动作摄像（240 帧/s）捕捉翅涡运动，结合弹簧秤量化升力变化，将流体力学原理具象为伯努利方程验证；化学-生态联动：采用白蚁巢穴浸提法获取天然信息素，通过香兰素-硫酸显色体系实现纸基比色检测，结合亚克力行为观测箱开展工蚁轨迹分析；数学-种群建模：基于 Logistic 方程预测蝗虫种群暴发阈值，结合气象数据（温度、降水）进行风险预警。

通过跨学科项目式学习（如"昆虫抗菌肽提取与抑菌评价"），学生可突破学科壁垒，掌握多工具协同解决问题的能力。

2 昆虫学知识融入科学教育本科教学的创新实践路径

2.1 课程体系创新：构建昆虫学特色课程矩阵

2.1.1 前沿引领型课程模块建设

在科学教育本科课程体系重构中，以昆虫学前沿为牵引，系统开发聚焦昆虫学最新研究进展及新兴技术为核心的"昆虫仿生科技""昆虫基因组学"等特色核心课程。深度整合诸如基因编辑技术在昆虫性状重塑领域的突破性应用、源于昆虫独特结构的仿生纳米材料研发进展、昆虫组学研究推动生态科学革新的关键成果等技术趋势专题内容。充分运用研讨式教学法，组织学生围绕学术热点课题展开深度讨论与思想碰撞；积极开展科研现场观摩活动，带领学生深入科研一线，实地了解昆虫学尖端领域研究的实际开展流程与技术操作细节。通过多元化教学手段的协同应用，有效引领学生紧密追踪国际昆虫学学术动态，充分激发其创新思维灵感，着力培育其具有前瞻性的学术视野与强烈的探索精神，进而将学生塑造成为昆虫学前沿知识的积极开拓者与创新成果的高效转化者，全面提升学生在昆虫学领域的专业素养与创新能力。

2.1.2 丰富多元选修课程

持续拓展昆虫学选修课程范畴，广泛吸纳跨学科交叉主题，精心打造诸如"昆虫智能仿生及工程应用""昆虫生态大数据与环境智能监测""昆虫文化创意及科普传播创新"等特色选修课。课程深度融合生物学基础原理、工程学应用技术、文化艺术创意表达等多学科知识与技能体系。引导学生积极开展跨学科知识的融合与创新实践活动，促使他们在环境科学监测、文化创意产业等多元领域中，熟练运用昆虫学知识来剖析并解决复杂实际问题，不断开拓创新应用场景，进而全方位提升学生的综合能力。

2.2 实践教学体系重构：构建进阶式培养模式和协同育人体制

2.2.1 构建进阶式实践能力培养体系

构建"基础技能筑牢-综合应用拓展-前沿创新攻坚"的三级进阶式实践教学体系。在基础技能夯实层面，积极引入现代先进实验技术对传统实验范式予以革新，例如开展数字化昆虫标本采集与制作流程，并借助 3D 建模技术实现标本的数字化呈现；运用智能化设备进行昆虫生理指标的精准监测与深度分析。通过这些举措，切实强化学生的实验操作规范性与技能精准度，为后续实践奠定坚实基础。在综合应用拓展阶段，重点围绕昆虫-植物-微生物生态相互作用机制、昆虫生态系统服务功能的综合评估以及生态修复实践等课题展开教学活动。此过程，着力培养学生跨学科知识的融会贯通与灵活运用能力，引导学生将复杂的生态问题拆解为若干可操作的子问题，并能设计出系统性的解决方案，提升学生解决实际问题的综合能力。同时，积极鼓励学生自主组建科研团队，深度融入专业教师的前沿科研课题，如鳞翅目昆虫桦蛾科系统学的深度探究、黑水虻虫油的绿色合成路径及其在保健领域的创新应用开发等项目。在参与课题的过程中，砥砺学生的科研创新精神与团队协作能力，促进学生实践能力与创新思维的协同发展与螺旋式提升。

2.2.2 建设多类型实践基地协同育人体制

系统整合校内创新实践平台、校外科研院所、自然保护区以及昆虫产业园区等多方面的优质资源，全力构建一个全方位、多层次且紧密协同的实践基地育人生态网络。在校内，着力打造昆虫资源利用实验室与科普教育及创意工作室等专业实践场所。昆虫资源利用实验室积极开展校园餐厨垃圾及烂水果的无害化处理、虫油的保健功能等前沿领域的实践项目，引导学生深入探索昆虫无公害化创新应用以及昆虫副产品的开发；科普教育与创意工作室则聚焦于科普创作等活动，培养学生将专业知识转化为科普成果的能力，提升其科学传播素养（李晶晶，2023）。在校外科研院所，为学生提供参与高端科研实习的宝贵机会，使其能够深度融入国家重点研发计划项目，如昆虫生物多样性保护与生态修复等重大专项研究工作。通过与科研团队的紧密协作，学生得以接触到行业前沿的研究理念与技术方法，拓宽学术视野，增强科研实践能力。在校园里，有机嵌入昆虫生态监测与保护实践课程。学生在此不仅能够学习到专业的生态监测技术与方法，更能在实地实践过程中深刻强化自身的生态保护意识，显著提升野外实践操作技能，培养对自然生态环境的敬畏之心与保护责任感。

2.3 升级课外拓展：营造创新驱动型学习

2.3.1 激活创新创业社团内生动力

培育多元昆虫学创新创业社团，涵盖昆虫养殖科技创业、昆虫科普文创产业等创新方向。社团组织开展创业计划竞赛，激发学生的创新思维与商业策划能力；推动创新项目孵化进程，助力学生将创意转化为实际可行的项目；开展科普产品研发与推广工作，运用现代信息技术传播昆虫学知识；实施热带雨林昆虫科普与农业昆虫防控志愿服务项目，汇聚学生创意智慧与实践成果，培育学生创新创业精神、社会责任感与团队协作能力，塑造校园昆虫学创新创业文化高地。

2.3.2 拓展国际交流合作维度

大力拓展昆虫学领域的国际交流与合作路径，选派优秀学生参与国际联合科研项目、海外交换实习项目，如赴日本就昆虫学发展前沿进行学术交流访问。积极引入国际领先的课程资源、在线学术讲座与国际科研合作项目，丰富学生的学习素材与研究视野。参加国际昆虫文化节、线上国际学术研讨会与国际学生科研协作营，促进学生与国际昆虫学界深度互动交流，拓宽国际视野，提升国际学术交流与科研合作能力，培育具有全球竞争力的科学教育人才。

2.4 深化跨学科融合：培育高阶跨学科创新思维与能力

2.4.1 打造跨学科融合精品课程

设计跨学科融合课程，将昆虫学知识与物理学、化学、数学、地理学等学科知识有机结合（吴开其等，2024）。如"昆虫学—物理学：生物物理协同创新与应用""昆虫学—化学—环境科学：生态化学循环与环境修复前沿""昆虫学—信息科学：昆虫智能系统与生物大数据分析"等。课程聚焦昆虫学与多学科前沿交叉核心领域，采用多学科专家协同授课、项目驱动学习、产学研创用一体化教学模式，引导学生融合多学科理论方法解决复杂科学问题，如昆虫生态大数据驱动的精准农业病虫害防控，培育学生高阶跨学科思维、创新实践与系统整合能力，塑造跨学科创新人才培养典范。

2.4.2 开展跨学科协同创新实践项目

组织师生开展系列跨学科协同创新实践项目。如"昆虫生态服务与校园环境优化""昆虫活性物质提取与健康产品初研"等。整合生物学、物理学、化学、医学、环境科学等多学科资源技术优势，从基础研究突破、关键技术攻关到工程应用示范全链条推进，促进学生深度参与跨学科协同创新实践，加速科研成果转化落地，提升学生解决海南乃至国家战略需求与社会发展关键问题的综合能力。

通过上述举措，能显著提升科学教育本科学生的生物学知识素养，使科学教育专业本科生对生物学知识形成更系统、深入的认知；增强其科学探究能力，培育其敏锐的科学洞察力与严谨的逻辑思维；提高实践操作技能，确保学生熟练运用所学知识解决实际问题；强化跨学科思维整合能力，使其能够在不同学科知识间融会贯通。有助于培养适应新时代科学教育发展需求的高素质专业人才，为学生未来投身科学教育事业或深入开展科学研究筑牢根基，同时也为科学教育本科教学的创新发展提供了新思路与实践范例。

参考文献

陈晓东,杨晓霞,2024. 畅通教育、科技、人才良性循环:新质生产力驱动下科教兴国新战略 [J]. 南京社会科学 (10):48-59.

李晶晶,2023. 科普创作与科学教育本"同频"应"共振":以"科普临展中原创科普绘本读书会设计"为例 [J]. 科技视界,13 (36):44-48.

王强,王帅,2025. 科学教育赋能新质生产力发展的内在机理、现实挑战与推进路径 [J/OL]. 当代教育论坛,https://doi.org/10.13694/j.cnki.ddjylt.20250318.001.

吴开其,崔鸿,2024. 跨学科概念对科学教育工程实践教学的指导 [J]. 中小学科学教育 (5):59-66.

游文娟,薛琪薪,2025. 推进青少年科学教育高质量发展:国外经验与国内实践 [J]. 科学教育与博物馆 (1):58-64.

郑永和,杨宣洋,陶丹,等,2024. 中国科学教育研究:历史沿革、发展逻辑与未来展望 [J]. 华东师范大学学报 (教育科学版),42 (11):95-110.

AI 技术在害虫防治教学中的应用与探索[*]

李 祥[**]，翟 卿，赵文丽，关若冰[***]

（河南农业大学植物保护学院，郑州 450046）

摘 要：人工智能的发展，对各领域均产生了深远的变革性影响。本文探讨了人工智能（AI）技术在害虫防治教学中的应用现状与潜力，分析了其优化教学模式的路径，并提出了具体的实践方案。通过文献分析、案例研究和教学实践，系统梳理了 AI 技术在害虫防治教学中的应用场景、优势与挑战，为高校害虫防治相关课程的教学改革提供了理论支持和实践参考。AI 技术通过图像识别、数据分析、虚拟实验室和智能问答等手段，显著提升了学生的学习效率和实践能力，但也面临技术门槛高、数据质量与隐私问题、成本与资源限制以及伦理与教育公平等挑战。未来，AI 技术将在害虫防治教学中实现更加智能化和个性化的应用，推动教学模式的全面改革，需要高校、企业和社会各界的共同努力来推动其普及和发展。

关键词：人工智能；害虫防治；教育；改革

The Application and Exploration of AI Technology in Pest Control Education[*]

Li Xiang[**], Zhai Qing, Zhao Wenli, Guan Ruobing[***]

（College of Plant Protection, Henan Agricultural University, Zhengzhou 450046, China）

Abstract：The development of artificial intelligence (AI) has produced profound and transformative impacts across various fields. This paper explores the current application status and potential of AI technology in pest control education, analyzes its pathways for optimizing teaching models, and proposes specific practical schemes. Through literature analysis, case studies, and teaching practice, the paper systematically reviews the application scenarios, advantages, and challenges of AI technology in pest control education, providing theoretical support and practical references for the teaching reform of relevant courses in pest control at universities. AI technology significantly enhances students' learning efficiency and practical abilities through means such as image recognition, data analysis, virtual laboratories, and intelligent question-and-answer systems. However, it also faces challenges such as high

---

[*] 基金项目：河南农业大学本科课程类教学工程项目（2024KC72；2024KC52；25KCXM98；25KCXM38）；河南农业大学本科课程考核改革项目（2024KCKH01）；河南农业大学本科教育教学改革研究与实践项目（2025XJGLX032；2025XJGLX062）。

[**] 第一作者：李祥，副教授，主要从事昆虫学领域的教学和科研工作。E-mail：lixiang0217@126.com

[***] 通信作者：关若冰，副教授，主要从事昆虫分子生物学相关的教学和科研工作。E-mail：guanruobing@126.com

technical thresholds, data quality and privacy issues, cost and resource constraints, as well as ethics and educational equity. In the future, AI technology will achieve more intelligent and personalized applications in pest control education, driving comprehensive reform of teaching models. The joint efforts of universities, enterprises, and all sectors of society are needed to promote its popularization and development.

Key words：artificial intelligence；pest control；education；reform

随着全球农业生产的快速发展，害虫防治在农业生产中的重要性日益凸显。传统的害虫防治教学方法主要依赖于理论讲授和有限的实践操作，存在诸多局限性。例如，实践资源不足导致学生难以获得足够的动手机会；教学内容更新缓慢，无法及时反映最新的科研成果和技术进展；教学方式单一，难以激发学生的学习兴趣和创新能力。与此同时，人工智能（artificial intelligence，AI）技术的快速发展为农业教育带来了新的机遇。AI 技术在图像识别、数据分析、智能决策等领域的应用，危害虫防治教学提供了新的工具和方法，有望显著提升教学效果和学生实践能力。

本文旨在探讨 AI 技术在害虫防治教学中的应用现状与潜力，分析其优化教学模式的路径，并提出具体的实践方案。通过文献分析、案例研究和教学实践，系统梳理 AI 技术在害虫防治教学中的应用场景、优势与挑战，为高校害虫防治相关课程的教学改革提供理论支持和实践参考，同时还展望了 AI 技术在农业教育中的未来发展方向，为推动 AI 技术与农业教育的深度融合提供新思路。

1　AI 技术在害虫防治教学中的应用现状

1.1　AI 技术的定义和应用

人工智能（AI）是指通过计算机系统模拟、扩展和增强人类智能的技术和科学。其核心领域包括机器学习、自然语言处理、计算机视觉、专家系统、机器人技术等（Russell 和 Norvig，2020）。在农业领域，AI 技术的应用主要体现在病虫害识别、智能监测、精准防控等方面。例如，基于深度学习的图像识别技术可以快速准确地识别害虫种类和病害特征，为农民和研究人员提供决策支持。AI 技术还可以通过分析气象数据、土壤数据和作物生长数据，预测病虫害的发生趋势，为农业生产提供科学依据（Kamilaris 和 Prenafeta-Boldú，2018）。

1.2　AI 技术在害虫防治教学中的优势与应用

1.2.1　图像识别与害虫诊断

传统的害虫诊断方法主要依赖于人工观察和经验判断，效率较低且容易出错。AI 技术可以通过分析害虫图像，快速识别害虫种类和病害特征，辅助学生掌握诊断技能。当前，基于卷积神经网络（CNN）的图像识别模型可以在几秒钟内完成害虫种类的识别，准确率高达 90% 以上（Barbedo，2018）。通过将 AI 图像识别技术引入课堂教学，学生可以在短时间内掌握大量常见害虫的诊断知识，显著提升学习效率。

1.2.2　数据分析与预测

AI 技术可以通过分析历史数据和实时数据，预测病虫害的发生趋势和危害程度。

例如，基于机器学习的预测模型可以结合气象数据、土壤数据和作物生长数据，预测某种害虫的暴发时间和规模（Domingues et al., 2022）。在教学中，教师可以利用 AI 数据分析工具，帮助学生理解害虫动态变化的规律，培养其科学分析和决策能力。

1.2.3 虚拟实验室与模拟教学

传统的害虫防治实验教学往往受限于实验设备、场地以及时效问题，学生难以获得足够的实践机会。AI 技术可以通过构建虚拟实验室，为学生提供沉浸式的学习体验。基于虚拟现实（VR）技术的虚拟实验室可以模拟真实的害虫发生防治场景，学生可以在虚拟环境中进行害虫识别、防治方案设计等操作。这种模拟教学方式不仅可以弥补实践资源不足的短板，还有助于激发学生的学习兴趣和创新能力。

1.2.4 智能问答与个性化学习

AI 技术可以通过自然语言处理技术，开发智能问答系统，解答学生在学习过程中遇到的问题。例如，基于深度学习的智能问答系统可以根据学生提出的问题，提供详细的解答和相关学习资源（Murtaza et al., 2022）。此外，AI 技术还可以通过分析学生的学习行为数据，为其提供个性化的学习建议，帮助其优化学习路径。

2 AI 技术在害虫防治教学中的挑战与问题

尽管 AI 技术在害虫防治教学中展现出显著优势和丰富应用场景，但其广泛应用也面临诸多挑战和问题。这些问题不仅涉及技术层面，还涵盖数据、成本、伦理等多个维度，需要在教学实践中加以深入研究和解决。

2.1 技术门槛高

AI 技术的应用对教师和学生提出了较高的技术能力要求。例如，使用 AI 图像识别技术进行害虫诊断时，教师需要掌握相关软件操作，并具备数据处理和分析能力。对于技术基础薄弱的群体，学习 AI 技术可能需要较长时间，限制了其应用范围。此外，AI 技术的快速迭代要求教师不断更新知识，以适应技术发展。在实际教学中，教师需具备编程、机器学习等技能，以有效利用 AI 工具。然而，许多教师可能缺乏这些背景，导致应用 AI 技术时面临困难。因此，高校和培训机构需提供培训和支持，帮助教师提升技术能力。同时，学生也需具备一定技术基础，以更好地理解和应用 AI 技术。为此，课程设置和教学内容需根据学生技术水平进行调整，确保教学效果。

2.2 数据质量与隐私问题

AI 模型的训练和优化依赖于高质量数据，而数据的获取和整理往往复杂耗时。在害虫防治教学中，数据来源可能包括实验室实验、田间调查、历史记录等，这些数据可能存在不完整、不准确或噪声较大的问题，影响模型训练效果（de Oliveira 和 de Silva, 2003）。因此，如何获取和整理高质量数据成为一大挑战。此外，数据隐私问题也不容忽视。在使用学生行为数据进行个性化学习分析时，保护学生隐私和数据安全至关重要。学生的个人信息和学习数据可能涉及敏感信息，处理不当可能导致隐私泄露。必须制定严格的数据保护措施，建立透明的数据使用政策，让学生了解数据用途和保护措施，增强信任感。

2.3 成本与资源限制

AI 技术的引入需要硬件和软件支持，会大大增加教学成本。高性能计算设备、云计算资源、专业软件等均需大量资金投入，对资源有限的高校而言可能是较大负担。AI 技术的维护和更新也需持续投入，对高校长期规划提出更高要求。AI 技术快速迭代意味着高校需不断更新硬件和软件，以保持技术先进性和有效性。这不仅需要资金支持，还需专业技术团队进行维护和管理。对于资源有限的高校，这构成较大挑战。高校需在预算规划中充分考虑 AI 技术的长期投入，确保技术可持续发展。

2.4 伦理与教育公平问题

AI 技术的应用可能加剧教育资源的分配不均。资源丰富的高校往往可以投入更多资金和人力，引入先进的 AI 技术和设备，为学生提供更好的学习体验。而资源匮乏的高校可能由于资金和技术的限制难以及时跟进，造成学生在学习资源和机会上的不平等。此外，AI 技术在教学中的应用还涉及伦理问题，如算法偏见和决策透明度，系统可能根据学生的背景数据做出不公平的评价或推荐，导致某些学生被忽视或歧视，造成差异化的学习效果（Boateng 和 Boateng，2025）。

3 AI 技术在害虫防治教学中的实践探索

在害虫防治教学中引入 AI 技术，可以从课程目标、教学内容和教学方法三个方面进行系统设计，以确保教学效果的最大化。明确 AI 技术的应用目标，将其融入课程设计，诸如 AI 辅助诊断模块、数据分析模块和虚拟实验模块等，帮助学生提升虫害诊断能力、理解害虫动态和培养创新能力等。已有反馈表明，学生使用基于深度学习的图像识别技术进行害虫种类和危害特征的识别，其准确率可高达 90%。利用机器学习算法分析历史数据，预测害虫暴发趋势，可显著提升学生的数据分析能力和科学素养。通过 AI 技术建立虚拟实验室和模拟教学，有助于激发学生的创新思维和问题解决能力。

在教学方法层面，通过"智能化、数字化、互动化"的多元教学模式，将 AI 技术与现代教育理念深度融合，构建起"线上+线下""理论+实践""人机互动"的立体化教学体系。具体而言，可依托 MOOC 等在线开放课程平台，开设"AI 在害虫防治中的应用""深度学习与害虫识别"等专题课程，构建完整的在线学习资源库。同时，结合"翻转课堂"理念，在课前通过智能推送系统向学生发放预习资料，课中利用智能问答系统进行实时互动和疑难解答，课后通过智能评测系统进行学习效果评估，实现教学全过程的智能化管理。在实践环节，可组织学生开展"田野调查+数据采集+AI 分析"的综合性实践活动，借助移动终端设备，进行害虫样本采集、图像识别和数据上传，通过云端 AI 平台进行实时分析和结果反馈。这种"教、学、做"一体化的教学模式，不仅能够提升学生的学习效率，还能培养其运用 AI 技术解决实际问题的能力，为未来农业害虫防治工作培养高素质的专业人才。

为了支持 AI 技术在害虫防治教学中的深入应用，需要建设相应的教学资源，包括图片库、数据集和案例库的教学资源库，以便为学生提供丰富的学习材料。收集常见害虫的高清图片用于 AI 模型训练，收集国内外 AI 技术应用案例作为实践参考。同时，开发基于 VR 技术的虚拟实验平台，提供沉浸式的学习体验。让学生可以在虚拟环境中观察害虫特征并进行识别操作，或者设计并实施防治方案以观察效果。这些资源的建设为 AI 技术在害虫防治教学中的深入应用提供了重要支持，帮助学生更好地掌握相关知识和技能，为未来的农业害虫防治工作奠定坚实基础。

4　AI 技术在害虫防治教学中的未来展望

随着人工智能技术的不断进步，其在害虫防治教学中的应用将更加智能化和个性化，为教学提供更多可能性。未来的 AI 技术不仅将在技术层面实现突破，还将在教学模式、政策支持等方面推动害虫防治教学的全面改革。

4.1　技术发展趋势

未来的 AI 技术将更加注重智能化和个性化。基于深度学习的个性化学习系统，AI 系统可以通过分析学生的学习进度和兴趣，推荐适合的学习资源和实验项目，帮助学生在最短时间内掌握核心知识。AI 技术甚至可以通过情感计算和自然语言处理，识别学生的学习状态和情绪，提供更加人性化的学习支持。例如，当学生表现出困惑或焦虑时，AI 系统可以自动调整教学节奏或提供额外的解释，帮助学生克服学习障碍。

虚拟现实（VR）和增强现实（AR）技术与 AI 的结合，将危害虫防治教学提供更加沉浸式的学习体验，获得接近真实的实践体验。通过 AR 设备，学生可以在现实环境中看到害虫的虚拟投影，在虚拟田间环境中观察害虫行为，设计并实施防治方案，并通过模拟结果评估方案的有效性，并获取相关的生物学信息和防治建议。

未来，AI 技术将更加依赖大数据分析，推动精准教学的发展。通过整合害虫发生数据、气象数据、作物生长数据等多源信息，AI 系统可以为学生提供更加精准的学习建议和预测分析。例如，基于机器学习的预测模型可以帮助学生理解害虫发生的动态规律，并通过模拟不同防治方案的效果，培养其科学决策能力。

4.2　教学改革方向

为充分发挥 AI 技术在害虫防治教学中的潜力，需要构建智能化教学模式。开发基于 AI 的智能教学平台，整合大数据分析和虚拟场景等功能，为学生提供一站式学习服务。在此过程中，提升教师的 AI 技术应用能力，是教学改革的关键。高校应组织教师参加 AI 技术培训，帮助其掌握相关工具和方法，并将其应用到实际教学中。高校还可以建立教师技术支持的常态化机制，确保教师在教学过程中能够获得及时的技术指导。此外，未来的害虫防治教学将更加注重跨学科融合。通过将 AI 技术与生物学、生态学、气象学等学科结合，构建跨学科教学模式，帮助学生从多维度理解害虫防治问题。例如，在课程设计中引入生态学原理，帮助学生理解害虫与环境的相互作用，并通过 AI 技术模拟不同生态条件下的害虫发生规律。

4.3　政策与支持建议

《教育强国建设规划纲要（2024—2035 年）》明确指出要推动 AI 技术在高等教育中的普及。高校将进一步加大对 AI 技术在教学中的应用支持，包括资金投入、资源建设和政策引导，并设立专项资金用于开发 AI 教学工具和虚拟实验平台，为教师提供技术支持。这包括投资建设高性能计算中心，支持 AI 模型的训练和优化，同时开发开放式的教学资源库，为学生提供丰富的学习材料。AI 技术在害虫防治教学中的普及需要社会各界的共同努力。企业可以通过技术合作和资源共享，支持高校的教学改革。科技公司可以开发低成本的 AI 教学工具，帮助资源有限的高校实现技术升级。同时，行业协会可以组织技术交流和培训活动，促进教师和学生的技术能力提升。

5 结语

AI 技术在害虫防治教学中的应用为传统教学模式带来了革命性的变革。通过图像识别、数据分析、虚拟实验室和智能问答等技术的引入，显著提升了学生的学习效率和实践能力。然而，AI 技术的广泛应用也面临技术门槛高、数据质量与隐私问题、成本与资源限制以及伦理与教育公平等挑战。未来，随着技术的不断进步，AI 将在害虫防治教学中实现更加智能化和个性化的应用，推动教学模式的全面改革。高校和培训机构需要提供技术培训和支持，确保教师和学生能够有效利用 AI 工具。同时，政策支持和社会各界的共同努力将是推动 AI 技术在害虫防治教学中普及的关键。通过构建智能化教学模式、提升教师技术能力、注重跨学科融合以及加大政策支持，AI 技术将危害虫防治教学提供更加精准和高效的学习体验，培养出更多高素质的农业害虫防治专业人才。

参考文献

BARBEDO J G A，2018. Impact of dataset size and variety on the effectiveness of deep learning and transfer learning for plant disease classification［J］. Computers and Electronics in Agriculture，153：46-53.

BOATENG O，BOATENG B，2025. Algorithmic bias in educational systems：Examining the impact of AI-driven decision making in modern education［J］. World Journal of Advanced Research and Reviews，25（1）：2012-2017.

DE OLIVEIRA R C，DE SILVA R D，2023. Artificial intelligence in agriculture：Benefits challenges and trends［J］. Applied Sciences，13（13）：7405.

DOMINGUES T，BRANDÃO T，FERREIRA J C，2022. Machine learning for detection and prediction of crop diseases and pests：A comprehensive survey［J］. Agriculture，12（9）：1350.

KAMILARIS A，PRENAFETA-BOLDÚ F X，2018. Deep learning in agriculture：A survey［J］. Computers and Electronics in Agriculture，147：70-90.

MURTAZA M，AHMED Y，SHAMSI J A，et al.，2022. AI-based personalized Elearning systems：Issues challenges and solutions［J］. IEEE Access，10：81323-81342.

RUSSELL S，NORVIG P，2020. Artificial Intelligence：A Modern Approach（4th ed.）［M］. Pearson.

农业昆虫学线上模块化建设与混合式教学模式探索[*]

潘鹏亮[**]，闻鑫茹，周顺玉，洪 枫，尹 健，张 凯[***]

（信阳农林学院农学院，信阳 464000）

摘 要：农业昆虫学是种植类专业的专业课和必修课程，涉及内容繁杂。在课堂教学学时不断压缩的情况下，借助线上教学资源和教学平台，坚持以学生为中心的教学理念，对课程进行模块化建设。通过分划教学重点，分解教学内容，把容易理解的内容放在线上，课堂以专题讨论和互动等形式，使学生能够在掌握基础知识的前提下，对课程进行全面把控，达到举一反三，学以致用的目的。同时，有效地解决了课程学时有限，学生学习积极性不足等问题。

关键词：专业课；线上教学；模块化；混合式教学

Exploration of Online Modular Construction and Blended Teaching Model for Agricultural Entomology[*]

Pan Pengliang[**], Wen Xinru, Zhou Shunyu, Hong Feng, Yin Jian, Zhang Kai[***]

(School of Agronomy, Xinyang Agriculture and Forestry University, Xinyang 464000, China)

Abstract: Agricultural entomology is a specialized course and required course for planting majors, which involves complex contents. With continuous compression of classroom teaching hours, the modular design construction of the course was performed based on the plenty of online teaching resources and teaching platforms, in order to implementation of student-centered teaching philosophy. By segmenting key teaching points and modularizing the curriculum content, we deliver easily comprehensible materials online. In classroom sessions, we employ formats such as focused discussions and interactive activities to ensure students can thoroughly grasp the foundational knowledge and thereby gain a comprehensive understanding of the course. This approach not only facilitates the transfer of learning but also enhances practical application skills. Additionally, it effectively addresses challenges posed by limited instructional time and low student engagement.

Key words: Specialized courses; Online teaching; Modularization; Blended learning

农业昆虫学是种植类专业的专业课和必修课，是提高学生专业综合能力的课程之

---

[*] 基金项目：2021年河南省职业教育和继续教育精品在线开放课程项目（教办职成2021-336号）；2021年河南省职业教育和继续教育课程思政示范项目（教职成2021-138号）；2023年河南省职业教育和继续教育课程思政示范项目（教办职成2023-197号）；信阳农林学院第二批一流本科课程建设项目（YLBKKC-202302）

[**] 第一作者：潘鹏亮，副教授，主要从事昆虫学领域的教学和科研工作；E-mail:2014180001@xyafu.edu.cn

[***] 通信作者：张凯，教授，主要从事农学相关的教学和科研工作；E-mail:2000180034@xyafu.edu.cn

一。课程涉及内容多，除害虫发生机理、调查测报和防控方法与原理外，各类大田作物、果树、蔬菜、地下和仓储等优势害虫就有五六十种（类）。而各专业对此类课程学时不断压缩，国内各农业院校教学团队都在探索适应新形势的教学模式（赖荣泉，2022；刘红霞等，2019；刘珍等，2021；郑延丽等，2022）。从利用多媒体教学（崔志新等，2000；董辉等，2011；黄东林，2008；孔雪华，2015）吸引学生学习注意力，到互动式（向嘉乐等，2011）、体验式（王洪亮等，2011）、案例式（田径等，2016）、交互式（许龙等，2018）、项目推动式（罗志文等，2018）等教学方法的应用，以引导学生更深层次地参与式教学，都在一定程度上改善了原有的教学效果。然而，新冠疫情的发生，某些线下教学效果较好的教学方法转为线上，其教学效果大打折扣，也加速了各层次教育开展线上教学探索的步伐。

2014 年，中国大学 MOOC 在线教育平台的推出促进了我国线上开放课程的建设，2018 年教育部推出了 490 门国家精品在线开放课程，各高校也加快了线上课程建设的速度。为应对后疫情时代教育教学方式的变化，结合目前大学生的学习习惯和行业需求，信阳农业学院的农业昆虫学课程建设也日趋成熟。总结起来，信阳农林学院农业昆虫学教学发展可以大致分为传统教学、线上辅助教学、平台教学三个阶段。通过梳理历届毕业生的信息反馈，教学团队对农业昆虫学课程教学重点有了较清晰认识，初步规划了线上模块化教学内容和相应的教学模式。

在多年的教学实践中，以模块化的知识单元构建的线上教学资源基本解决了学生对该课程通用知识的预习和理解，通过教师对课程知识点的串讲，进一步引发学生对课程内容的深入思考，对遇到的农业害虫问题有了正确的认识。同时，学生对综合性问题的思考和解决能力得到较大提升。

1 农业昆虫学教学发展阶段

1.1 漫长的传统教学阶段

从开设农业昆虫学课程以来，大多数任课教师以选用的教材为主，信阳农林学院长期以来选用仵均祥主编的《农业昆虫学》（北方本），该教材共分十五个章节，内容涉及面广，在不同农科专业中采用学期课和学年课两种授课计划，鉴于知识点较多，大多教师采用线下满堂灌的授课方式。授课内容基本按照教材章节顺序进行讲授，授课课件紧跟教材，偶尔会添加一些生产实例，但很少有时间与学生进行互动。在教学过程中，虽然要求学生进行课前预习和课后复习总结，但学生的学习情况大多不归入考核项目，因此学生的学习积极性不高。最终的考核以试卷为主（约占总成绩的 70%），平时成绩由考勤和实验组成。

长期以来，大多数院校农科类专业学生调换专业的需求较高，而一些学生即使就读了农科类专业，毕业后也无从事该专业相关工作的渴望和计划，教学效果无法得到保障，往往会出现学生在考前突击背知识点现象，而考后忘得一干二净。而在当前各种网络事物充斥到大学生生活的方方面面的背景下，这种教学方式根本无法吸引学生的兴趣。

1.2 零星的线上辅助教学阶段

信息网络的发展与普及改变了师生沟通的渠道，当微信、QQ等社交软件成为师生联系的主要方式时，大多数教师会利用这些软件向学生发布预习和复习内容，以及拓展教学视频等，并能够及时收到学生的问题反馈，与学生开展课下互动交流。信阳农林学院该课程各任课老师与授课班级建立有稳定的课程教学群，甚至直到学生毕业工作后，仍能收到学生在工作中遇到的害虫问题反馈，这有助于教学团队完善教学内容和生产素材的收集。但由于社交软件讨论内容不利于教学资料的规范化整理，也无法完全覆盖所有学生，因此，只能作为促进学生学习的一种辅助手段和完善教学内容的一种途径。

1.3 稳定的平台为主教学阶段

当中国大学 MOOC 等学习平台推广应用后，课前预习的环节由学生被动自学发展到学生利用平台提前学习阶段。在线上资源日益丰富之后，尤其是智慧树、学习通、雨课堂、钉钉、腾讯会议等平台的推广应用，为师生建立了稳定、规范的线上联络通道。任课教师在开课前会组建好课程资源，包括教学计划、教学课件、测试作业、拓展视频、典型图片和案例等，通过实名注册，各平台对学生的学习状态也有完整的数据统计，如课件下载量和浏览量，视频观看次数和时长，测试作业成绩等，传统的考勤也逐渐转为线上签到，甚至是刷脸签到等方式，这些数据会形成较规范的平时成绩。

在新冠疫情期间，为响应国家"停课不停教，停课不停学"，大力开展线上教学的倡导，各高校师生的"教"与"学"全部转为线上平台。由于各教师使用的平台不同，对学生线上学习状态和学习场景监控程度也不同，有时会出现学生端网络不流畅、声音与课件不同步、学生临时下线等现象，教学效果有较大差异。但随着平台技术的完善，大多数教学平台实现了回放等功能，可以弥补线上教学时出现的断网或不流畅而导致学生没听到教师讲解或学生讨论等问题，形成了稳定的线上教学氛围。

2 线上教学模块设计

为适应后疫情时代的教学需求，我们对农业昆虫学课程的线上资源进行了优化，除利用中国大学 MOOC 资源外，自建了适合本校教学需求的资源。本课程总体分为基础知识、大田害虫、蔬菜害虫、果树害虫、地下害虫、储粮害虫、检疫和入侵害虫7个模块（图1）。其中，基础知识为本课程的重点内容，需要学生理解掌握，并贯穿于之后的各模块，采用的授课方式为在学生自学的基础上，以教师讲授为主。其余模块中的重点内容采用与学生互动串讲的方式，用于巩固学生自学效果，而不再重复线上展示内容。鉴于课程课时的限制，其余内容由学生拓展自学，并纳入考核范围。

在基础知识模块，对应用性较强的内容，如农业昆虫的调查和测报方法、害虫防治的原理和方法等内容，除讲解基本原理和展示应用实例外，要求学生利用课余时间对一种以上的害虫进行实地调查，计算发生率和发生密度，制定出科学的防控方案，并对防控方案中涉及的措施使用到的相关原理进行解释，形成模块总结，计入平时成绩。对农业害虫防治史等了解性内容，以课程思政为教学目标，引导学生学农强国、以学农为荣的意识。

大田害虫模块选择本省主栽作物小麦、水稻、杂粮中优势害虫，并以分类学信息再

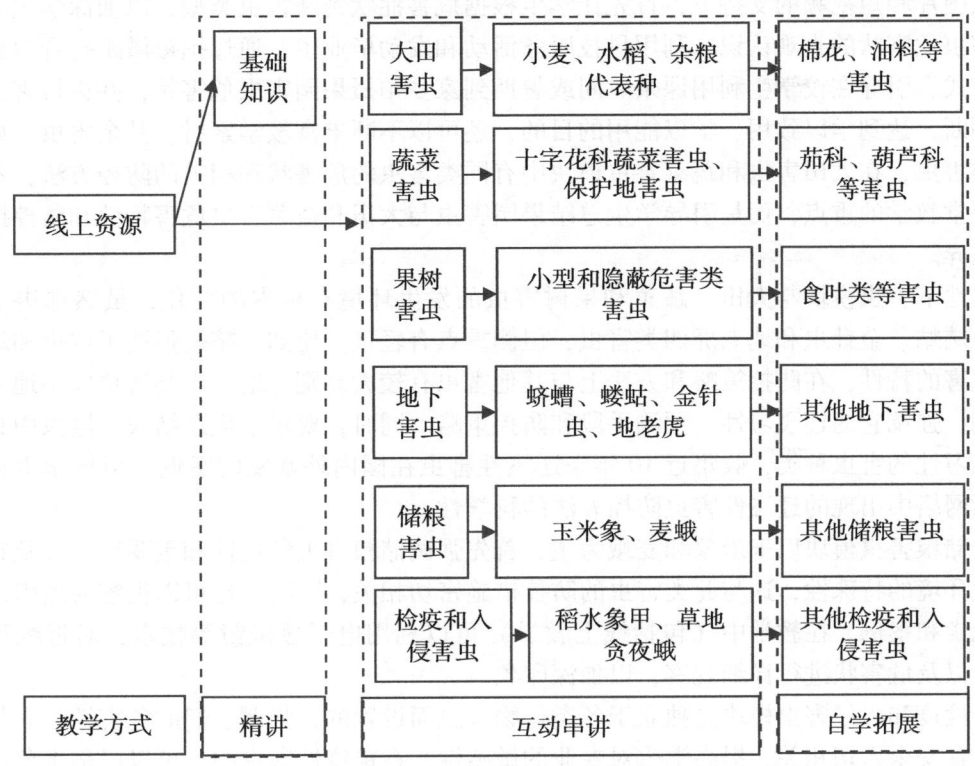

图1 农业昆虫学线上教学模块及教学方式

优选一类害虫中的代表种，进行重点讲解。比如，水稻害虫中只详细讲解二化螟、灰飞虱、直纹稻弄蝶，其近缘种在讲解时采用类比方式略讲，或通过提问、小组发言等方式，由学生总结讲解。而其余害虫和棉花、油料等害虫主要由学生自学中国大学MOOC资源和自建资源，完成线上测试作业，撰写自学总结，要求总结出每类害虫危害特点、重要形态特征（强调肉眼可分辨且容易记忆的特征）、发生规律、预测和防控方法，作为平时成绩的一部分。对大田施药新技术，结合我校开设的农用无人机相关课程和智慧农场实例素材，引导学生深入了解智慧装备在农业害虫防治中的应用现状，激发学农的兴趣和责任感，形成课堂小论文，也作为平时成绩的一部分。而对稻水象甲、草地贪夜蛾等检疫性害虫和入侵害虫，作为单独的模块进行学习。

蔬菜害虫模块以十字花科蔬菜害虫和保护地害虫为重点内容，其中，十字花科蔬菜害虫选讲菜粉蝶、小菜蛾和菜蚜，保护地害虫选讲烟粉虱和美洲斑潜蝇。由于各地蔬菜种植，尤其是保护地蔬菜种植面积较大，在害虫防控时，物理防治、生物防治等害虫绿色防控装备和技术不断更新，需要不断增加生产中出现的新技术应用案例，激发学生学农的自豪感。教材中出现的传统防控措施不再一一赘述，而采用学生小组总结的方式给予加深印象。

果树害虫模块以果园出现的小型害虫和隐蔽危害类害虫为主。其中，小型害虫以叶螨、介壳虫为例，隐蔽危害类害虫以桃小食心虫、金纹细蛾、桃红颈天牛、核桃举肢蛾、栗实象为例。此模块借助教学团队科技服务基层的案例为主，在大量果园害虫危害症状图片和短视频的支持下，首先让学生根据危害症状判断害虫类型，以加深学生对每种害虫危害状的直观认识。利用科技服务活动和发动毕业生，通过拍摄微距抖音短视频的方式，引导在校学生利用课余时间或暑期到家乡拍摄果园害虫危害状，并进行害虫种类判断，达到学以致用、学以能用的目的，还可以不断丰富教学素材。其余害虫，如食叶类害虫，在大田害虫和蔬菜害虫模块中有同类害虫的危害状和相关的防控方法，不作为课堂教学的重点，而是引导学生总结果园害虫与大田和蔬菜害虫危害特性和防控措施的差异。

地下害虫模块与大田、蔬菜和果树害虫的发生环境有根本的变化，虽然选讲了蛴螬、蝼蛄、金针虫和地老虎四类害虫，但侧重点有轻重。比如，蛴螬强调了成虫和幼虫均危害的特性，在防控策略和方法上与其他害虫有较大差别。地老虎类害虫以小地老虎为例，强调它的迁飞习性、预测手段和防控策略。同时，要求学生总结农业昆虫中具有迁飞习性的害虫种类，收集近10年来迁飞性害虫在国内外暴发的案例。引导学生正确判断网络中出现的迁飞性害虫防控方法的科学性。

储粮害虫模块以玉米象和麦蛾为主，首先强调储粮害虫危害性和重要性，以及它们发生环境的特殊性，这与此类害虫的防控措施密切相关，同时，也可以很容易地引入思政元素和案例。在教学中（包括线上教学）可以利用电子显微镜等技术，对近缘种的特征以及危害状进行详细观察，以加深印象。

检疫和入侵害虫模块是独立于各类作物害虫而设置的，强调它们的危害性，它与国家粮食安全密切相关，提高学生对专业的敏感性。在检疫性害虫中，可以以稻水象甲为例，也可以以苹果绵蚜、葡萄根瘤蚜等为例，这需要考虑学生的生源地。但鉴于课时有限性，以一种为讲解内容，其余可引导学生进行总结。入侵害虫也可能发生变化，以当前入侵性"明星"害虫为主。

3 教学效果

从平时表现来看，应用模块化混合式教学前，教学班级（共33人）参与知识点投票互动率为94.39%，参与头脑风暴率为84.09%，总互动率为92.46%；使用该教学模式后，学生（共35人）参与课堂讨论与互动率明显上升，知识点投票互动率为98.62%，参与头脑风暴率为98.29%，总互动率为98.57%。从期末考核情况来看，学生对综合性问题的分析和解决能力有明显提升，这主要表现在案例分析题的答题思路、分析的科学性和结论的正确性。使用该教学模式前后学生对该题的平均得分分别为6.8分和12.6分（总分15分）（图2）。

4 结语

农业昆虫学课程在农科类专业中具有重要地位，是培养和体现学生综合能力和专业素质的课程之一。随着网络资源平台和后疫情时代高等农业教育的发展，以及学生学习方式的变化，线上线下混合式教学必将成为主流。专业课课时的压缩、思政教育的嵌入和过程考核份额的增加，学生的学习渠道不断拓宽，这就要求教学方式发生改变。通过对农业昆虫学线上资源的模块化设计，结合线上和线下混合式教学方式，在一定程度上

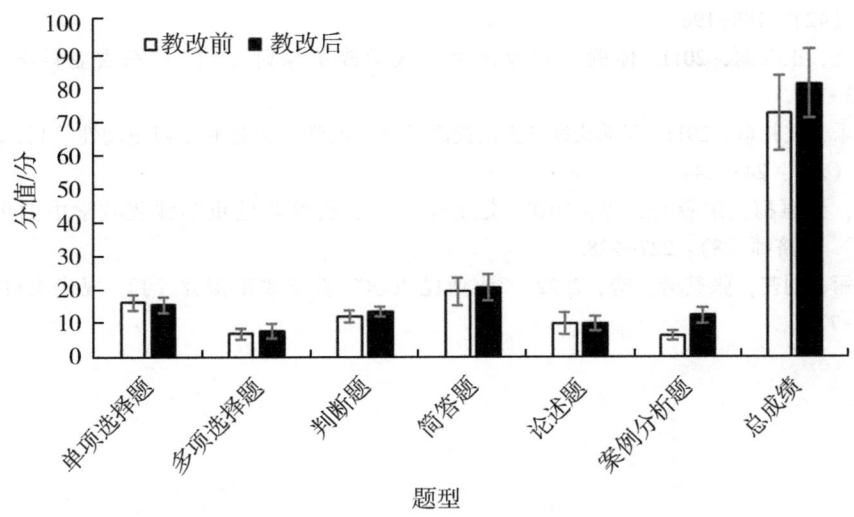

图2　教改前后两届学生期末考核各题型平均得分情况

既解决了本课程内容繁杂、重点多、相对学时少、课堂教学任务重等问题，也促进了师生主动学习的积极性。

从不同年级学生在课程交流群中互动情况来看，关于基础常识性问题大量减少，在学生中出现了学生教学生的良好氛围。大部分学生通过学习，对生产中害虫防控新技术的兴趣不断增加，保持了较高的专业敏感性，他们不但能够自行解释背后的基本原理，也树立了绿色防控、生态调控等科学的害虫防治理念。对出现的"新"害虫，可以根据它们的形态特征判断种类，利用它们的生活习性，制定较科学的防控方案，达到了举一反三、学以致用的育人目的。单从课堂互动情况和期末考核来看，学生参与课堂互动的比率上升，对综合性复杂问题的分析和解决能力有明显提升。

参考文献

崔志新，李炳夫，陈文胜，等，2000. 农业昆虫学多媒体组合教学研究［J］. 中山大学学报（自然科学版）（S3）：238-241.

董辉，高萍，钱海涛，等，2011. 农业昆虫学实验教学改革探索［J］. 高等农业教育（7）：56-57.

黄东林，2008. "农业昆虫学"多媒体教学中教师作用的探讨［J］. 科技信息（27）：496-510.

孔雪华，2015. 运用多媒体增强农业昆虫学教学效果［J］. 中国教育技术装备（11）：96-97.

赖荣泉，2022. "农业昆虫学"教学与实践模式的探索［J］. 教育教学论坛（16）：111-114.

刘红霞，张柱亭，2019. 植物保护专业"农业昆虫学"课程教学改革探索［J］. 凯里学院学报，37（6）：82-85.

刘珍，姜吉刚，刘良国，2021. 绘图在昆虫学相关课程实验教学中的应用［J］. 安徽农学通报，27（14）：189-191.

罗志文，杨金香，王波，等，2018. 项目教学法在农业昆虫学教学中的应用［J］. 经济师（8）：211-212.

田径，袁海滨，张波，2016. 试论案例式教学在"农业昆虫学"课程中的应用［J］. 教育教学论坛（42）：188-190.

王洪亮，王丙丽，2011. 体验式农业昆虫学教学改革探讨［J］. 广东农业科学，38（10）：173-174.

向嘉乐，文礼章，2011. 互动式教学方法提高了学生的学习兴趣和学习主动性［J］. 教育教学论坛（21）：243-244.

许龙，吴恒梅，宋春香，等，2018. 交互式教学法在农业昆虫学课程教学中的创新性探索［J］. 经济师（8）：227-228.

郑延丽，刘蕊，张其芳，等，2022. "农业昆虫学"教学改革探究［J］. 现代农村科技（4）：76-77.

人工智能和动态影像技术在昆虫学教学实践中的应用

林榕梅*，何瑾瑾

(河南省害虫绿色防控国际联合实验室，河南省害虫生物防控工程实验室，河南农业大学植物保护学院，郑州 450002)

摘 要：为满足新农科建设对农业人才提出的要求，顺应科技发展趋势，改变昆虫学教学现状，将人工智能技术和动态影像技术与昆虫学教学相结合，利用现代科技为传统教学赋能。结合 AI 技术优化课程体系，改革创新教学方法，进行跨学科融合实践，提高学生的创造性思维；以动态影像技术激发学生学习兴趣，调动学生学习积极性。培养既熟练掌握 AI 等现代化技术，又具备充足理论知识的复合型人才，为国家现代化农业建设打好人才基础。

关键词：昆虫学；教学改革；人工智能；动态影像

Teaching Practice of Artificial Intelligence and Dynamic Images in Entomology

Lin Rongmei*, He Jinjin

(Henan International Laboratory for Green Pest Control; Henan Engineering Laboratory of Pest Biological Control; College of Plant Protection, Henan Agricultural University, Zhengzhou 450002, China)

Abstract: To meet the demands of cultivating agricultural talent under the new agricultural science development initiative, align with technological advancements, and revolutionize the current state of entomology education, we propose integrating artificial intelligence (AI) and dynamic imaging technologies into teaching practices. By utilizing these technologies to enhance traditional teaching methods, we aim to optimize curricula through AI integration, develop innovative instructional approaches, and implement cross-disciplinary initiatives to foster students' creative thinking. Dynamic imaging technology is employed to heighten learner engagement and academic motivation. Our goal is to cultivate versatile professionals who demonstrate expertise in AI technologies and possess strong theoretical foundations in entomology. By doing so, we aim to establish a sustainable talent pipeline for China's agricultural modernization.

Key words: Entomology; Teaching reform; Artificial intelligence; Dynamic images

在科学技术日新月异的 21 世纪，人工智能在农业领域的应用日益广泛，报告指出，智慧农业已成为当今世界现代农业发展的大趋势（赵春江，2019）。在人工智能时代，农业领域向智能化、精准化、定制化转型（刘丽伟等，2016），这无疑是一场巨大变革。这对传统农林教育模式和农业技术人才提出了新的要求。昆虫学作为农业科学的重

---

* 第一作者：林榕梅，博士，讲师，主要从事昆虫学领域的教学和科研工作；E-mail: rmlin@henau.edu.cn

要基础学科，对保障农作物产量与质量、维护生态平衡至关重要。传统昆虫学人才培养模式已难以满足现代农业对人才的多样化需求。究其根本，当前昆虫学教育仍以传统分类学为主，缺乏与数据科学、创意产业等领域的深度融合，无法满足新农科建设提出的培养具备多学科知识和创新能力的农业人才以推动农业现代化进程的要求。通过不断创新昆虫学人才培养模式，培养出既懂昆虫学专业知识，又具备人工智能应用能力的复合型人才，更好地服务于农业产业升级，更好地肩负起服务乡村振兴发展和生态文明建设的重大历史使命（陈宝生，2018）。由此来看，传统昆虫学教育现状不容乐观，教学方法的改革创新刻不容缓。

1 昆虫学教学现状分析

1.1 传统昆虫学教学模式存在局限

目前昆虫学教学仍以传统的课堂讲授和实验教学为主，侧重理论知识传授，现有教学框架过度依赖《普通昆虫学》《农业昆虫学》等经典教材，授课内容以昆虫形态分类、生物学特性等基础理论为主导，虽能为学生构建起学科知识体系，但课程内容与现代信息技术融合不够，教学方式较为单一，难以激发学生的学习兴趣，也无法调动其学习积极性，更不能充分培养学生的实践创新能力。同时，昆虫学教学过程中的理论讲述与实践教学衔接不够紧密，导致学生在实际应用中存在困难，无法将科学理论快速有效地与实际生产相联系，从而与农业生产、实习就业相脱节。在农业生产方面，《中华人民共和国国民经济和社会发展第十三个五年规划纲要》第二十章中指出，要"加强农业与信息技术融合，发展智慧农业，提高农业生产力水平"，相关人才必须为此做出充足准备；在实习就业方面，只掌握单一知识结构的昆虫学人才难以满足当今农业企业对复合型人才的需求。随着人工智能在农业病虫害监测、预测和防治领域的应用不断深入，急需培养掌握昆虫学与人工智能交叉知识的新型人才。

1.2 人工智能技术的应用不足

在昆虫学教学要求中，精确认识昆虫的形态结构是不可或缺的一环。其教学方法也随科学技术发展而不断改进，从以解剖模型、板图或挂图展示为主，辅以形象的体语手势和精确的语言表达的传统的昆虫学教学手段到多媒体技术的创新应用，科技发展让教学变得更加生动活泼，高效直接（严善春等，2005）。当今社会，人工智能在教育领域的应用正在快速改变传统的教学和学习方式，推动教育向更高效、个性化和包容性的方向发展。人工智能在教育领域的应用逐渐受到关注并投入使用，昆虫学教学也应当抓住时机，像之前利用多媒体进行教学创新一样，继续利用科技为教学赋能，但在目前的昆虫学教学中人工智能技术的应用还相对较少，缺乏成熟的教学模式和实践经验。

1.3 跨学科融合难度大

昆虫学与人工智能的跨学科融合需要打破学科界限，整合多学科的教学资源和师资力量。然而，目前高校在跨学科人才培养方面还存在诸多体制机制障碍，如课程设置不合理、师资配备不均衡等。同时，教师作为跨学科教学的核心协调者，需通过多维路径推动教学创新。在团队协作层面，既要整合学科教师群体的专业力量，构建跨学科教学共同体，也要协调学科核心素养目标与跨学科主题目标的辩证关系，引导各科教师共同参与项目设计，在保障学科话语权平衡的基础上促进深度协作（靳盼盼等，2025）。这无疑在跨学科融合方面对教师提出了更高的要求，但目前多数教师对人工智能技术的掌握程度有限，难以将其有效融入教学过程，无法高效引导学生进行跨学科学习。

2 人工智能在昆虫学教学中的创新应用

2.1 优化课程体系

2015 年，国务院办公厅下发《关于深化高等学校创新创业教育改革的实施意见》指出，高校要打通一级学科或专业类下相近学科专业的基础课程，开设跨学科专业的交叉课程，探索建立跨院系、跨学科、跨专业交叉培养创新创业人才的新机制，促进人才培养由学科专业单一型向多学科融合型转变。利用 AI 技术，优化课程体系，构建"通识+专业+交叉"的课程体系，在传统昆虫学课程基础上，增加人工智能相关课程，如"人工智能导论""机器学习基础"等，提高同学对于人工智能的了解认知，减轻同学对于未知领域知识的畏惧；同时设置跨学科综合课程，如"人工智能在昆虫学中的应用""机器学习在昆虫识别中的应用""大数据分析与昆虫生态建模"等，将同学所熟悉的昆虫学知识与前沿科技结合，激发学生思维、开阔学生眼界、拓宽其知识面。开发"AI+昆虫学"课程群，如"昆虫行为 AI 建模""智能农业害虫监测技术"等，利用机器学习、大数据分析等工具，让老师教学锦上添花，让学生学习事半功倍。

2.2 升级教学手段

革新教学方法，采用线上线下混合式教学模式。利用智慧教学平台，开展线上课程教学、在线讨论、作业布置与批改等；线下课堂则注重实践教学和互动研讨，利用虚拟仿真技术开展昆虫实验教学，通过虚拟仿真实验、野外实习等方式，增强学生的动手实践能力。加强实践教学，与农业企业、科研机构合作建立实习基地，开展基于实际项目的实践活动，让教学知识真正与实际生产结合。面对教师对人工智能技术的掌握程度有限的现状，组织教师参加人工智能技术培训，提升教师的数字素养和教学能力。同时，聘请人工智能领域的专家担任兼职教师，参与课程教学和指导，建设搞懂 AI、会用 AI 的师资队伍，以此培养能创新、会融合的复合型新人才。

2.3 校企共育，AI 赋能

进行跨学科融合实践，联合计算机科学、创意设计等学科，开设"昆虫资源 AI 开发""昆虫文创产品设计"等跨学科项目，模拟企业攻关场景，让学生基于假设案例分析学习，锻炼能力，为真正实践打下基础。同时，打造校企共育机制，与农业科技企业共建"AI 昆虫产业实训基地"，推行订单式培养，企业发布相关攻关课题作为学生毕业设计选题，学生结合 AI 技术进行农业技术创新探索，设计既有学术深度又有科技新意的毕设，利用所学知识解决企业实际问题。利用企业助力，建立"人机协同实验室"，由 AI 承担数据采集与初步分析，学生聚焦高阶策略制定与创新设计。在充分利用科学技术带来的便利的同时，不忽略学生在科学研究上的主体性，锻炼其独立思考的能力。实施"双导师制"，企业工程师与高校教师联合指导学生完成从算法开发到田间应用的全链条项目，以 AI 技术激发学生的创新思维，真正实现校企共赢，多方受益。

3 动态影像技术的教学实践探索

3.1 利用三维建模与虚拟现实（VR）技术提高教学质量

昆虫种类繁多、形态多样、结构复杂，只依赖课本上简单的平面示意图和文字表述，很难让学生真正理解昆虫的形态结构。特别是在面对昆虫的复杂口器或不规则大脑，平面影像的单一视角无疑给老师的讲授和学生的理解加大了难度，教师在讲解时难以突破"照本宣科"的困境，学生在理解时也容易形成碎片化认知，就算是不同角度的影像同时呈现，对于空间能力不好的同学同样也是一种挑战。但 3D 打印技术的应用可以突破传统教学的局限。该技术可构建实体化模型，能将果蝇脑等典型昆虫脑结构转化为可触可视的立体模型，实现神经节、蕈形体等关键结构的精准还原。学生就可以在听老师讲解的过程中同步观察、触摸模型，将课本上的难解的专业名词，复杂的结构，抽象的空间联系与直观具体的实体结构一一对应（赵新成等，2017）。

3.2 添加影视化教学，激发学生兴趣

昆虫广泛存在于人类生活环境中，然而大众普遍和它们保持着距离，或者可以说，大部分人害怕甚至厌恶昆虫，不愿与昆虫做过多接触。这种对于昆虫的排斥心理，为昆虫学的教学带来了一定的阻碍。不过，随着动态影像技术在艺术创作中的广泛应用，昆虫正以独具魅力的形象出现在大众视野。有的影视作品直接选取昆虫为主角，比如《昆虫总动员》（Minuscule，2014），法国无对白动画，结合 3D 昆虫与实景，展现微观世界的冒险与幽默；《虫虫特工队》（A Bug's Life，1998），是皮克斯经典动画，讲述蚂蚁菲力对抗蚱蜢霸凌的故事，昆虫社会分工和群体智慧被拟人化呈现；《蜜蜂总动员》（Bee Movie，2007），蜜蜂巴里打破蜂巢规则，与人类世界互动，探讨生态与工业化的冲突；《小蚁雄兵》（Antz，1998），梦工厂早期作品，讲述工蚁反抗阶级制度的故事，映射出人类社会中的阶级矛盾。还有些影视作品赋予昆虫奇幻的超现实能力，为昆虫覆上一层神秘面纱，如，日本动漫《风之谷》（1984），作品中的"王虫"是巨型节肢生物，拥有金色触须和群体意识，象征自然力量；以宝石作为主角的动漫《宝石之国》（2017），磷叶石等角色与"月人"战斗时，部分敌人呈现昆虫形态，甲壳质感与宝石身体形成对比，引人联想；《火影忍者》中，油女一族的忍者以操控寄生甲虫为武器，昆虫与忍术结合，凸显神秘感。这些影视作品无形中消弭了大众对于昆虫的恐惧心理，也在观众心里埋下对于昆虫世界好奇的种子。所以，将枯燥的昆虫学理论与影视作品中有趣的昆虫形象相结合，在激发学生对于昆虫学的学习兴趣的同时，还能加深学生对于所学知识的理解掌握。

以林榕梅开设的河南农业大学公共选修课"奇妙的昆虫王国"为例。该课程已经开设两个学期，每学期报名的同学都达到课程上限。在课程中增加"动画片中的昆虫""电影中的昆虫"等内容，激发学生学习兴趣，即使不学习昆虫学的其他专业学生也能听懂课程内容，在课堂上收获快乐与知识。有同学提出向老师提出，影视作品中的昆虫的部分行为特征和形象特点并不与现实自然中的昆虫特征完全一致，其实这正是课程设计的巧妙之处。讲述昆虫的纪录片并不少见，像《微观世界》，利用特殊的微观摄影机，向人们展示了森林里、草丛下放大了无数倍的昆虫世界；或是《昆虫帝国》展现

了昆虫方方面面的生活。可一听是纪录片，同学的兴趣便熄灭了大半，更别要求他们在视频播放过程中全神贯注，注意到纪录片里的每个细节。而面对妙趣横生、轻松愉快的影视作品，同学的目光、心思不自觉被吸引，并在观看过程中留意细节，和所学知识进行比较。在影视作品纷杂的昆虫形象中，找出与实际相符的部分，指出与实际相差的地方，这种行为本质上是对于所学知识的一种实践应用、一种巩固加深（图1）。

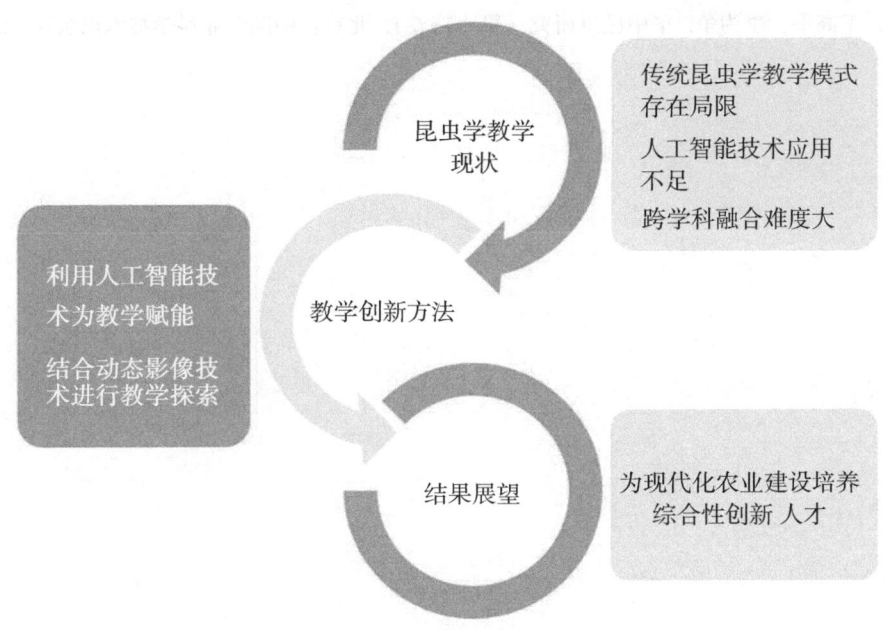

图1 动态影像技术的教学实践探索

4 结语

人工智能的应用和动态影像的实践是对于昆虫学教学的一次新尝试。在人工智能技术正在重构农业生产，科研与管理模式的背景下，传统昆虫学教育面临课程单一、技术脱节、跨学科融合不足等挑战。因此，昆虫学教育应将人工智能应用与动态影像与传统昆虫学结合，通过构建"通识+专业+交叉"课程体系，结合线上线下混合式教学与虚拟仿真技术，强化理论与实践衔接结合，提高学生通过AI辅助昆虫行为分析、病虫害预测等能力，培养能驾驭AI工具的新农人，为智慧农业发展输送复合型创新人才，为新农科建设和农业现代化提供人才支撑。

参考文献

陈宝生，2018. 在新时代全国高等学校本科教育工作会议上的讲话［J］. 中国高等教育（Z3）：4-10.

靳盼盼，娜日苏，王强，2025. 教学评一体化视域下跨学科教学教师角色：期待·困厄·生成[J]. 教育理论与实践, 45 (11): 28-32.

刘丽伟, 高中理, 2016. 美国发展"智慧农业"促进农业产业链变革的做法及启示[J]. 经济纵横 (12): 120-124.

严善春, 迟德富, 2005. 昆虫学多媒体教学的必然性和教学效果[J]. 黑龙江高教研究 (10): 117-118.

赵春江, 2019. 智慧农业发展现状及战略目标研究[J]. 智慧农业, 21 (1): 1-7.

赵新成, 谢桂英, 陈秋燕, 等, 2017. 应用3D打印技术辅助果蝇脑结构教学的实践[C]//原国辉, 王高平, 李为争. 华中昆虫研究 (第十三卷). 北京: 中国农业科学技术出版社: 257-261.

普通昆虫学实验教学的困境突围与创新变革*

王 星[1]**，黄国华[2]

（1. 琼台师范学院理学院，海口 571127；2. 湖南农业大学，长沙 410128）

摘 要：在当今社会对复合型人才需求激增的背景下，高校课程改革势在必行。本研究以琼台师范学院生物科学专业普通昆虫学实验课程为切入点，深度挖掘其教学实践中面临的标本资源短缺、课时与内容适配失衡、教学模式僵化以及考核机制片面等突出问题。基于教师教学实践经验与对当代教育改革趋势的深刻洞察，特别是 AI 技术的发展以及智能化的推广，从标本扩充、教学大纲创新、教学模式转变、考核体系优化四个核心维度提出具针对性与创新性的改革策略与方法，旨在重塑普通昆虫学实验课程教学生态，激发学生内在学习动力与创新潜能，全面提升教学质量，培育契合社会发展需求的专业人才，为同类院校相关课程改革提供富有价值的参考范例。

关键词：普通昆虫学实验教学；教学革新；标本多元拓展；创新教学大纲；动态教学模式；多元考核体系

Breakthrough and Innovation in the Experimental Teaching of General Entomology*

Wang Xing[1]**, Huang Guohua[2]

（1. College of Science, Qiongtai Normal University, Haikou 571127, China;
2. Hunan Agricultural University, Changsha 410128, China）

Abstract: Against the backdrop of the surging demand for interdisciplinary talents in today's society, curriculum reform in colleges and universities is imperative. This study takes the experimental course of General Entomology in the Biology Science major of Qiongtai Normal University as the starting point, and deeply explores the prominent problems such as the shortage of specimen resources, the imbalance between class hours and content, the rigidity of teaching models, and the one-sidedness of assessment mechanisms in its teaching practice. Based on the teaching experience of teachers and a profound understanding of the trends of contemporary educational reform, this paper proposes targeted and innovative reform strategies and methods from four core dimensions: specimen expansion, innovation of the teaching syllabus, transformation of the teaching model, and optimization of the assessment system. The aim is to reshape the teaching ecology of the General Entomology experimental course, stimulate students' internal learning motivation and innovation potential, comprehensively improve the teaching quality, cultivate professionals who meet the needs of social development, and provide valuable reference

---

* 基金项目：海南省高等学校教育教学改革研究项目（Hnjg2024ZC-130）；琼台师范学院2024年度校级名师工作室项目（qtjg2024-15）

** 第一作者：王星，教授，主要从事昆虫学相关科研、教学工作；E-mail: xingwanghjt@163.com examples for the curriculum reform of related courses in similar institutions.

Key words: experimental teaching of general entomology; teaching innovation; diversified specimen expansion; innovative teaching syllabus; dynamic teaching model; diversified assessment system

在深入洞察社会发展趋势与科学技术飞跃的背景下，职场对人才的需求正经历着持续而深刻的变化。当下，用人单位不仅期望应聘者拥有完备的专业理论知识，更对其实践操作能力寄予了极高期望。面对新形势下的挑战，如何有效调整教育策略，培养既具备高度综合素质又拥有出色实践能力的大学毕业生，成为各高校亟待解决的关键课题与重大使命（杜喜翠等，2015）。课程，作为不同知识体系精髓模块传递的媒介，是师生之间连接的一座桥梁，更是人才培养的核心与基石所在。课程的质量，无疑是衡量人才培养成效的决定性要素（吕宁等，2023）。实验教学，作为本科教育不可缺少的一环，其重要性不言而喻。它不仅能加深学生对课堂理论知识的内化与理解，更是激发学生创新思维、强化动手能力及团队合作精神的重要途径（岳艳丽等，2024）。在实验操作过程中，学生学会发现问题、分析问题并寻求解决方案，通过实践验证理论，实现知识向实践能力的有效转化（孙占坤，2022）。因此，针对不同学校的实际情况，深入剖析普通昆虫学实验教学中存在的问题，并提出改革方案，有利于夯实学生的理论知识和提升学生理论联系实践的能力，符合国家发展对人才的培养要求，从而培养出高素质的社会主义建设接班人。

普通昆虫学作为自然科学领域的专业课程（王晓云和樊东，2020），是植物保护专业和森林保护专业的专业基础课及专业核心课（钱秀娟等，2024），也是农学、园艺等专业的一门重要必修课，还是其他生物类专业的选修课程（白素芬等，2017；杜超和伏召辉，2020）。其实验教学环节，旨在深化学生对普通昆虫学基础理论知识的认知与掌握，进一步锤炼学生的观察力、思维力、实践操作能力、创新能力以及知识应用能力，促进学生理论联系实践，培养其独立发现问题、解决问题的能力。琼台师范学院的前身是创办于1705年的琼台书院，为海南省属全日制普通本科院校。2019年，该校设立生物科学专业。普通昆虫学作为生物科学专业选修课程于2022年秋季开课。然而，面对新时代教育改革的浪潮，琼台师范学院生物科学专业的普通昆虫学实验课程教学面临诸多困境，亟待全面改革以顺应教育发展潮流。

1 普通昆虫学实验教学面临的困境

1.1 标本资源困境：教学推进的瓶颈制约

实验课程开设之初，其教学对昆虫标本的需求呈大规模、多维度特点。但市场上专业且符合教学规范的标本供应商稀缺，采购渠道狭窄且品质良莠不齐，致使标本采购工作举步维艰，难以一次性获取充足且适配的教学标本。专业野外实习是标本收集的重要途径之一，却受限于学生采集经验欠缺、保存技术欠缺，致使标本在种类完整性、数量充足性及质量稳定性方面远未达到教学标准。伴随专业招生规模的不断扩大，标本供需矛盾日益尖锐，成为教学活动顺利开展的严重阻碍，极大影响了教学效果的提升。

1.2 课时内容矛盾：深度拓展的关键束缚

作为专业选修课程，普通昆虫学实验课程常被视为理论课的附属，课时被极大压缩，难以支撑丰富多元实验内容的开展。有限的课时极大限制了实验内容的深度与广度拓展，综合性实验项目难以有效实施。教学实践中，教师受课时所限，被迫选择耗时短、内容简单的实验项目，致使理论知识在实验中的验证流于表面，难以激发学生的创新探索欲望与深度思考潜能。如此一来，学生难以构建系统的知识体系，对课程的理解与掌握仅停留在浅层次，严重阻碍了其综合能力的培育与提升。

1.3 教学模式桎梏：学生活力的禁锢枷锁

传统的普通昆虫学实验教学模式以教师主导，实验全程预设性强，学生在课堂上依循既定步骤机械操作，自主思考与互动交流空间极为有限，难以满足学生个性化学习需求。实验时空固定僵化，教学环境封闭刻板，难以营造宽松自由的学习氛围，严重抑制学生的个性化发展与创新思维萌芽，成为提升学生综合素质的重要障碍。长此以往，学生逐渐丧失学习主动性与积极性，陷入被动完成任务的泥沼，综合素质提升受阻，无法满足现代教育对学生能力全面发展与主体地位彰显的诉求。

1.4 考核机制局限：能力评估的偏颇视角

以往普通昆虫学实验课程考核过度倚重实验报告质量，主要聚焦于学生对昆虫形态结构的绘制以及各目、各科检索表的编制，忽视实验操作全程动态的评估（郝广萍等，2024）。导致学生在学习过程中重报告撰写、轻实践操作，甚至出现抄袭教材或实验书内容的不良现象，严重背离了实验教学的初衷。单一考核模式无法精准而全面地衡量学生的实践技能熟练度、创新思维活跃度及问题解决能力，极大削弱了学生对课程的学习热情与重视程度，不利于教学质量的持续改进。

2 普通昆虫学实验教学创新改革策略

2.1 标本扩充创新策略：构建多元协同采集生态

为有效解决标本资源短缺问题，着力构建全方位、多元化的标本积累生态体系。创新性地设立"日常采集任务驱动机制"，在理论课程开课时，为每位学生定制标本采集任务。鼓励学生充分利用课余时间，深入校园及周边生态环境采集昆虫标本。学生在实验员专业指导下领取采集工具与材料，并必须在规定时间内（每学期的1~13周）完成至少涵盖30个科、总计100头以上的标本采集任务，采集成果将量化纳入平时成绩，以此激发学生的参与热忱与探索精神。

强化与专业标本供应商的紧密合作，建立定期筛选采购机制，确保引入高品质各虫态、各目与科的成品标本，丰富标本资源库。同时，整合校内昆虫爱好者、昆虫协会及生物科学各科研团队力量，组建专业化野外采集专班，依据采集成果给予合理报酬激励，提高标本质量与采集效率。此外，积极引进高质量、先进的标本采集与制作技术工具。同时，加强对学生野外实习的指导培训，提升学生标本采集与处理技能，全方位保障实验标本资源的充足供应与优质品质，为实践教学提供丰富的资源库。

2.2 教学大纲创新路径：融入自主探究内核

深化教学大纲框架，创新性地将实验模块划分为验证性实验和自主探究性实验两大板块（图1）。验证性实验基于基础课时进行设计安排，着重巩固学生普通昆虫学的核心知识体系；自主实验设计则充分考虑学生的核心主导权以及主要驱动者地位。学生可依据自身兴趣偏好、专业特长以及团队协作目标，在课余时段灵活组建团队（每组5~6人）。从实验课题的筛选、研究方案的精心策划，再到具体实施步骤的有序推进，均由学生自主完成。在此过程中，教师充分发挥引导作用，预先谋划一系列具有高度开放性与启发性的自主实验主题，清晰界定每个主题的核心目标与基本规范要求，为学生自主规划实验路径提供精准的方向指引与框架约束，从而有效激发学生的自主探索热情与创新实践潜能（郝广萍等，2020）。

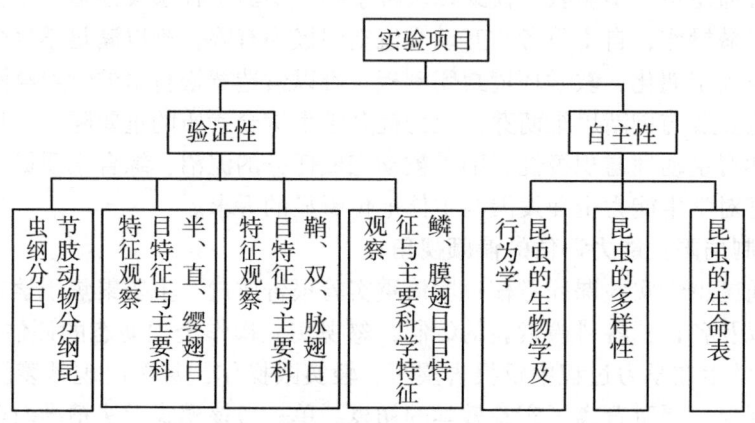

图1　普通昆虫学实验内容改革

在实验实施过程中，学生肩负主动探索的重任，主动投身于文献资料查阅中。通过广泛涉猎专业领域的前沿研究与经典文献，汲取丰富的知识养分，为实验设计奠定坚实基础。学生充分运用所学及所获灵感，精心构思实验整体框架，从研究问题的提出、研究假设的设定，到实验方法的选择与逻辑架构的搭建，均力求科学合理且富有创新性。进而，对实验的详细流程进行周密设计，细化至每一个操作步骤、实验条件的控制以及数据采集的方法等，确保实验实施的严谨性与可行性。在整个实验进程中，师生之间构建紧密联系且高效互动反馈的模式。学生积极主动地向教师咨询在实验设计与实施过程中遇到的各类问题、困惑及新的思考发现。教师则凭借丰富的专业经验与教学经验，及时给予学生精准且具有针对性的指导建议，助力学生不断优化实验方案、克服技术障碍、拓展研究思路，保障实验的顺利推进与高质量完成。

学生采用多元化的记录方式，诸如翔实的实验记录手册、高分辨率的影像资料（如实验操作关键步骤视频、重要实验现象特写照片等）以及规范的数据图表，全方位、多角度地捕捉实验的每一个关键环节、细微变化及重要成果，完整且真实地呈现实验的全过程与最终成果，为后续的分析总结及成果汇报提供充足的一手素材。当实验结束后，学生需提交一份内容完整、结构清晰、逻辑严谨、内容翔实的实验报告。报告内容涵盖实验背景综述、研究目的明确阐述、实验方法详细描述、实验结果精确呈现、深入的结果分析与讨论以及具有前瞻性的研究结论与展望等关键部分，充分展示学生对实验的深度理解、系统执行与综合总结能力。同时，组织成果汇报展示活动，在汇报环节专门设置深度互动研讨板块。在该环节，学生详细汇报实验的核心内容、关键发现与创新点，师生共同围绕实验设计的合理性、关键步骤、实验结果的可靠性与意义、研究方法的创新性与局限性等展开深入、富有建设性的讨论，积极分享各自的观点与见解，共同总结成功经验与失败教训，挖掘实验中蕴含的潜在价值与改进空间。

最后，教师基于对学生实验全过程的深度观察与全面了解，结合汇报研讨过程中的师生交流情况，进行专业、深入且具有启发性的精准点评与升华总结。教师从专业知识的深度拓展、研究方法的优化改进、创新思维的激发引导、团队协作的强化提升等多个维度出发，对学生的实验表现给予高度肯定与建设性反馈；引导学生进一步深化对专业知识的理解与应用，激发学生的创新潜能与探索热情，培育学生的团队协作精神与综合实践素养，进而实现课程内涵的深度挖掘与品质的全方位提升，推动教学质量迈向新的高度。

2.3 教学模式革新趋向：激发学生主体效能

坚决摒弃传统教学流程的固有范式，开启全面而深刻的变革之旅。课前依据学生学业表现、知识基础、思维特点与兴趣偏好进行科学分组，赋予各小组实验筹备关键职责。各小组学生依循实验指导手册提供的基础框架与规范要求，充分发挥主观能动性，自主筹备实验物料、梳理实验流程。课堂起始，由负责筹备的小组登台讲解实验的核心要点、流程架构与预期成效（张国显等，2024）。在讲解过程中，教师积极引导学生自主思考、化解难题，逐步培育学生独立探索能力，推动课堂主导权向学生转移。

实验结尾预留充足时间（约 20 min），组织其他小组对本次实验所涉及的知识点进行全面、系统且深入地归纳总结，梳理出知识脉络与重点难点。全班同学共同参与研讨，对总结内容中的缺漏或疑问进行讨论，补充完善，最后由教师进行全面总结与升华。通过此环节，能有效锻炼学生发现问题、分析问题、解决问题的能力，强化学生理解与记忆知识，从而全面增强实验课的教学效果。此模式增强教学实效性，塑造以学生为中心的灵动课堂生态，契合现代教育理念的核心价值与根本要义，为培养具有实践能力和自主学习能力、创新意识和创新精神的高素质人才奠定坚实基础。

2.4 考核体系优化蓝图：编织多维评价网络

摒弃以往实验报告为单一主导的考核模式，构建多维度、全视角的多指标整合的综合性考核体系（表1）。

表 1 普通昆虫学实验课考核标准

序号	考核内容	评价标准	所占总分比例/%
1	标本采集	依据采集标本科的多少，种类及数量多少进行评分	20
2	实验报告	依据报告书写整洁、逻辑、完整度进行评分	25
3	课堂表现	依据上课的态度、动手能力、互动等进行评分	20
4	自主实验	依据实验设计、实验数据、汇报结果等进行评分	30
5	课后总结	依据学生对每次课程的收获、不足等总结进行评分	5

在实验课前的标本采集任务环节，针对学生的表现实施精细化评价。从采集标本目及科的丰富多样性、数量的达标情况以及标本质量优劣程度等对个人进行精准评分，该部分占总成绩 20%，凸显学生的动手能力、实践探索能力和成果。对于实验报告的评定，为有效规避学生在撰写过程中出现简单抄袭教材模式图或机械摘抄实验书检索表等不良行为，将评定重点聚焦于内容的内在逻辑性、创新性思维体现以及书写的规范性与严谨性等综合维度，其权重设定为 25%。确保鉴于过往存在部分学生虽实验态度端正、操作技能娴熟，但因实验报告撰写能力欠佳而成绩低于抄袭者的不合理现象，在考核体系中全面纳入学生在实验全过程中的表现要素。涵盖实验操作的熟练度与规范性、创新思维的活跃度与独特性，以及课堂学习中的态度专注程度、互动交流的积极活跃度等方面（王星和陈壮美，2017），占比 20%，激励学生积极投身课堂教学。

自主实验考核从实验设计合理性、数据真实性和可靠性、成果汇报展示表现力等方面深度评估，占总成绩 30%，彰显学生创新实践水平。课后总结依据学生对课程收获反思深度、成长洞察敏锐度进行评定，占总成绩的 5%，促进学生知识内化与沉淀。为进一步强化考核的公正性与有效性，要求学生当堂限时完成实验报告，教师即时批改反馈，有效遏制抄袭行为。通过这种全方位、动态化考核体系，精准度量学生学习成效，有力驱动学生能力全面发展与成长（肖金和京高全，2024）。

3 教学改革成效展望

深入剖析琼台师范学院生物科学专业本科普通昆虫学实验教学的现状，精准发现存在的问题，是提升教学质量的关键步骤。这要求教师不仅要在常态化教学实践进程中持续开展总结归纳与深度反思，更需着眼于教学设计的宏观与微观层面，从每一个细节入手。既要确保专业知识的精准传授，又要高度重视学生知识综合运用能力与创新意识与思维的培养。

针对当前实验教学存在的问题，提出并实施一系列改革举措（图2）。经优化教学内容与方法、标本资源多元扩充，更极大地激发了学生的学习兴趣与探索热情，促使他们在轻松愉悦的氛围中更快更好地吸收新知识。通过重塑教学大纲、改变教学模式，引入更多互动性与实践性强的教学环节，实验课变得生动有趣，学生的动手能力、科学思维与创新能力得到了显著提升。完善考核体系，引导学生不仅学习结果，也重视学习过程，激发学生学习的主观能动性与积极性。

更为重要的是，这些改革举措为学生后续课程的学习以及未来职业生涯的发展奠定了坚实基础。不仅能培养学生扎实的专业知识与技能，塑造他们勇于探索、敢于创新的品质，为后续学业精进与职业发展奠定坚实基石。有望培育出大批适应社会多元需求的高素质应用型人才，在同类院校的课程改革进程中发挥引领示范作用，为昆虫学教育的持续、稳健发展持续输送强劲动力，有力推动昆虫学教育不断迈向新的高度与深度，在学科建设与人才培养方面发挥更为重要的作用。

```
                              ┌── 标本积累不足,无法满足实验内容
  ┌─普通昆虫学实验教学─┤
  │    存在的问题及改革  ├── 实验课时少与教学内容多相矛盾,缺乏深度、综合性实验
  │                          ├── 教学模式缺乏创新,无法有效调动学生主动性和积极性
  │                          └── 考核机制单一,评价结果不全面
  │
  │                          ┌── 多渠道积累实验标本,补充实验材料
  └─普通昆虫学实验教学改革─┤── 修订教学大纲,增设自主实验
                              ├── 改变教学模式,提高学生学习主动性
                              └── 完善考核体系,多方面考核结合
```

图 2　普通昆虫学实验教学存在的问题及改进对策

参考文献

白素芬,李欣,新明,2017. 多元化教学模式在昆虫学教学上的应用探讨 [J]. 安徽农学通报,23 (20):125-127.

杜超,伏召辉,2020. 生物科学专业"普通昆虫学"课程教学改革与实践 [J]. 科技视界 (18):65-66.

杜喜翠,王进军,陈力,等,2015. 普通昆虫学多元化实践教学体系的探索与实施 [J]. 西南师范大学学报:自然科学版,40 (3):171-174.

郝广萍,宋善友,车昌燕,等,2020. 医学免疫学实验教学现状分析与改革初探 [J]. 卫生职业教育,38 (17):92-94.

郝广萍,宋善友,车昌燕,等,2024. "1233"课程改革在医学免疫学实验教学中的探索与实践 [J]. 中国当代医药,31 (10):149-153.

吕宁,钱秀娟,郝亚楠,等,2023. 农科专业课程多维教学体系探索与实践:以普通昆虫学课程为例 [J]. 贵州师范学院学报,39 (6):67-73.

钱秀娟,陈德来,刘长仲,等,2024. 中美普通昆虫学教学的比较分析与教学创新:以爱达荷大学和甘肃农业大学为例 [J]. 陇东学院学报,35 (2):132-138.

孙占坤,2022. 工程力学教学方法与教学改革探讨 [J]. 科技风 (28):116-118.

王晓云,樊东,2020. 农科专业课程思政的教学探索与实践:以"普通昆虫学"为例 [J]. 高教学刊 (6):162-164.

王星,陈壮美,2017. 普通昆虫学课程教学改革探讨 [J]. 现代农业科技 (21):282-283.

肖金,京高全,2024. 新农科建设背景下昆虫学通论实验教学改革的探索 [J]. 大学 (5):61-64.

岳艳丽,屈彩虹,王朋朋,2024. "工程力学"实验教学的改革与探索 [J]. 教育教学论坛,7 (29):65-58.

张国显,周崇峻,杨丽娟,2024. 实验课教学改革与学生综合素质提升的研究与实践 [J]. 实验室科学,27 (4):87-90.